服装实用技术·应用提高

高级服装结构设计与工艺·男装篇

于明建　张佳彤　编著

国家一级出版社　中国纺织出版社　全国百佳图书出版单位

内 容 提 要

本书内容共8篇：大衣篇（9款）、风衣篇（4款）、西服套装篇（5款）、单西装篇（9款）、马甲篇（7款）、休闲服装篇（15款）、时尚男装篇（6款）、时尚裤篇（4款），这59款男装款式都已经经过国内外的市场检验，深受消费者们喜爱。本书针对每款服装，按照款式设计、工艺结构设计及工艺要求、面料特点及辅料需求、裁片图和排料图、测量部位及号型放码比例、特殊工艺指导、成品效果展示的顺序进行详细讲解。

本书随书附赠网络教学资源，包括矢量款式设计图、DXF格式样板文件、成品效果图，适用于喜爱服装的专业人士或服装院校的专业师生。

图书在版编目（CIP）数据

高级服装结构设计与工艺. 男装篇 / 于明建，张佳彤编著. -- 北京：中国纺织出版社，2019.5
（服装实用技术. 应用提高）
ISBN 978-7-5180-5646-0

Ⅰ. ①高… Ⅱ. ①于… ②张… Ⅲ. ①男服—服装结构—结构设计 ②男服—服装工艺 Ⅳ. ① TS941

中国版本图书馆CIP数据核字（2018）第262642号

责任编辑：亢莹莹　　责任校对：寇晨晨　　责任印制：何　建

中国纺织出版社出版发行
地址：北京市朝阳区百子湾东里A407号楼　邮政编码：100124
销售电话：010—67004422　传真：010—87155801
http: //www.c-textilep.com
E-mail: faxing@c-textilep.com
中国纺织出版社天猫旗舰店
官方微博 http: //weibo.com/2119887771
北京玺诚印务有限公司印刷　各地新华书店经销
2019年5月第1版第1次印刷
开本：787×1092　1/16　印张：20.5
字数：272千字　定价：68.00元

前言

Preface

21世纪的第2个10年是对男装审美重新定义的时代。到底是什么改变了男装设计呢？答案就是款式设计和廓型结构的变化、面料研发创新以及辅料的不断更新。

在男装设计方面，各种廓型结构的变化引领着流行方向，同时，不对称的闭合细节依旧盛行；休闲风格的元素从衍缝到仿皮装饰边，从牛角扣到功能性口袋；拼接结构中的贴袋成为最新的表现手法；风趣的领部细节占据着重要的地位，如立领、翻领以及青果领，各种各样的装饰设计和配饰运用充满了新奇和个性。

男装设计的重点在于强烈的对比效果，合适的面料搭配、精准的裁剪、面料的手感和服装的比例等，而服装的细节表现更是重中之重。

现在，随着社会的发展，人们越来越追求个性的服装，怎样才能使服装合体，关键是绘制服装样板，而服装样板不仅同服装的制图规格有关，还与选用的服装面料、服装辅料、工艺制作等有关。

服装设计是由服装成品的外轮廓、内部衣缝结构及相关附件的形状与安置部位等多种因素综合决定的。对于服装样板，我们要根据裁剪、工艺要求等制作出想要的成品服装。

成品服装尺寸在各国有很大的区别，每个国家、每个地区的放松量是不同的。在中国的北方，服装为了抵御寒冷的需要，大衣的面料宜厚实，并且穿着时要套在棉衣外，因此放松量要大；而在中国的南方，气温较高，大衣的面料不宜太厚，穿着时一般套在西装外，因此放松量相对较小。

服装设计中各种线的造型和用途也十分重要，服装衣片是由不同的直线与曲线连接而成，这些线可能是外轮廓线，也可能是各种省、缝、折裥、装饰线，也可能是衣身分割线。对于衣身分割线，要分清是功能性分割线还是装饰性分割线，因为功能性分割线往往包含一部分省道在分割线中，而装饰性分割线往往是把衣片进行分割，再进行缝合。

服装是由不同的材料经过一定的工艺手段组合而成，不同的服装面料由于采用不同的原料、纱线、织物组织、加工手段而具有不同的性能，从而影响服装结构制图，主要表现在材料质地、缩率、经纬丝缕三个方面。不同的材料质地所具有的性能不同，如丝绸织物比较轻薄柔软，毛织物厚重挺括，所以在裁制丝绸织物时，斜丝缕处应适当进行减短和放宽，以适应斜丝缕的自然伸长和横缩。对于质地比较稀疏的面料，要加宽缝份量，以防止脱纱。对于有倒顺毛、倒顺花的面料，在服装样板制图时要在样板上注明，以免出现差错。

服装面辅料的缩率也影响服装结构制图，服装材料的缩率包括水洗缩率、熨烫缩率、热烫缩率，所以在服装样板制图时要进行相应的处理。

服装面辅料的经、纬丝缕伸缩弹性大，富有弹性，易弯曲延伸。一般裤长、衣长、袖长、裤腰取经向，滚条、领底等一般取斜向。

在服装结构制图过程中，由于采用的服装加工工艺不同，所放的缝份、折边量也不相同。常用的衣缝结构有分缝、来去缝、内外包缝等，分缝结构的缝份为1cm；来去缝的缝份为1.4cm；假如包缝宽为0.6cm，被包缝应放0.6～0.8cm缝份，包缝一层应放1.5cm缝份。折边的不同处理也影响服装结构制图，通常有门、里襟止口，衣裙底边、袖口、脚口、无领的领圈、无袖的袖窿等。对于门、里襟止口，一般可以采取加过面和连过面两种形式，门、里襟止口为直线时，一般采服连过面，门、里襟止口不为直线时，如西装，一般采取加过面。对于袖窿、无领领口，一般可以采取贴边、翻边、滚边三种形式，对于采取贴边的袖窿，在袖窿处只需放1cm缝份，对于采取翻边处理的袖窿，在袖窿处需加放翻边宽度，对于采取滚条处理的袖窿，在袖窿处无须加放缝份。对于肩部需要装垫肩的服装，需要减小肩部倾斜度，对于需要加衣里的服装，在配制里子样板时要比面样板稍大，以免里子牵制面料，影响服装的外观造型。

从以上分析我们可看出，在绘制服装结构制图时，要把服装款式、服装材料、服装工艺三者融汇贯通，只有这样，才能使最后的成品服装既符合设计者的意图，又能保持服装制作的可行性。

随着时代的变迁，男装的界限越来越模糊，这也成为一种趋势，至少就服装品类而言是如此，突破了正装、休闲装和运动装之间的界限。如西服不再只适用于沉闷的商务场合，这并不是说传统已不存在，而是说明还有更多的空间和选择。

在一个特立独行和尝试不同的时代，每代人都有自己的新思想。音乐、文学、艺术、工程、流行和规则都在不断地出现新的思想和方法。

从一个世纪到另一个世纪，从一代人到另一代人，从一个季节到下一个季节，合体、端庄的典雅造型是新一代男士不断追求的方向。随着男装设计以及面料、辅料的大发展，男装产品有了更大的设计空间。

编著者

2019年1月于北京

Contents

目录

第4章 单西装篇

第5章 马甲篇

第6章 休闲服装篇

第 1 章

大衣篇

1.1 高级西服领羊绒大衣

1.1.1 款式设计（图1-1-1）

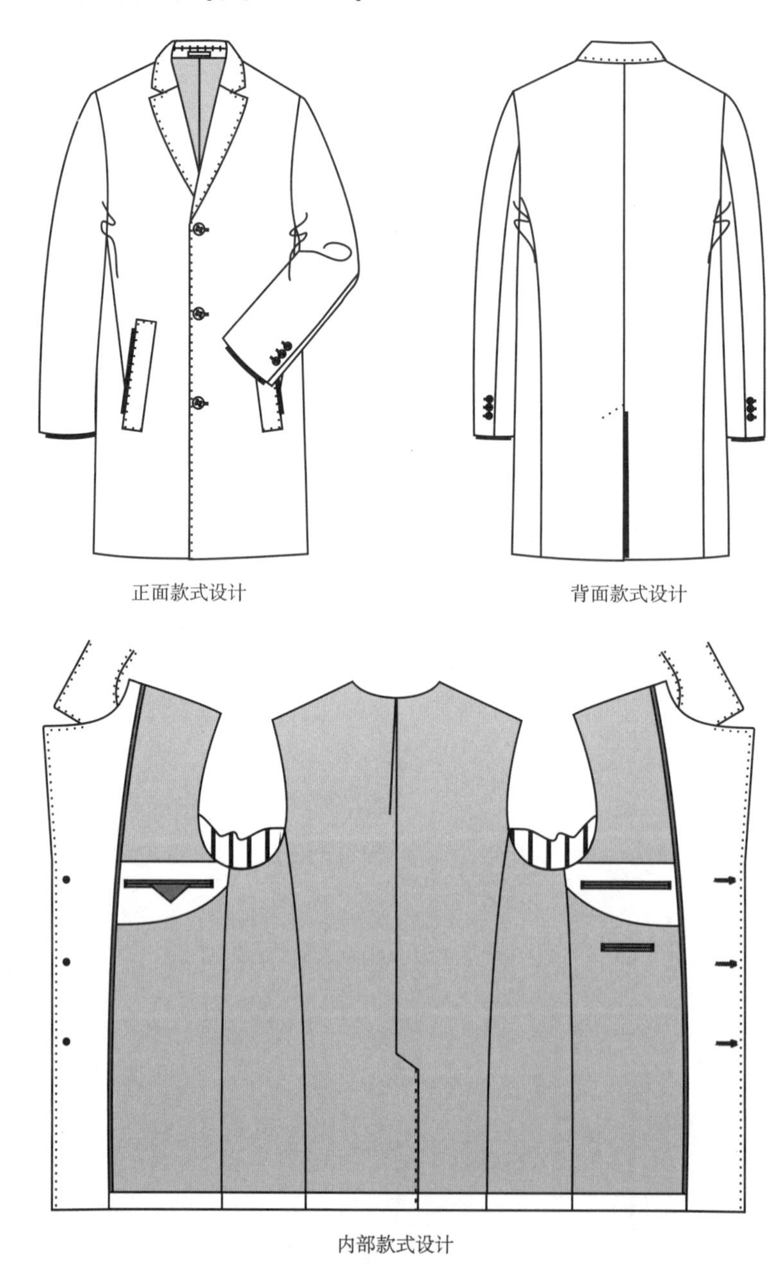

图1-1-1 款式设计

1.1.2 工艺结构设计及工艺要求

（1）缝纫针距

①明线11～13针/3cm，暗线12～13针/3cm。

②缲边机缲缝每3cm不少于4针，手工缲缝每3cm不少于4～6针。

（2）外部工艺要求

①明线：领子、止口、外腰板袋袋口，距边缘0.3cm进行珠边缝，领座上线缉0.3cm明线，后开衩进行珠边缝，明线长4cm。

②钉扣要求：二字钉法，门襟扣加垫扣。

③前身：扣子距前中止口4cm，扣眼边缘距前中2cm。

④腰袋：左右各1个22cm×4cm腰板袋，腰板袋口上下用Z字针车缝加固。

⑤袖口：活袖衩勾角平钉3粒袖扣。

⑥背缝：背缝衩长29cm，背缝缝份2cm。

（3）内部工艺要求

①里料配色：

大身里、内3袋袋垫：同面料色；

袖里：可用带灰黑条纹；

过面牙、内袋牙及三角：用棕色里料或面料。

②内胸袋袋牙尺寸：15cm×1cm，带扣和三角；穿着左侧有1个7.5cm×1cm双嵌线手机袋。

③过面牙：过面牙宽0.3cm，双手袋倒向过面这一侧。

④领吊：位于后领座上，领吊净尺寸长6cm，领吊两端封结加固。

1.1.3 面料特点及辅料需求（表1-1-1）

表1-1-1 面料特点及辅料需求

单位：cm

项目	品名	使用部位	数量	规格	颜色
面料	羊绒面料A	大耳朵皮有拼接、外2个腰袋袋垫	235	门幅145	黑色或驼色
	磨毛起绒布面料B	外2袋	25	门幅145	黑色
外部辅料	素色醋酸纤维里料	大身里、内3袋袋垫	100	门幅135	黑色或驼色
	PV平纹织物	袖里	65	门幅145	条纹

续表

项目	品名	使用部位	数量	规格	颜色
外部辅料	缎纹织带	领吊	10	宽0.6	黑色
	领底绒	领底处	10	门幅90	黑色
	全涤色丁	内袋牙及三角、过面牙	15	门幅135	棕色
	四眼大扣	门襟	3粒	直径3.0	黑色
	四眼中扣	袖口6粒、内袋扣1粒	7粒	直径1.5	黑色
	内袋布	内3袋	30	门幅145	黑色
	四眼垫扣	门襟	3粒		黑色
	有纺衬	大身、领座里及面	65	门幅150	黑色
	无纺加丝衬	过面、领面里及面、腰板袋袋口、前过肩及前袖窿处、后过肩及袖窿处、后开衩处、内耳朵皮拼接、内袋牙、大袖开衩处、小袖袖山处、省尖衬	135	门幅90	灰色
	无纺加丝衬	大身下摆，大、小袖袖口用衬	30	门幅90	灰色
	薄有纺衬	驳嘴处用衬	5	门幅110	黑色
	胸衬及肩衬	胸部	40	门幅160	本色
	胸绒	胸部	25	门幅90	白色
	垫肩用衬	垫肩	10	门幅160	本色
	垫肩用衬	垫肩	30	门幅110	黑色
	袖棉	袖山处	10	门幅110	白色
	袖棉条衬	袖山处	10	门幅110	灰色
	牵条衬	胸衬	3	门幅145，横丝用2	黑色
	加丝牵条衬	止口、左背缝开衩、小袖窿外缝、斜插袋口、前片领口	10	门幅90，直丝用1.5	灰色
	加丝牵条衬	右背缝开衩、前领圈、前袖窿	3	门幅90，15°斜1.5宽	灰色
	牵条	后领圈	1	宽1.6	本色
	牵带	前后片袖窿、领底	190	宽0.3	白色
	双面胶	领底、驳头	80	宽1	白色

1.1.4 裁片、排料图

（1）裁片图（图1-1-2）

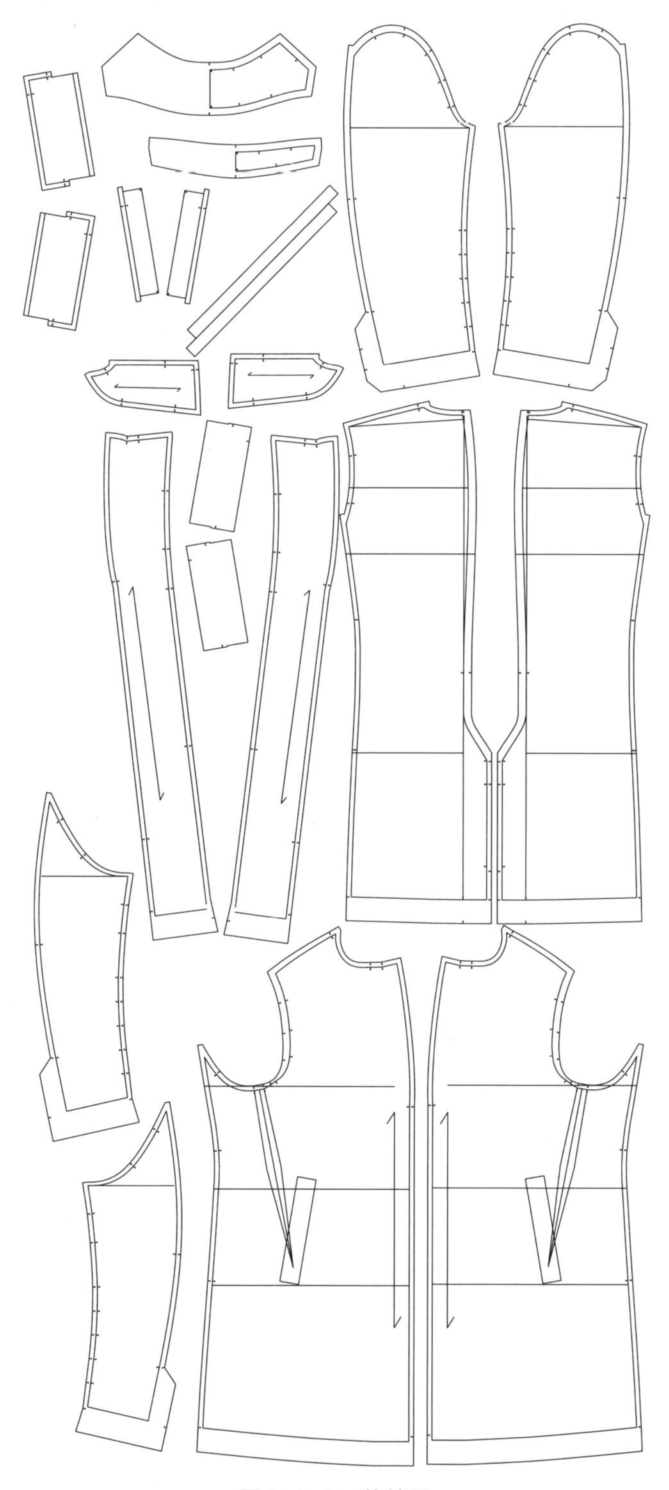

图1-1-2 裁片图

（2）排料图（图1-1-3）

图1-1-3 排料图

（3）里料、辅料裁剪图（图1-1-4）

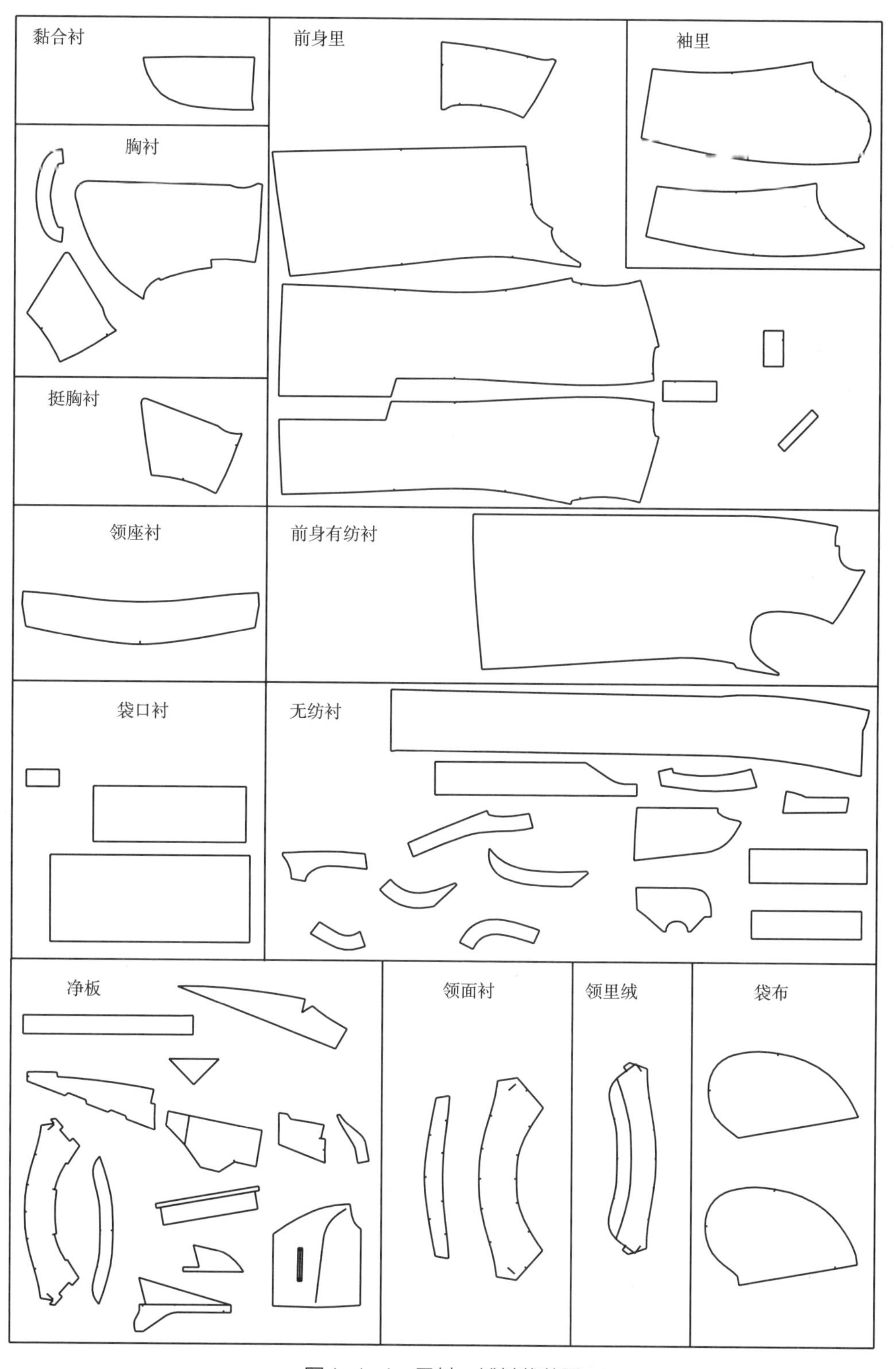

图1-1-4 里料、辅料裁剪图

（4）衬的使用部位（图1-1-5）

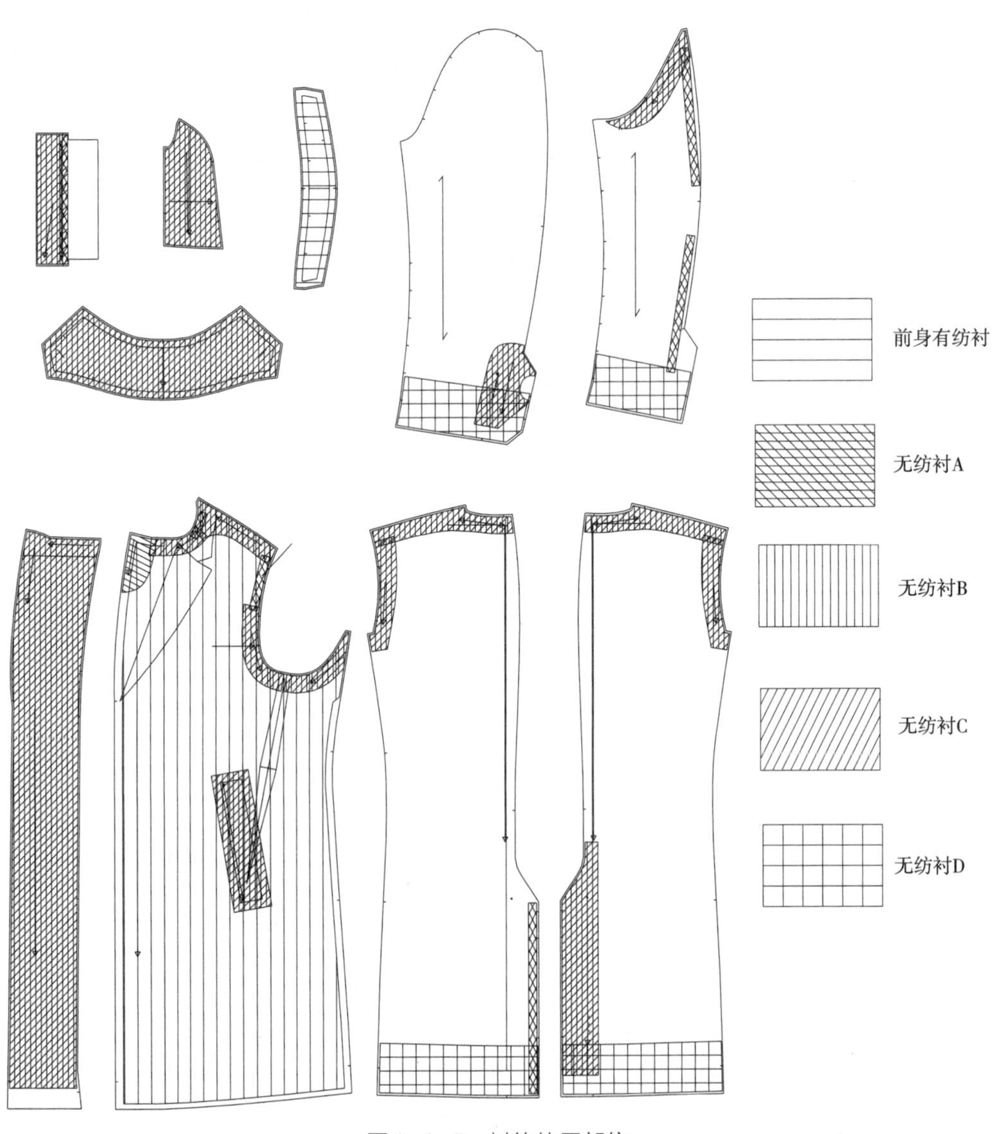

图1-1-5 衬的使用部位

1.1.5　测量部位及尺寸放码比例（表1-1-2）

表1-1-2　测量部位及尺寸放码比例

单位：cm

	测量部位＼尺寸	44	46	48	50	52	54	56	58	60
A	1/2胸围	53.2	55.2	57.2	59.2	61.2	63.2	65.2	67.2	69.2
B	1/2腰围	48.9	50.9	52.9	54.9	56.9	58.9	60.9	62.9	64.9
C	1/2臀围	53.2	55.2	57.2	59.2	61.2	63.2	65.2	67.2	69.2
D	1/2下摆	56.2	58.2	60.2	62.2	64.2	66.2	68.2	70.2	72.2
E	小肩	14.3	14.6	14.9	15.2	15.6	15.9	16.3	16.6	17
F	后领宽（直量）	15.9	16.3	16.7	17.1	17.5	17.9	18.3	18.7	19.1
G	背缝宽	44.4	45.4	46.4	47.4	48.4	49.4	50.4	51.4	52.4
H	翻领高（背缝线）	4.8	4.8	4.8	4.8	4.8	4.8	4.8	4.8	4.8
I	后身长	95.0	96.0	97.0	98.0	99.0	100.0	101.0	102.0	103.0
J	袖长（背缝点、肩端点、袖口三点测量）	85.8	87.7	89.6	91.5	93.4	94.9	96.4	97.8	99.3
K	袖长：肩端点至袖口两点测量	63.3	64.7	66.1	67.5	68.9	69.8	70.7	71.6	72.5
L	1/2袖口	15.0	15.3	15.5	15.8	16.1	16.3	16.6	16.8	17.1
M	翻驳线（破点）	36.0	37.0	38.0	39.0	40.0	41.0	42.0	43.0	44.0
N	驳头宽	7.7	7.7	7.7	7.7	7.7	7.7	7.7	7.7	7.7
O	领嘴（领点）				3.0					
R	驳角（驳点）	1.6	2.1	2.5	3.0	3.5	3.9	4.4	4.8	5.3
	领豁口				2.8					
	腰围测量位置	47.9	48.6	49.3	50	50.7	51.4	52.1	52.8	53.5
	臀围测量位置	67.9	68.6	69.3	70	70.7	71.4	72.1	72.8	73.5

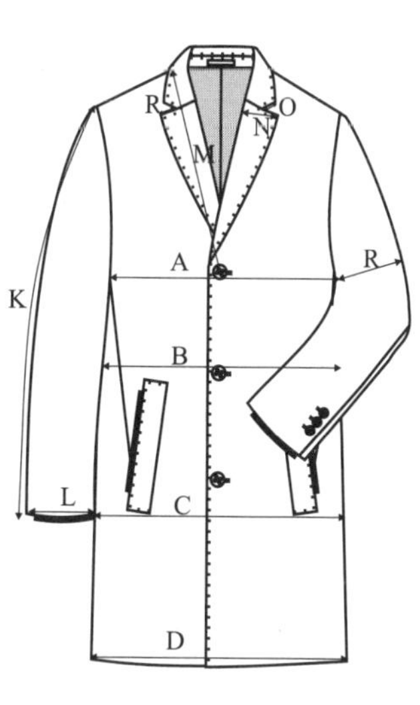

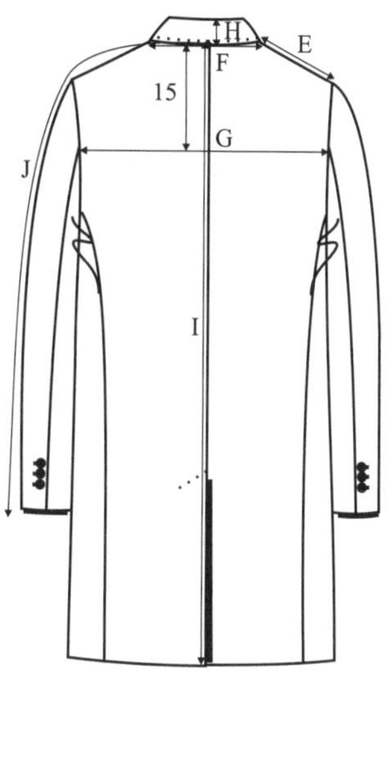

注　此数据适合中国普通人群；测量部位及方法如图、表所示。

1.1.6 特殊工艺指导

绱领串口工艺：如图1-1-6所示绱领串口工艺的详细图解。

①过面（领开门处）在下，领面在上，对齐*B*、*B′*两点（即领嘴与驳嘴），按图将领串口线与绱领线重合，平缝（不准有吃势），止*A*、*A′*两点并重合。在*A′*打剪口，平缝*AC*与*A′C′*，距肩缝1.5cm止针。绱领串口线要顺直，收尾回针加固。

②绱领口，串口不能对*AB*和*A′B′*部位（串口）拉伸，以防丝缕变形影响驳领造型。

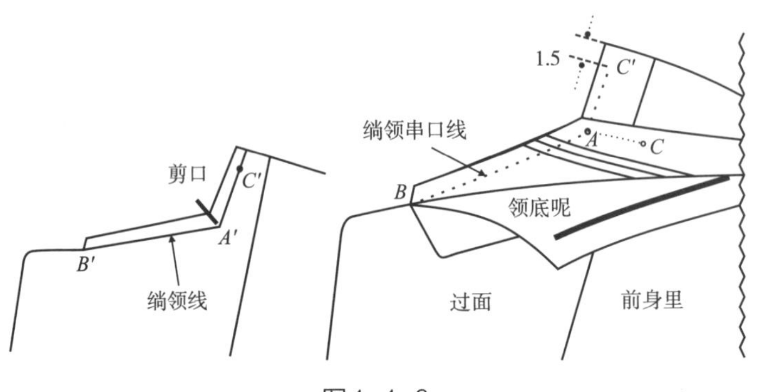

图1-1-6

1.1.7 成品效果展示（图1-1-7）

图1-1-7 成品效果展示

1.2 关门领短大衣

1.2.1 款式设计（图1-2-1）

图1-2-1 款式设计

1.2.2 工艺结构设计及工艺要求

（1）缝纫针距

①150旦×3股粗棉线，明线11～13针/3cm，暗线12～13针/3cm。

②缲边机缲缝每3cm不少于4针，手工缲缝每3cm不少于4～6针。

（2）外部工艺要求

①缉明线：门襟、前后育克、前后袖窿、袋盖、明贴袋、前后袖缝、背缝、前后侧缝、袖襻缉明线，距边缘0.8cm；下摆、袖口距边缘2.5cm缉明线。

②钉扣要求："足球"扣（一种类似足球形状的扣子）。

③大身：双排6粒扣。前育克深边缘距袖窿2cm。

④腰袋：腰袋盖尺寸17cm×6cm，明贴袋尺寸20cm×深23cm，缉0.1cm明线。

⑤袖子：袖襻3.5cm×8cm，距袖口3.5cm。

⑥领子：领座带金属领钩，领面为可拆卸的羊剪绒领，领底有之字缝。

⑦背缝：背缝开衩长24cm。

（3）内部工艺要求

①面里料配色：

可拆卸领面：仿羊剪毛，米色；

大身里、外袋盖里、可拆卸领底：橄榄绿里料；

袖里、3个内袋牙及袋垫：棕色里料；

②填絮料：腈纶棉，大身用100克，袖子用80克。绗缝，大身有竖绗缝线间距10cm，袖子无绗缝线。

③内袋：13cm×1cm双牙袋，右内袋下有5.5cm×1cm小票袋。

④过面：过面缉0.2cm明线。

⑤领吊：领吊0.8cm×6.5cm。

1.2.3 面料特点及辅料需求（表1-2-1）

表1-2-1 面料特点及辅料需求 单位：cm

项目	品名	使用部位	数量	规格	颜色
面料	毛呢面料	直过面	230	门幅145	橄榄绿
外部辅料	仿羊剪毛	可拆卸领面用	20	门幅150	米色
	松紧绳	可拆卸连接领用	50	宽0.2	黑色

续表

项目	品名	使用部位	数量	规格	颜色
外部辅料	二眼扣	可拆卸领用	7粒	直径1	黑色
	全涤平纹	袖里、3个内袋牙及袋垫	65	门幅140	棕色
	全涤斜纹	大身里、外袋盖里、可拆卸领底	100	门幅145	橄榄绿色
	领钩	领	1套	宽1	橄榄绿
	“足球”大扣	门襟	6粒	直径2.5	深棕色
	“足球”中扣	袖襻	2粒	直径2.0	深棕色
	四眼扣	吊襟	2粒	直径2.5	黑色
内部辅料	上衣袋布	外袋贴袋里、内3袋	50	门幅150	黑色
	有纺衬	大身、领面、可拆卸领底	70	门幅150	黑色
	袖棉	袖山处	10	门幅100	黑色
	袖棉条衬	袖山处	10	门幅110	本色
	牵条	止口、前后肩缝、前后袖窿	600	宽1.2	黑色
	无纺衬	过面、门襟里、下摆、袖口、袋板、领子	120	门幅100	灰色
	挺实柔软垫肩	肩部	1付	15.5（XXS/XS/S/M）17.5（L/XL/XXL）	灰色
	100克腈纶棉絮料	大身有绗缝线	90	门幅150	白色
	80克腈纶棉絮料	袖子无绗缝线	60	门幅150	白色

1.2.4　排料图

（1）面料排料图（图1–2–2）

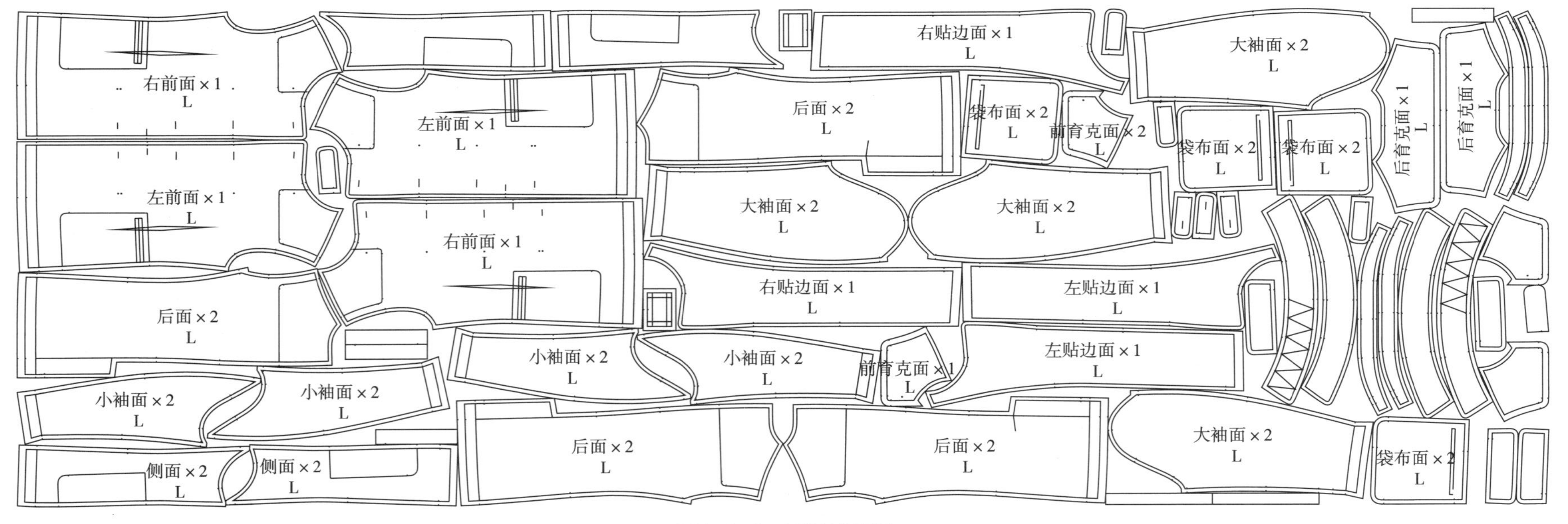
右前面×1
L
左前面×1
L
后面×2
L
小袖面×2
L
侧面×2
L
左前面×1
L
右前面×1
L
小袖面×2
L
侧面×2
L
后面×2
L
大袖面×2
L
右贴边面×1
L
小袖面×2
L
后面×2
L
右贴边面×1
L
袋布面×2
L
前育克面×2
L
大袖面×2
L
左贴边面×1
L
前育克面×1
L
左贴边面×1
L
后面×2
L
大袖面×2
L
袋布面×2
L
袋布面×2
L
后育克面×1
L
后育克面×1
L
袋布面×2
L

图1-2-2 面料排料图

（2）大身里排料图（图1-2-3）

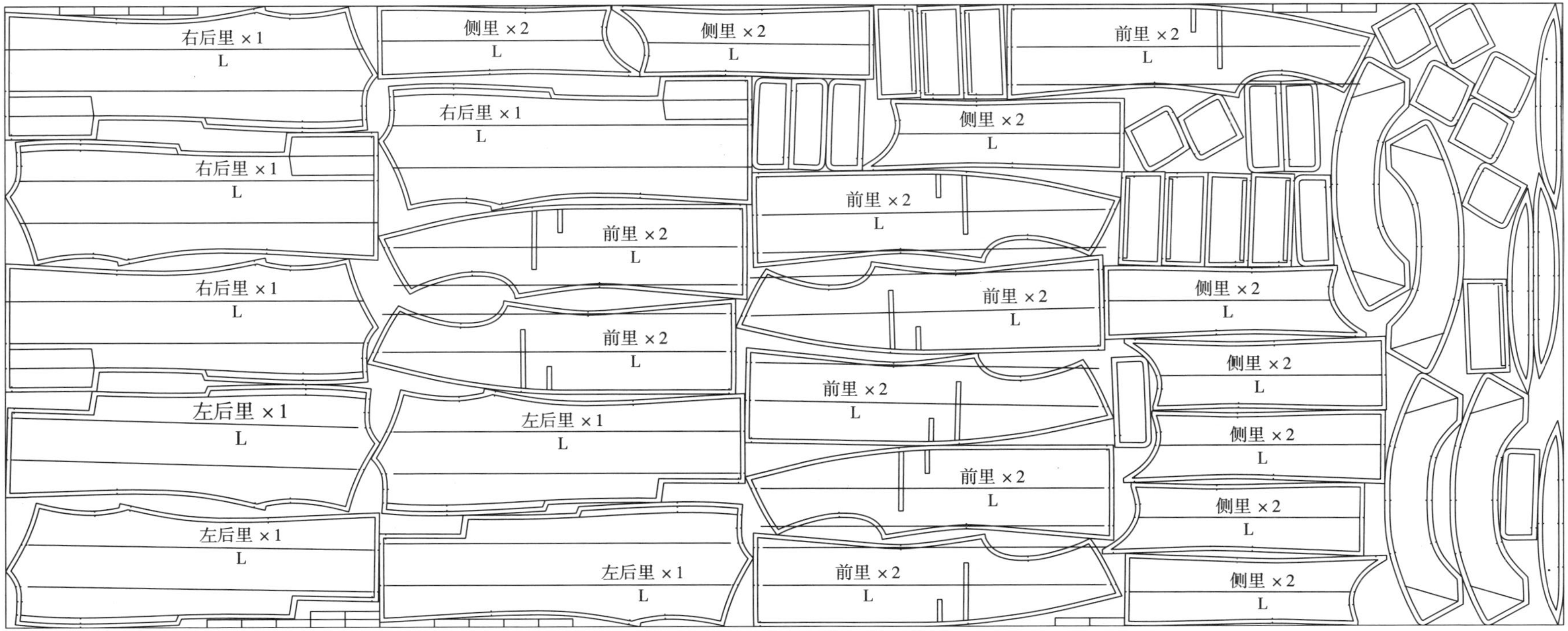

图1-2-3　大身里排料图

（3）有纺衬排料图（图1-2-4）

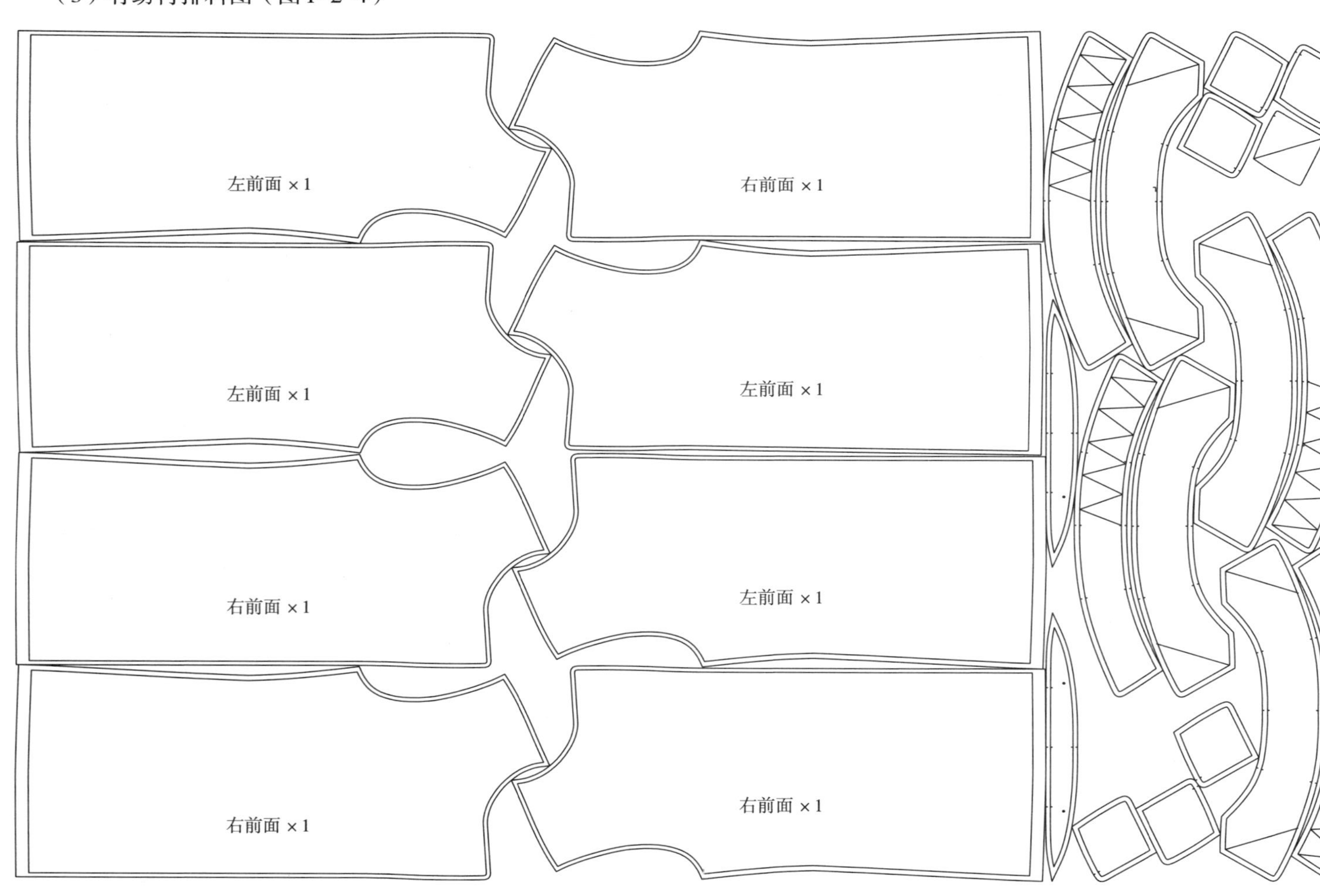

图1-2-4　有纺衬排料图

（4）无纺衬排料图（图1-2-5）

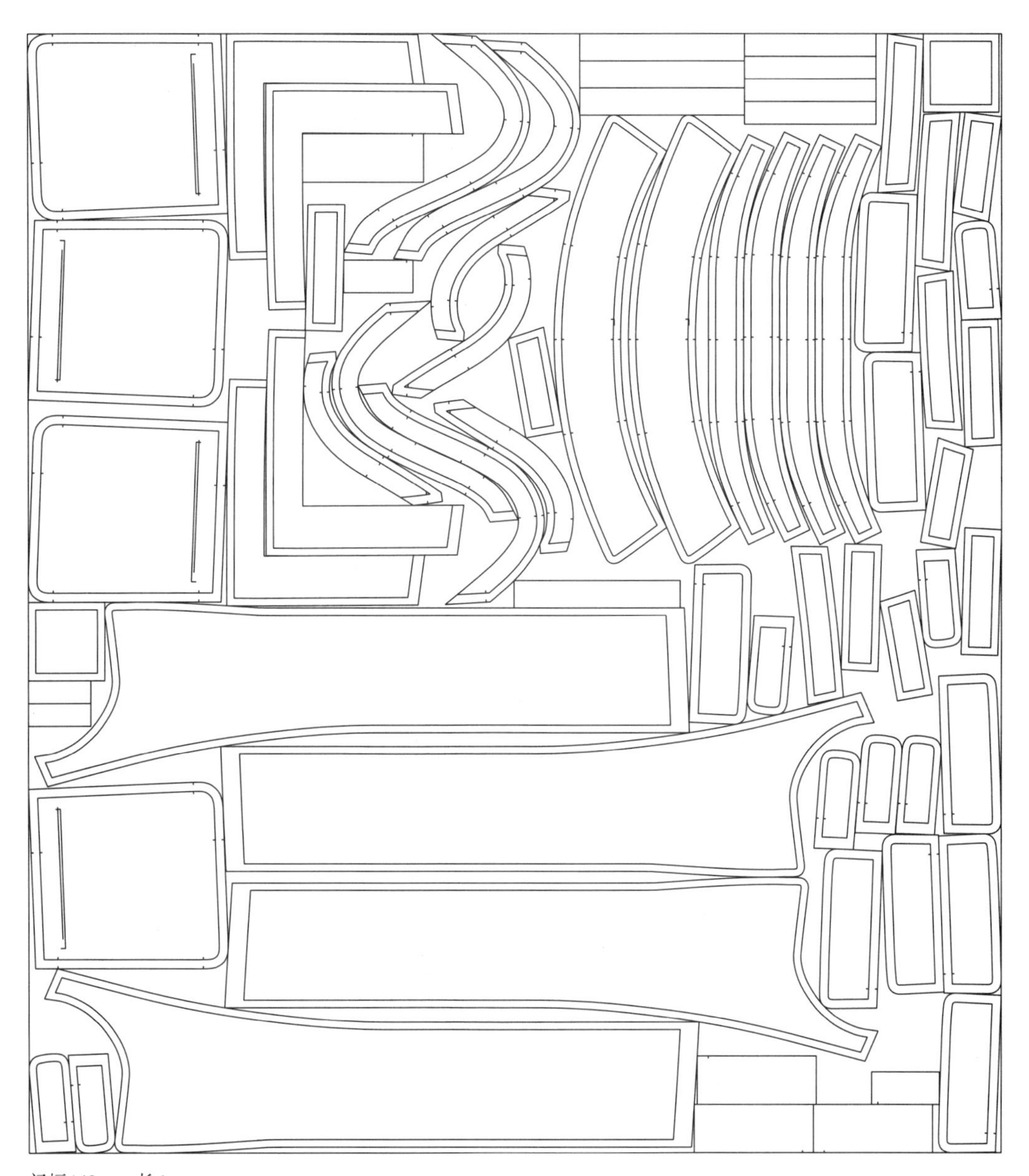

图1-2-5　无纺衬排料图

（5）袖絮片排料图（图1-2-6）

（6）大身絮片排料图（图1-2-7）

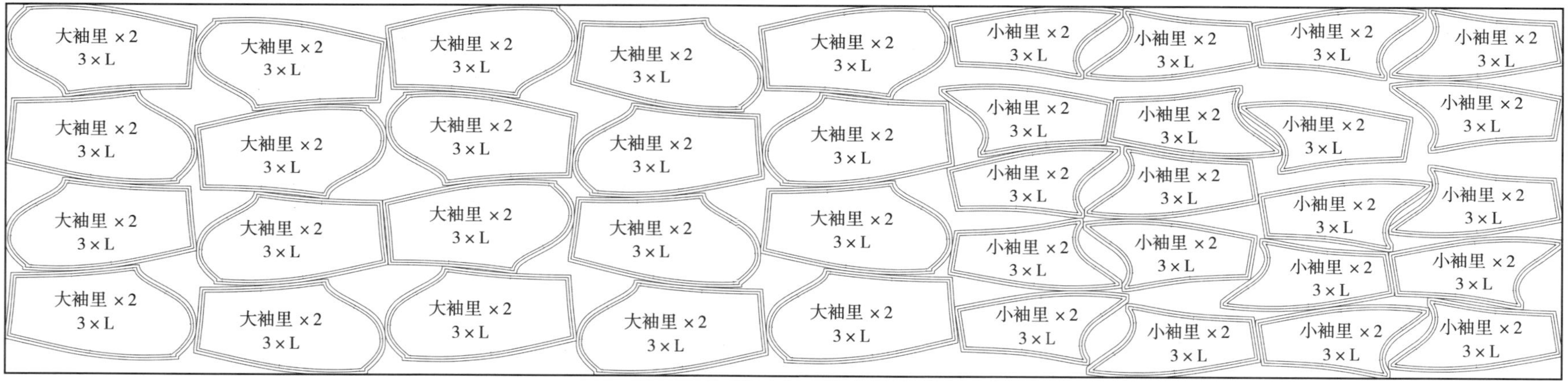

大袖里 ×2 3×L　大袖里 ×2 3×L　大袖里 ×2 3×L　大袖里 ×2 3×L　大袖里 ×2 3×L　小袖里 ×2 3×L　小袖里 ×2 3×L　小袖里 ×2 3×L　小袖里 ×2 3×L

大袖里 ×2 3×L　大袖里 ×2 3×L　大袖里 ×2 3×L　大袖里 ×2 3×L　大袖里 ×2 3×L　小袖里 ×2 3×L　小袖里 ×2 3×L　小袖里 ×2 3×L　小袖里 ×2 3×L

大袖里 ×2 3×L　大袖里 ×2 3×L　大袖里 ×2 3×L　大袖里 ×2 3×L　大袖里 ×2 3×L　小袖里 ×2 3×L　小袖里 ×2 3×L　小袖里 ×2 3×L　小袖里 ×2 3×L

大袖里 ×2 3×L　大袖里 ×2 3×L　大袖里 ×2 3×L　大袖里 ×2 3×L　大袖里 ×2 3×L　小袖里 ×2 3×L　小袖里 ×2 3×L　小袖里 ×2 3×L　小袖里 ×2 3×L

小袖里 ×2 3×L　小袖里 ×2 3×L　小袖里 ×2 3×L　小袖里 ×2 3×L

门幅 148cm　长 5m

图1-2-6　袖絮片排料图

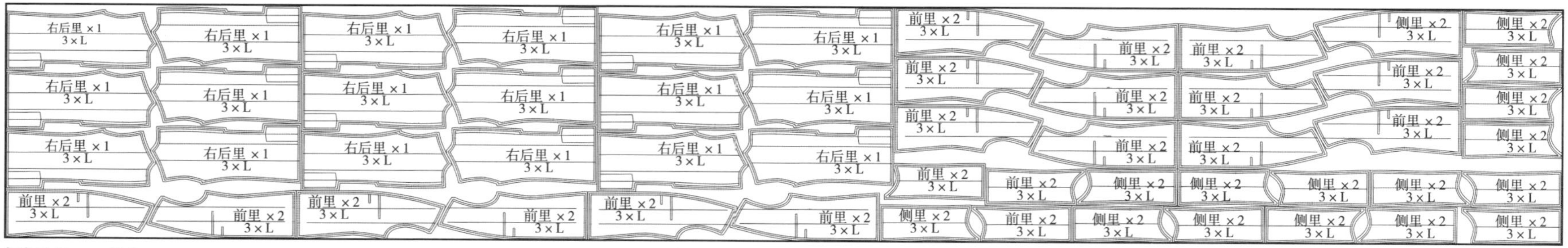

右后里 ×1 3×L　右后里 ×1 3×L　右后里 ×1 3×L　右后里 ×1 3×L　右后里 ×1 3×L　右后里 ×1 3×L　前里 ×2 3×L　前里 ×2 3×L　前里 ×2 3×L　侧里 ×2 3×L　侧里 ×2 3×L

右后里 ×1 3×L　右后里 ×1 3×L　右后里 ×1 3×L　右后里 ×1 3×L　右后里 ×1 3×L　右后里 ×1 3×L　前里 ×2 3×L　前里 ×2 3×L　前里 ×2 3×L　前里 ×2 3×L　侧里 ×2 3×L

右后里 ×1 3×L　右后里 ×1 3×L　右后里 ×1 3×L　右后里 ×1 3×L　右后里 ×1 3×L　右后里 ×1 3×L　前里 ×2 3×L　前里 ×2 3×L　前里 ×2 3×L　前里 ×2 3×L　侧里 ×2 3×L

前里 ×2 3×L　前里 ×2 3×L　前里 ×2 3×L　侧里 ×2 3×L　侧里 ×2 3×L　侧里 ×2 3×L　侧里 ×2 3×L　侧里 ×2 3×L

前里 ×2 3×L　前里 ×2 3×L　前里 ×2 3×L　前里 ×2 3×L　前里 ×2 3×L　前里 ×2 3×L　侧里 ×2 3×L　前里 ×2 3×L　侧里 ×2 3×L　侧里 ×2 3×L　侧里 ×2 3×L　侧里 ×2 3×L　侧里 ×2 3×L

门幅 148cm　长 9m

图1-2-7　大身絮片排料图

1.2.5　测量部位及号型放码比例（表1-2-2）

表1-2-2　测量部位及号型放码比例　　单位：cm

号型 / 测量部位	XXS	XS	S	M	L	XL	XXL	小码档差	大码档差	公差要求	
										－	＋
背缝长	77.0	78.0	79.0	80.0	82.0	84.0	86.0	1.0	2.0	1.0	1.0
胸围（腋下2.5）	52.0	54.0	56.0	58.0	62.0	66.0	70.0	2.0	4.0	1.0	1.0
前胸宽（侧颈点下17）	38.0	39.5	41.0	42.5	45.5	48.5	51.5	1.5	3.0	0.5	0.5
背缝宽（侧颈点下17）	41.0	42.5	44.0	45.5	48.5	51.5	54.5	1.5	3.0	0.5	0.5
腰围（腋下18）	48.5	50.5	52.5	54.5	58.5	62.5	66.5	2.0	4.0	1.0	1.0
摆围（直量）	55.5	57.5	59.5	61.5	65.5	69.5	73.5	2.0	4.0	1.0	1.0
小肩	13.0	13.5	14.0	14.5	15.5	16.5	17.5	0.5	1.0	0.3	0.3
袖窿（直量）	23.2	23.8	24.4	25.0	26.2	27.4	28.6	0.6	1.2	0.3	0.5
袖肥（腋下2.5）	18.7	19.3	19.9	20.5	21.7	22.9	24.1	0.6	1.2	0.5	0.5
袖长	60.0	61.0	62.0	63.0	65.0	67.0	69.0	1.0	2.0	1.0	1.0
肘宽（1/2内袖长）	17.0	17.5	18.0	18.5	19.5	20.5	21.5	0.5	1.0	0.5	0.5
袖口	13.75	14.0	14.25	14.5	15.0	15.5	16.0	0.25	0.5	0.5	0.5
后领宽（直量）	18.5	19.0	19.5	20.0	21.0	22.0	23.0	0.5	1.0	0.3	0.3
前领深	8.5	9.0	9.5	10.0	10.5	11.0	11.5	0.5	0.5	0.5	0.5
后领深	2.3	2.3	2.3	2.3	2.3	2.3	2.3	0	0	0.5	0.5
领嘴（领点）	7.5	7.5	7.5	7.5	7.5	7.5	7.5	0	0	0.3	0.3
驳角（驳点）	8.5	8.5	8.5	8.5	8.5	8.5	8.5	0	0	0.3	0.3
领座高（背缝线）	3.0	3.0	3.0	3.0	3.0	3.0	3.0	0	0	0.3	0.3
翻领高（背缝线）	7.5	7.5	7.5	7.5	7.5	7.5	7.5	0	0	0	0
领外口	49.75	50.5	51.25	52.0	52.75	54.25	55.75	0.75	1.5	1.0	1.0
可拆卸羊剪绒领尺寸											
领座高（背缝线）	3.5	3.5	3.5	3.5	3.5	3.5	3.5	0	0	0	0
翻领高（背缝线）	8.0	8.0	8.0	8.0	8.0	8.0	8.0	0	0	0	0
领嘴（领点）	8.0	8.0	8.0	8.0	8.0	8.0	8.0	0	0	0	0
驳角（驳点）	9.0	9.0	9.0	9.0	9.0	9.0	9.0	0	0	1.0	1.0
领外口	50.75	51.5	52.25	53.0	53.75	55.25	56.75	0.75	1.5	1.0	1.0

注　此数据适合中国普通人群。

1.2.6 成品效果展示（图1-2-8）

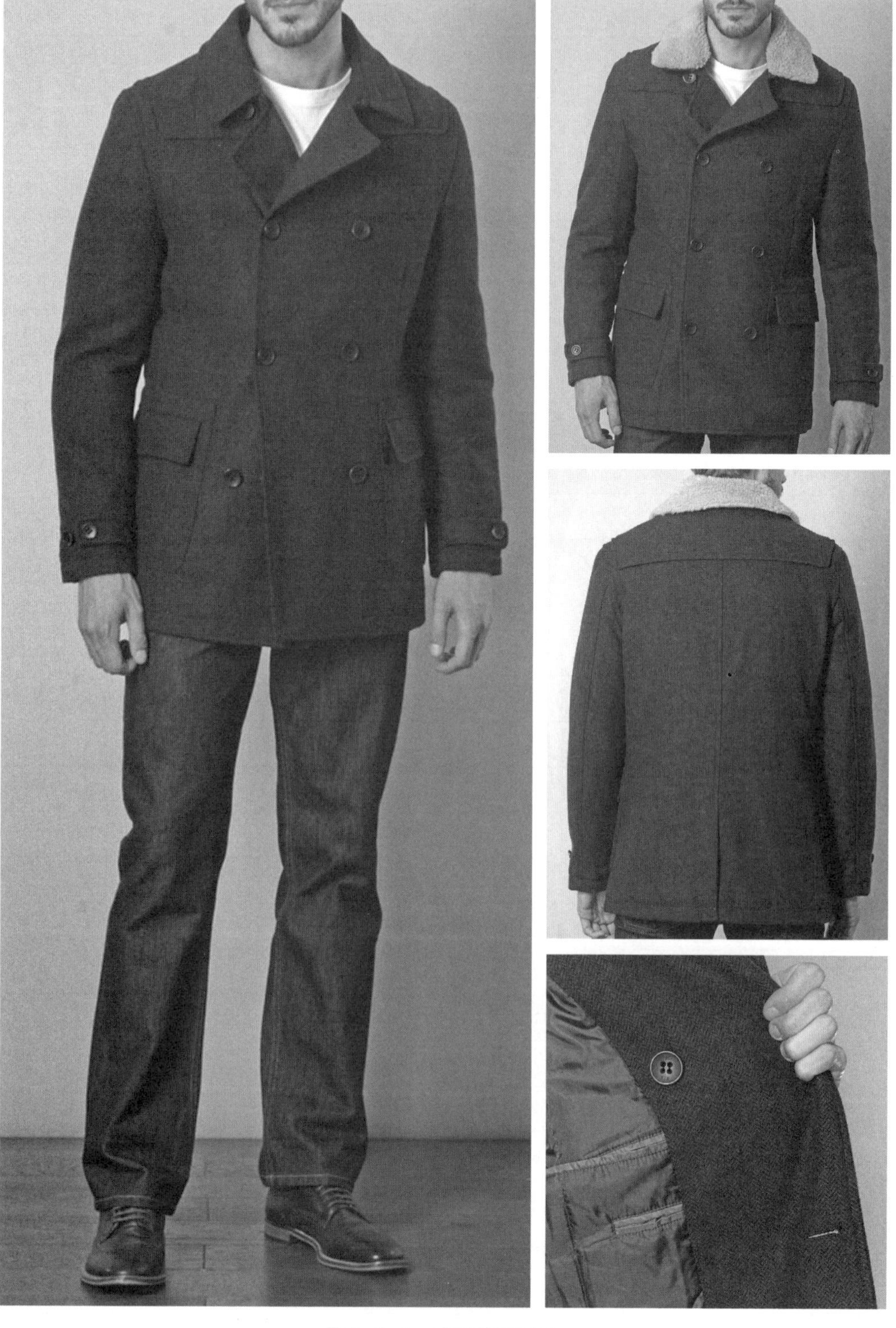

图1-2-8 成品效果展示

1.3 西服领休闲大衣

1.3.1 款式设计（图1-3-1）

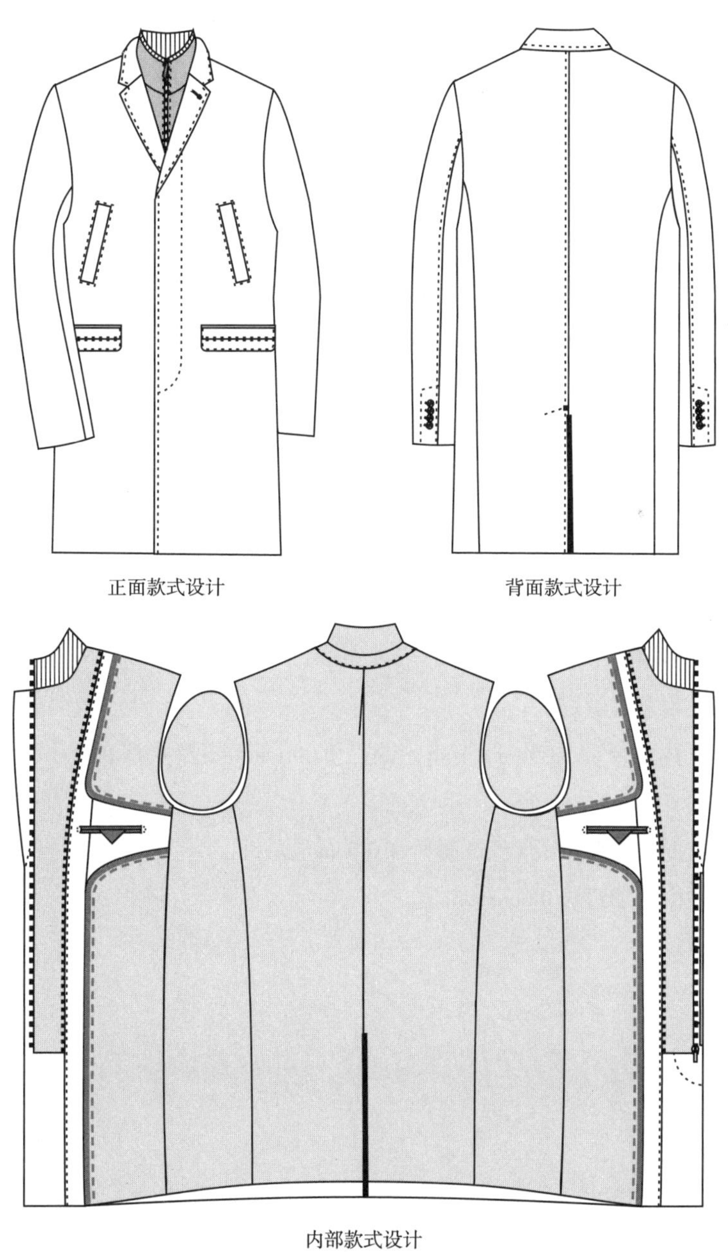

图1-3-1 款式设计

1.3.2 工艺结构设计及工艺要求

（1）缝纫针距

①明线12～13针/3cm，暗线12～13针/3cm。

②缲边机缲缝每3cm不少于4针，手工缲缝每3cm不少于4～6针。

（2）外部工艺要求

①缉明线：领子、驳头、止口、腰袋盖背缝、后袖缝0.6cm缉单明线。

②钉扣要求：二字钉法。

③前身：前门宽6cm，暗门襟3粒扣。插花眼距止口1.5cm，距串口线3cm不切开。可脱卸的活门襟，活门襟罗纹领里外漏1cm。

④腰袋：腰袋盖（不含牙子）16.5cm×6cm，袋盖中间拼接后缉两道0.2cm的装饰明线。

⑤胸袋：胸袋板17cm×3cm四周缉明线，带拉链。

⑥袖口：4粒袖扣平钉，活袖衩勾角锁45°斜度假眼，袖衩装饰明线12.5cm×4cm，最上面一粒扣眼及钉扣线同过面牙颜色。

⑦背缝：背缝开衩29cm。

（3）内部工艺要求

①面、里料配色：耳朵皮为拼接。

大身里、袖里、活门襟里及面、腰袋盖里、袋垫：黑色里料；

过面牙、2个内袋牙、袋垫、三角、扣襻：紫色里料；

活过面：80g腈纶棉；

领底及外领座用领底绒。

②大身内部：内双牙袋13.5cm×1cm，带三角8cm×4cm及扣襻和扣子，两端D形结同过面牙颜色。

③过面牙：过面装饰0.3cm紫色过面牙和0.6cm星星针。

④领吊：后领中梯形钉法0.6cm×6cm。

1.3.3　面料特点及辅料需求（表1-3-1）

表1-3-1　面料特点及辅料需求　　单位：cm

项目	品名	使用部位	数量	规格	颜色
面料	人字纹毛呢面料	大耳朵皮过面拼接	225	门幅145	炭灰色
外部辅料	领底绒	领底及外领座用领底绒	10	门幅90	黑色
	全涤平纹做防透棉处理	大身里、袖里、活门襟里及面、腰袋盖里及袋垫	190	门幅145	黑色
	全涤平纹	过面牙、2个内袋牙、袋垫、三角、扣襻	15	门幅145	紫色
	5#金属开尾拉链	活门襟拉链	1条	长62	黑镍色
	7#连接尼龙开尾拉链	活门襟连接拉链	1条	长160	黑色
	7#尼龙闭尾拉链	胸袋拉链	2条	长16	黑色
	全涤高弹领罗纹，净尺寸：8×46	单层罗纹领	1块	12×48	黑色
	四眼大扣	门襟3粒	3粒	直径2.5	黑色
	四眼中扣	袖口8粒、内袋2粒	10粒	直径1.5	黑色
内部辅料	上衣袋布	外4袋、内2袋	60	门幅150	黑色
	有纺衬	大身衬、领面	60	门幅150	黑色
	无纺衬	过面、门襟里、下摆、袖口、袋板、领子	100	门幅100	灰色
	垫肩	肩部	1付	15.5（38/40/42）17.5（44/46）	灰色
	80g腈纶棉	活过面	30	门幅145	白色
	细绳	过面牙	280	宽0.3	白色
	袖棉	袖山处	10	门幅100	黑色
	袖棉条衬	袖山处	10	门幅110	本色
	黑色牵条	止口、前后肩峰、前后袖窿	600	宽1.5	黑色

1.3.4 裁片图（图1-3-2）

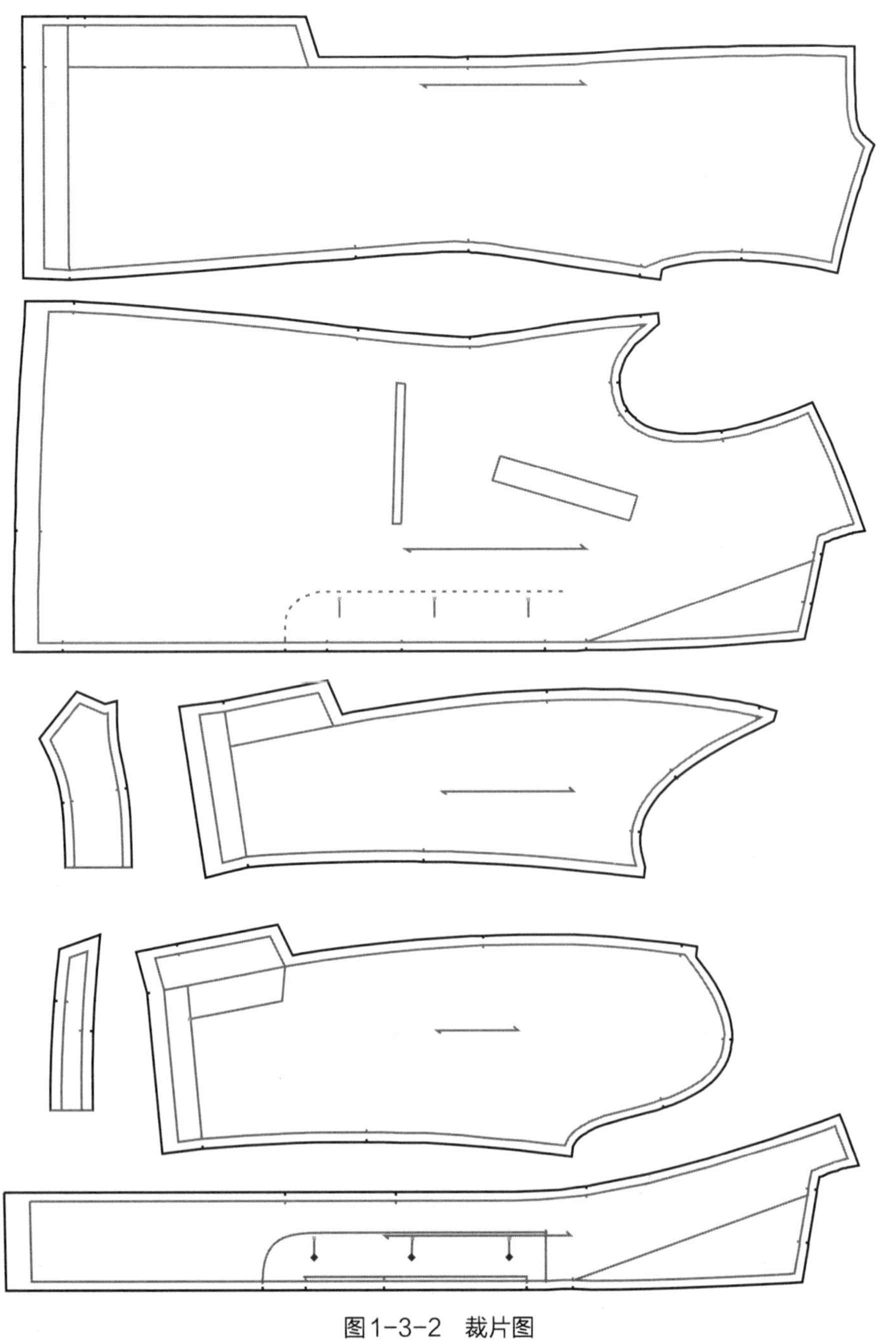

图1-3-2 裁片图

1.3.5　测量部位及尺寸放码比例（表1-3-2）

表1-3-2　测量部位及尺寸放码比例

单位：cm

测量部位＼尺寸	38	40	42	44	46	档差	公差要求	
							-	+
后身长	89.4	90.0	90.6	91.2	91.8	0.6	1.0	1.0
胸围（腋下2.5）	51.5	54.0	56.5	59.0	61.5	2.5	0.6	0.5
腰围（腋下18）	47.5	50.0	52.5	55.0	57.5	2.5	0.6	0.5
臀围（腋下38）	52.0	54.5	57.0	59.5	62.0	2.5	0.6	0.5
下摆	54.5	57.0	59.5	62.0	64.5	2.5	0.6	0.5
背缝宽（后领中下10）	43.3	44.5	45.7	46.9	48.1	1.2	0.5	0.5
前胸宽（侧颈点下17）	39.8	41.0	42.2	43.4	44.6	1.2	0.5	0.5
小肩	13.0	13.5	14.0	14.5	15.0	0.5	0.5	0.5
袖长	63.4	64.0	64.6	65.2	65.8	0.6	0.5	0.5
袖窿（直量）	24.4	25.0	25.6	26.2	26.8	0.6	0.5	0.5
袖肥	19.4	20.0	20.6	21.2	21.8	0.6	0.3	0.3
袖口	14.2	14.5	14.8	15.1	15.4	0.3	0	0
翻领高（背缝线）	5.0	5.0	5.0	5.0	5.0	0	0	0
领座高（背缝线）	2.0	2.0	2.0	2.0	2.0	0	0	0
翻驳线（破点）（侧颈点到首粒扣）	35.4	36.0	36.6	37.2	37.8	0.6	0.3	0.3
领嘴（领点）	3.0	3.0	3.0	3.0	3.0	0	0	0
驳嘴（驳点）	3.5	3.5	3.5	3.5	3.5	0	0	0
驳头宽	6.0	6.0	6.0	6.0	6.0	0	0	0
开衩长	29.0	29.0	29.0	29.0	29.0	0	0.3	0.3

注　此数据适合中国普通人群。

1.3.6 成品效果展示（图1-3-3）

图1-3-3 成品效果展示

1.4　西服领正装大衣

1.4.1　款式设计（图1-4-1）

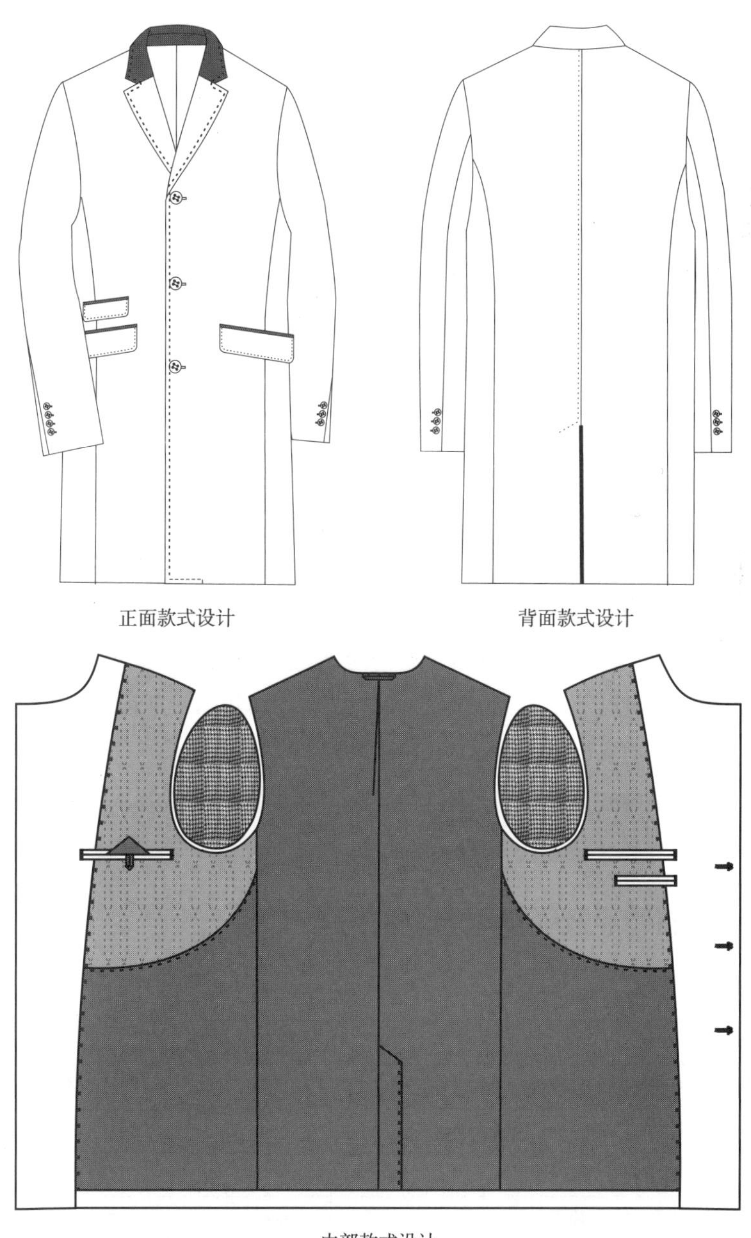

图1-4-1　款式设计

1.4.2 工艺结构设计及工艺要求

（1）缝纫针距

①明线150旦×3股丝线10～12针/3cm，暗线12～13针/3cm。

②缲边机缲缝每3cm不少于4针，手工缲缝每3cm不少于4～6针。

（2）外部工艺要求

①钉扣要求：二字钉法。

②明线：领子、止口、袋盖、手巾袋上口进行珠边缝，距边缘0.7cm。

③大身：平驳头门襟3粒扣，领底用黑色领底绒。插花眼2.5cm全切开，距串口线3cm，距止口1.5cm。

④肩部：自然挺实。

⑤腰双牙斜袋（不含袋牙）：腰袋盖16cm×5.5cm，右侧袋11cm×4cm，腰袋牙中间到袋牙中间间距6.5cm。

⑥胸袋：12cm×3cm板袋。斜度1.5cm，两端Z字缝加固，上口Z字封口0.5cm。

⑦袖子：4粒袖扣，锁真扣眼，活袖衩勾角，袖扣平钉。

⑧背缝：背缝开衩28cm。

（3）内部工艺要求

①里料配色：

前身里料上拼接部位有60g绗棉，绗缝线为紫色同背缝里料颜色，绗缝线形状、大小保持同设计图。前身里料拼接下端：黑色。袖里料：千鸟格。前身拼接下端、后身里、内袋垫、三角、扣襻、外袋盖里及袋垫、领吊：紫色。领底绒：黑色。

②大身内袋：内胸双牙袋13cm×1cm，带三角、扣和扣襻。左侧双牙票袋10cm×1cm。

③过面：过面和前身里拼接，缉0.1cm明线同后身里色。

④领吊：夹绱于后领中缝下，T形钉法，净尺寸0.6cm×6cm。

1.4.3 面料特点及辅料需求（表1-4-1）

表1-4-1 面料特点及辅料需求 单位：cm

项目	品名	使用部位	数量	规格	颜色
面料	毛呢斜纹面料A	直过面、3个内袋牙及袋垫	230	门幅145	烟灰色
	平绒面料B	领面、外3个袋牙	15	门幅145	黑色
外部辅料	全涤平纹里料	前身拼接上端	30	门幅145	黑色
	全涤提花里料	袖里	60	门幅145	千鸟格

续表

项目	品名	使用部位	数量	规格	颜色
外部辅料	全涤平纹里料	前身拼接下端、后身里、内袋垫、三角、扣襻、外袋盖里、袋垫、领吊	80	门幅145	紫色
	领底绒	领底	10	门幅90	黑色
	四眼大扣	门襟3粒	3粒	直径2.5	深灰色
	四眼中扣	袖口8粒、内袋扣1粒	9粒	直径1.5	深灰色
内部辅料	袖棉	袖山处	10	门幅100	黑色
	袖棉条衬	袖山处	10	门幅112	本色
	牵条	止口、前后肩峰、前后袖窿	600	宽1.5	黑色
	有纺衬	大身衬、领面	55	门幅150	黑色
	无纺衬	过面、门襟里、下摆、袖口、袋板、领子	120	门幅100	灰色
	上衣袋布	外4袋、内3袋	60	门幅150	黑色
	垫肩	自然挺实肩部	1付	15.5（38/40/42） 17.5（44/46/48）	灰色
	毛衬	前胸处	45	门幅150	本色
	胸绒	前胸处	30	门幅100	黑色
	腈纶棉40g	前身拼接上端	30	门幅150	白色
	防透棉无纺衬	在前身拼接上端里料和腈纶棉之间加一层	30	门幅150	白色

1.4.4 裁片图（图1-4-2）

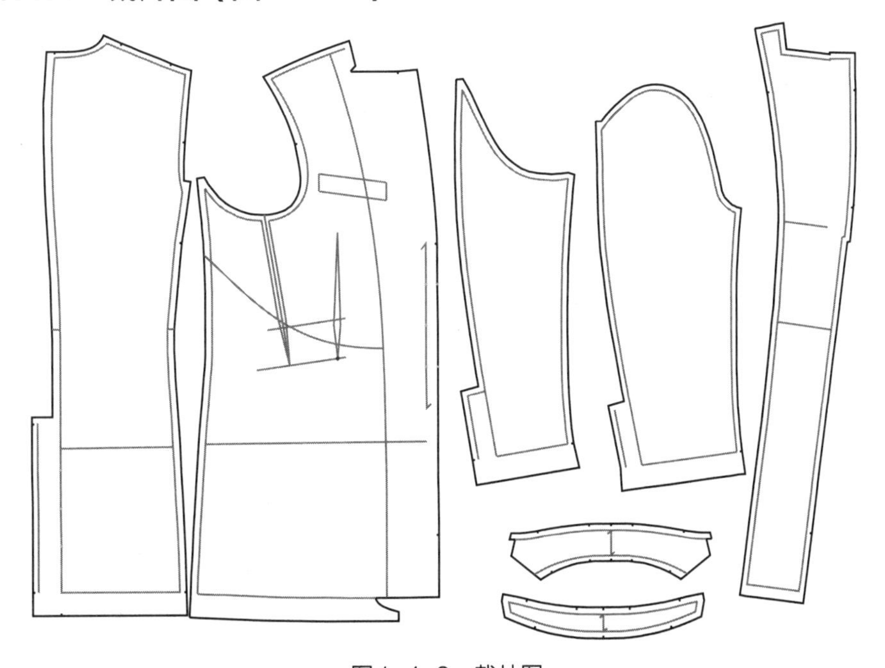

图1-4-2 裁片图

1.4.5 测量部位及尺寸放码比例（表1-4-2）

表1-4-2 测量部位及尺寸放码比例

单位：cm

测量部位 \ 尺寸	38	40	42	44	46	48	档差	公差要求	
								−	+
后身长	89.4	90.0	90.6	91.2	91.8	92.4	0.6	1.0	1.0
胸围（腋下2.5）	53.5	56.0	58.5	61.0	63.5	66.0	2.5	0.6	0.5
腰围（腋下18）	51.5	54.0	56.5	59.0	61.5	64.0	2.5	0.6	0.5
臀围（腋下38）	54.5	57.0	59.5	62.0	64.5	67.0	2.5	0.6	0.5
下摆	57.5	60.0	62.5	65.0	67.5	70.0	2.5	0.6	0.5
背缝宽（后领中缝下13.5）	44.3	45.5	46.7	47.9	49.1	50.3	1.2	0.5	0.5
前胸宽（侧颈点下15）	41.8	43.0	44.2	45.4	46.6	47.8	1.2	0.5	0.5
小肩	14.0	14.5	15.0	15.5	16.0	16.5	0.5	0.5	0.5
袖长	62.4	63.0	63.6	64.2	64.8	65.4	0.6	0.5	0.5
袖肥（腋下2.5）	19.4	20.0	20.6	21.2	21.8	22.4	0.6	0.3	0.3
半袖宽（1/2内袖长）	17.4	18.0	18.6	19.2	19.8	20.4	0.6	0.3	0.3
袖口	14.2	14.5	14.8	15.1	15.4	15.7	0.3	0	0
翻驳线（破点）肩颈点到首粒扣中间	35.4	36.0	36.6	37.2	37.8	38.4	0.6	0.3	0.3
领嘴（领点）	3.0	3.0	3.0	3.0	3.0	3.0	0	0	0
翻领高（背缝线）	5.0	5.0	5.0	5.0	5.0	5.0	0	0	0
领座高（背缝线）	3.0	3.0	3.0	3.0	3.0	3.0	0	0	0
驳角（驳点）	3.5	3.5	3.5	3.5	3.5	3.5	0	0	0
驳头宽	8.0	8.0	8.0	8.0	8.0	8.0	0	0	0
开衩长	28.0	28.0	28.0	28.0	28.0	28.0	0	0.3	0.3

注 此数据适合中国偏瘦人群。

1.4.6 成品效果展示（图1-4-3）

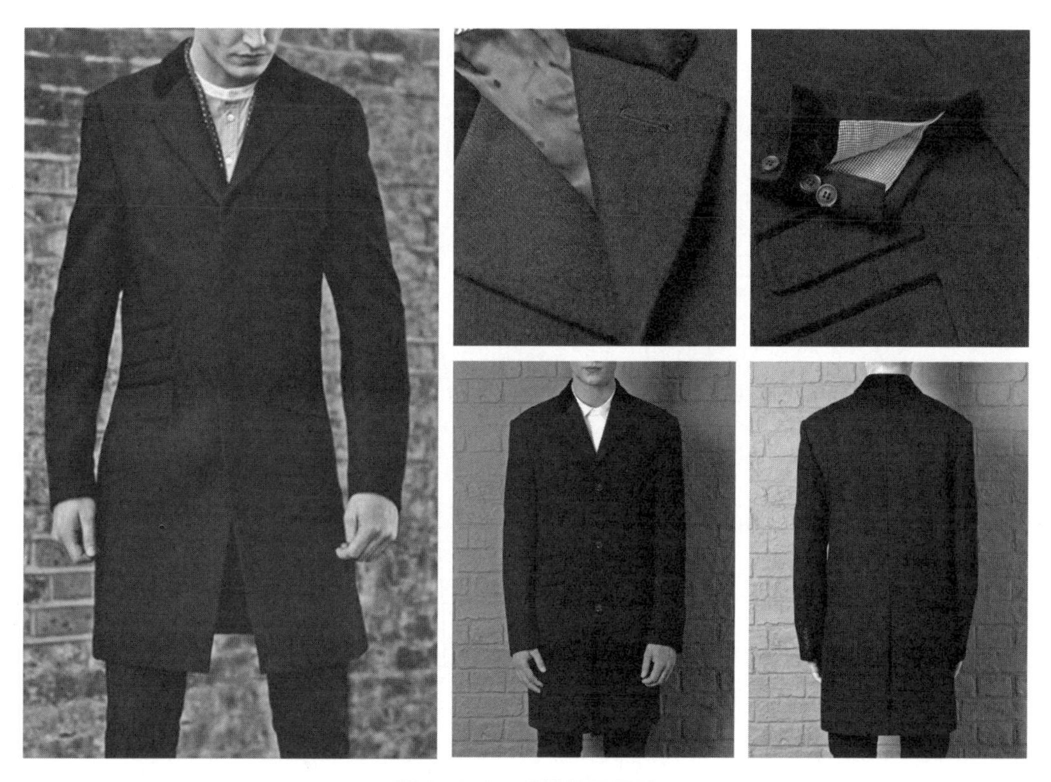

图1-4-3 成品效果展示

1.5 羊绒时尚大衣

1.5.1 款式设计（图1-5-1）

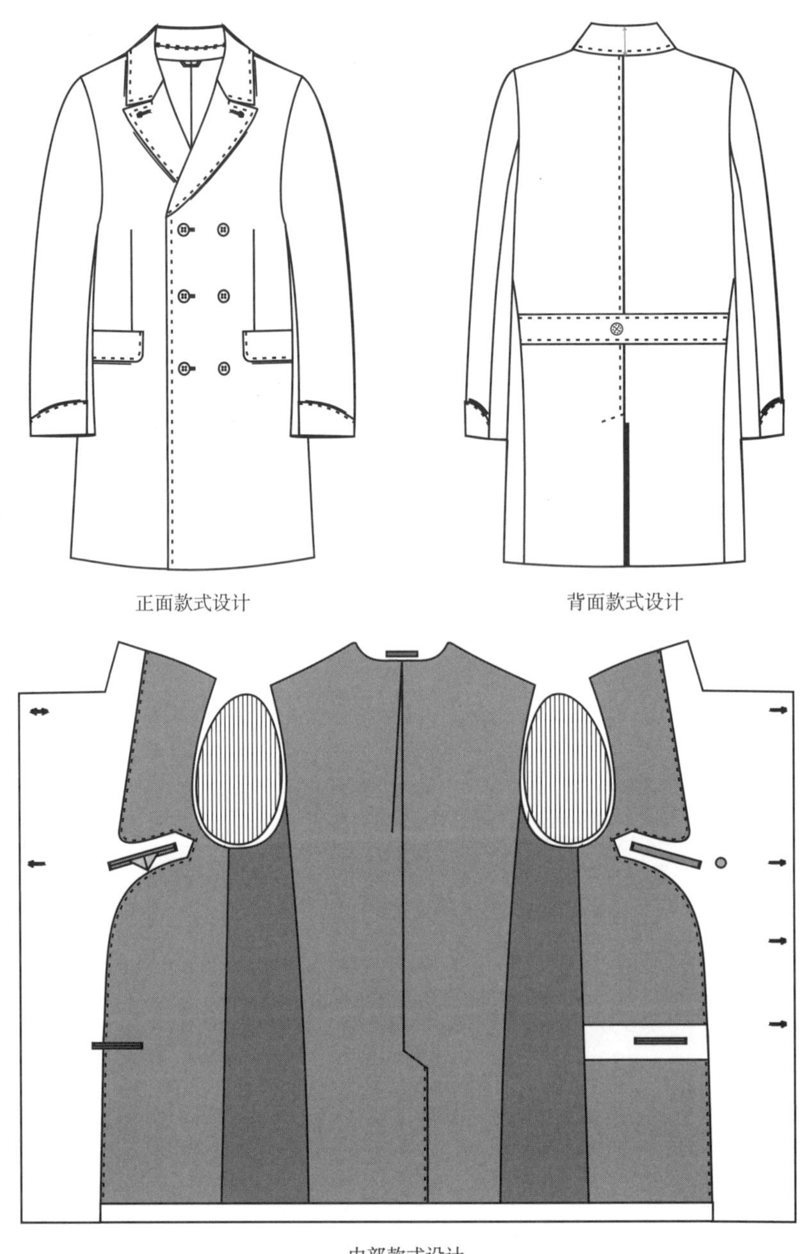

图1-5-1 款式设计

1.5.2 工艺结构设计及工艺要求

（1）缝纫针距

①明线10～12针/3cm，暗线12～13针/3cm。

②缲边机缲缝每3cm不少于4针，手工缲缝每3cm不少于4～6针。

（2）外部工艺要求

①明线：领子、驳头、止口、腰袋盖、后腰带、背缝缉明线。

②大身：双排6粒扣，平驳头，两边各有一粒吊襟扣。插花眼两边都锁真扣眼全切开。

③肩部：自然挺实。

④腰袋：袋盖单牙嵌线袋18cm×7cm。

⑤袖子：袖口有外翻装饰襻5cm×3.5cm。

⑥背缝：后腰带宽6cm，后腰带扣间距24cm，背缝开衩33cm。

（3）内部工艺要求

①面、里料配色：

后身里、前身里、外袋盖里及袋垫、内胸袋牙及袋垫：深蓝色；

右侧内胸袋三角及扣襻、左侧表袋牙及袋垫：偏浅蓝色里料；

侧片里、右内侧票袋牙及袋垫：深蓝色里料；

袖里：深蓝色里料。

②大身内袋：左侧单牙袋14cm×1cm，右侧双牙内袋14cm×1cm，两端平结同大身里料色，双牙票袋：11cm×1cm两端平结同大身里料色。

③过面：缝0.3cm星星针线颜色同大身里料色。

④领吊：净尺寸0.6cm×6cm钉在后领座上。

1.5.3 面料特点及辅料需求（表1-5-1）

表1-5-1 面料特点及辅料需求 单位：cm

项目	使用部位	数量	规格	颜色
面料	20%羊绒面料：异形大耳朵皮	230	门幅145	藏蓝色
外部辅料	后身里、前身里、外袋盖里及袋垫、内胸袋牙及袋垫	95	门幅135	深蓝色
	右侧内胸袋三角及扣襻、左表袋牙及袋垫	15	门幅135	偏浅蓝色
	侧片里、内右票袋牙及袋垫	40	门幅135	深蓝格
	袖里	65	门幅145	深蓝色

续表

项目	使用部位	数量	规格	颜色
外部辅料	大扣：门襟8粒、后腰带装饰扣2粒、吊襟2粒+备扣1粒	13粒	直径3.0	黑色
	中扣：内胸袋1粒、备扣1粒	2粒	直径1.5	黑色
内部辅料	无纺衬：过面、下摆、袖口、袋牙、开衩、大身衬、领子	150	门幅150	灰色
	上衣袋布（外2袋+内4袋）	60	门幅150	黑色
	袖棉	10	门幅90	黑色
	牵条：止口、前后肩缝、前后袖窿	500	宽1.5	黑色

1.5.4 裁片图（图1-5-2）

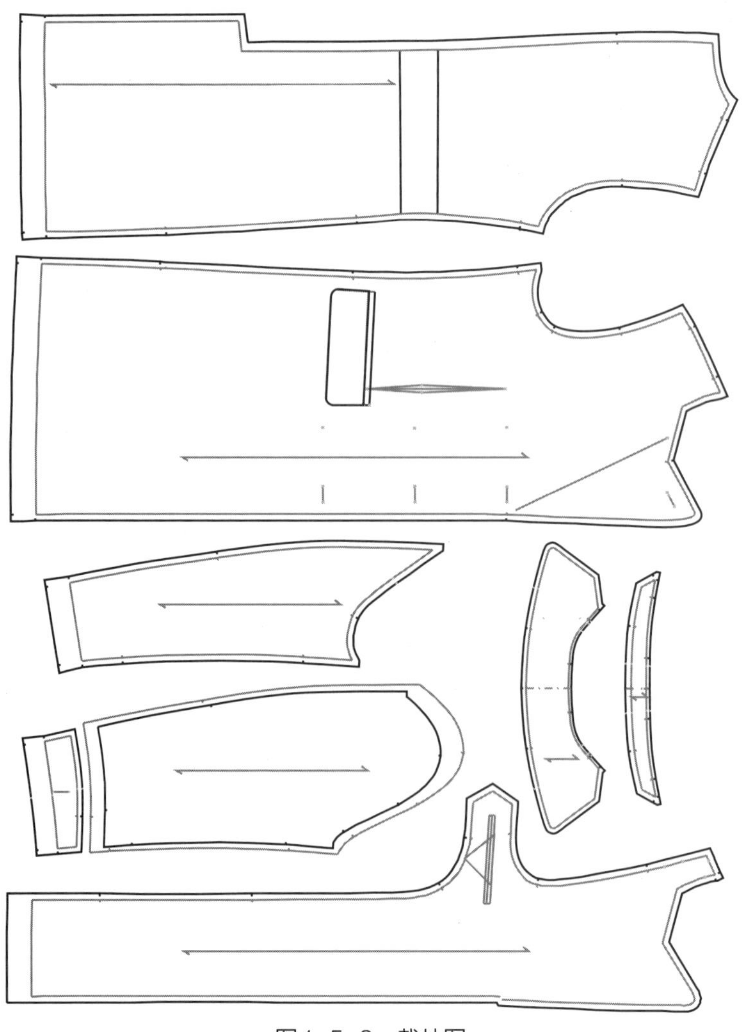

图1-5-2 裁片图

1.5.5 测量部位及号型放码比例（表1-5-2）

表1-5-2 测量部位及号型放码比例

单位：cm

测量部位＼号型	S	M	L	XL	2XL	3XL	公差要求	
							－	+
适合胸围	38.0	40.0	42～44	46～48	50～52	54～56		
背缝长（背缝至下摆）	109.4	110.0	111.2	112.4	113.6	114.8	1.0	1.0
后身长（侧颈点至后下摆）	111.3	112.0	113.5	115.0	116.5	118.0	1.0	1.0
前身长（侧颈点至前下摆）	112.2	113.0	114.6	116.2	117.8	119.4	1.0	1.0
侧缝长	80.0	80.0	80.0	80.0	80.0	80.0	1.0	1.0
胸围（腋下2.5）	55.5	58.0	63.0	68.0	73.0	78.0	1.0	1.0
腰围（腋下18）	53.5	56.0	61.0	66.0	71.0	76.0	1.0	1.0
下臀围（腋下38）	55.0	57.5	62.5	67.5	72.5	77.5	1.0	1.0
下摆	57.5	60.0	65.0	70.0	75.0	80.0	1.0	1.0
后肩宽	46.8	48.0	50.4	52.8	55.2	57.6	0.5	0.5
小肩	14.1	14.5	15.3	16.1	16.9	17.7	0.5	0.5
前胸宽（肩颈点下17）	39.3	40.5	42.9	45.3	47.7	50.1	0.5	0.5
背缝宽（肩颈点下17）	43.3	44.5	46.9	49.3	51.7	54.1	0.5	0.5
长袖的外袖长	64.7	65.0	65.6	66.2	66.8	67.4	1.0	0.5
长袖的内袖长	45.3	45.0	44.4	43.8	43.2	42.6	0.5	0.5
袖窿（直量）	25.3	26.0	27.5	29.0	30.5	32.0	0.5	0.5
前袖窿（弯量）	29.8	31.0	33.5	36.0	38.5	41.0	0.5	0.5
后袖窿（弯量）	28.8	30.0	32.5	35.0	37.5	40.0	0.5	0.5
袖肥（腋下2.5）	19.8	20.5	22.0	23.5	25.0	26.5	0.5	0.5
半袖（1/2内袖长）	18.0	18.5	19.5	20.5	21.5	22.5	0.5	0.5
长袖的袖口宽	15.7	16.0	16.6	17.2	17.8	18.4	0.3	0.3
后领宽（直量）	20.1	20.5	21.3	22.1	22.9	23.7	0.5	0.5
后领深	2.2	2.3	2.6	2.9	3.2	3.5	0	0
领座高（背缝线）	2.5	2.5	2.5	2.5	2.5	2.5	0.3	0.3
翻领高（背缝线）	8.5	8.5	8.5	8.5	8.5	8.5	0.3	0.3
领嘴（领点）	10.0	10.0	10.0	10.0	10.0	10.0	0.3	0.3
驳角（驳点）	10.0	10.0	10.0	10.0	10.0	10.0	0.3	0.3
驳头宽	14.0	14.0	14.0	14.0	14.0	14.0	0.3	0.3
翻驳线（破点）	35.9	36.0	36.3	36.6	36.9	37.2	0	0
腰袋上端的位置距侧颈点	55.9	56.0	56.3	56.6	56.9	57.2	0	0
后腰带上口距后领中点	44.9	45.0	45.3	45.6	45.9	46.8	0	0

注 此数据适合中国普通人群。

1.5.6 特殊工艺（图1-5-3）

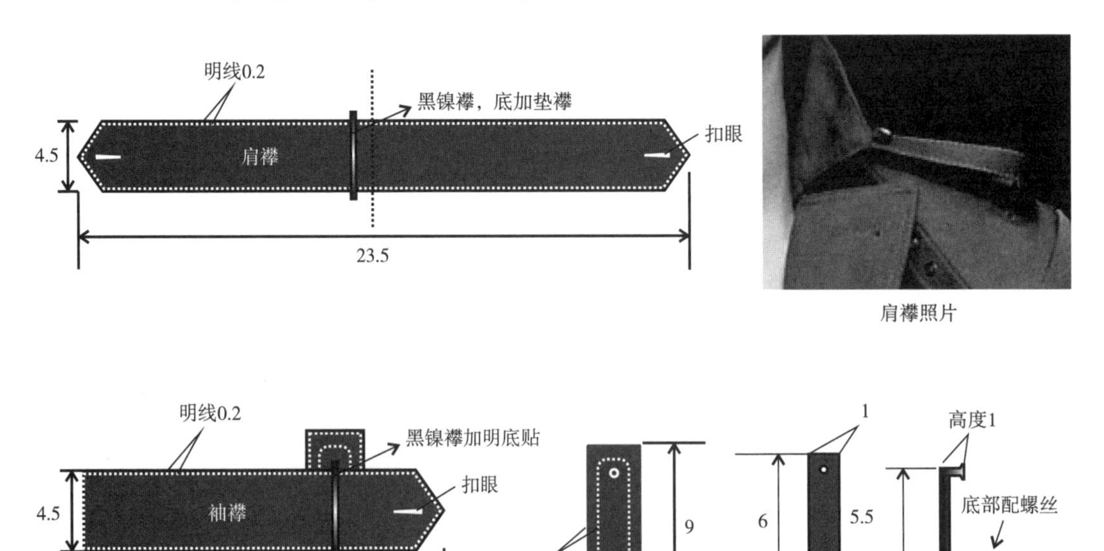

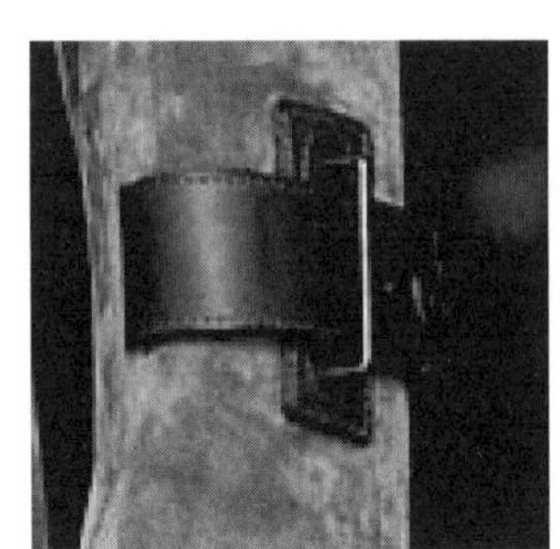

袖襻照片

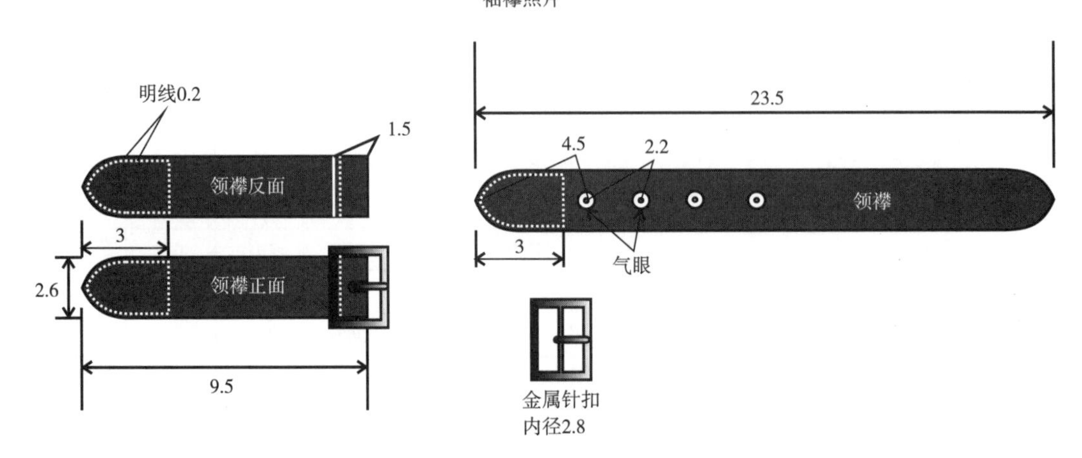

图1-5-3 特殊工艺

1.5.7 成品效果展示（图1-5-4）

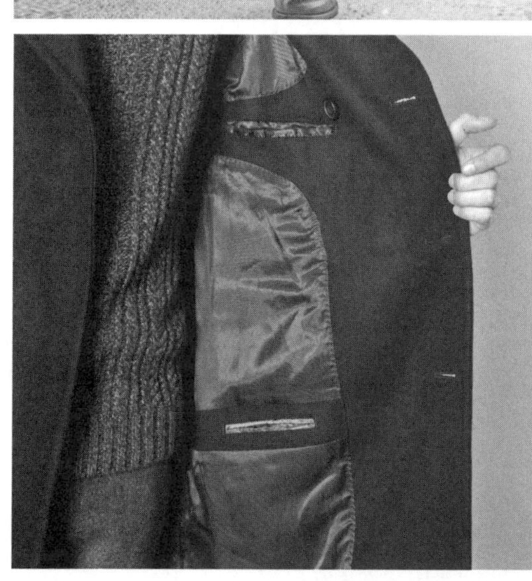
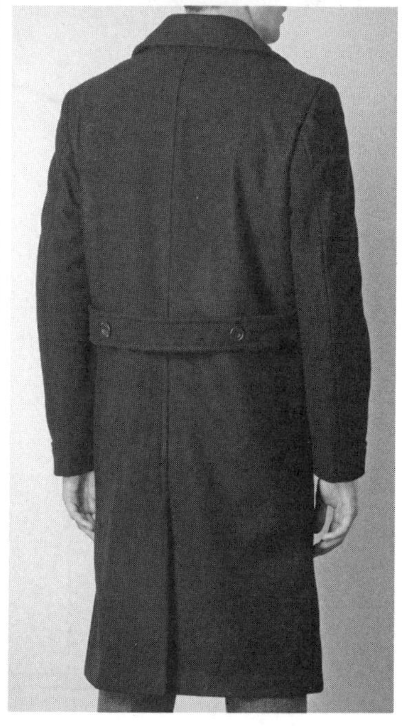

图1-5-4 成品效果展示

1.6 时尚大衣

1.6.1 款式设计（图1-6-1）

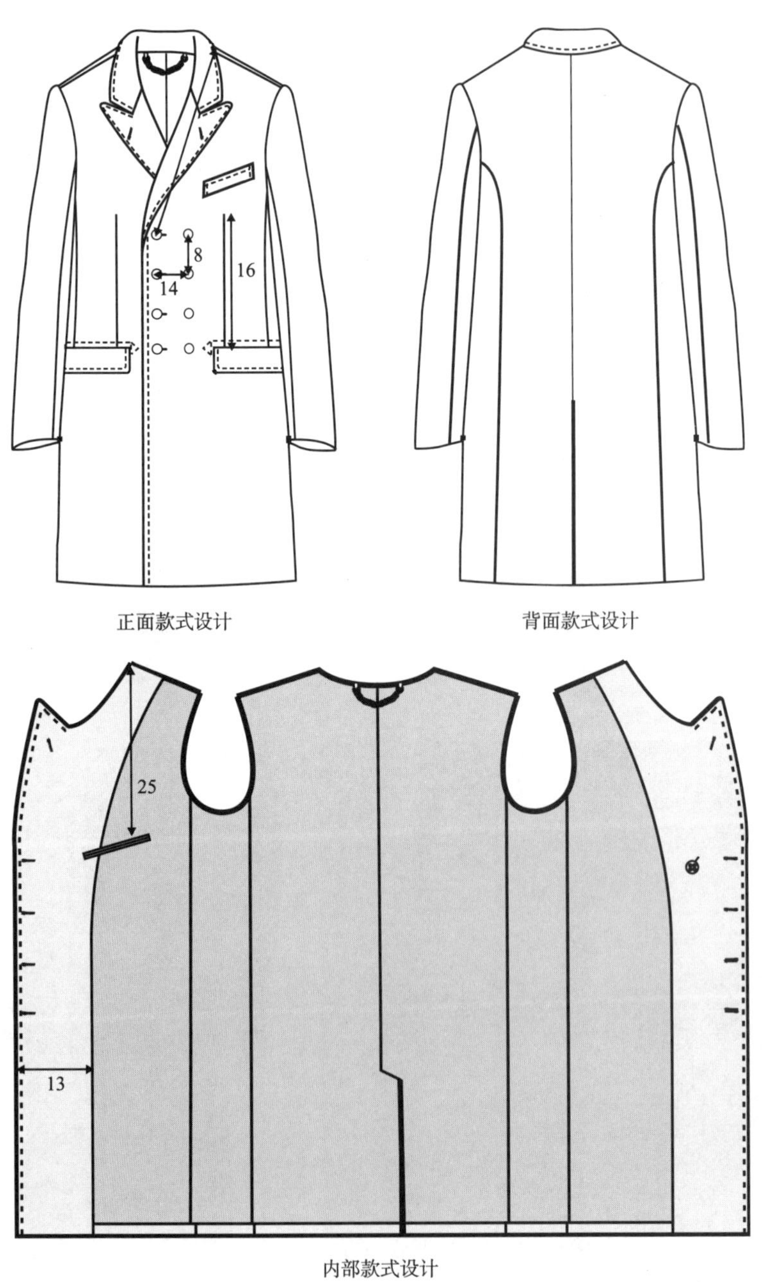

图1-6-1 款式设计

1.6.2 工艺结构设计及工艺要求

（1）缝纫针距

①明线12～13针/3cm，暗线12～13针/3cm。

②缲边机缲缝每3cm不少于4针，手工缲缝每3cm不少于4～6针。

（2）外部工艺要求

①明线：领子、止口、门襟、腰袋盖均1.6cm缉单明线。

②前身：双排8粒扣，扣间距8cm，双排扣距14cm，两边都锁扣眼。

③肩部：自然挺实。

④腰袋：腰袋盖16cm×7cm，缉宽1.6cm轮廓线。腰袋距肩点55cm，距前中线20cm。

⑤胸袋：胸袋板10.5cm×2.5cm，距肩点22.5cm，距袖窿2.5cm。

⑥背缝：背缝开衩35cm，后开衩内贴边用织带。

（3）内部工艺要求

①里料配色：

袖里：黑白条里料。

②内袋：双牙袋17cm×1.5cm。

③领吊：金属领吊，领吊环用大身里料固定。

1.6.3 面料特点及辅料需求（表1-6-1）

表1-6-1 面料特点及辅料需求

单位：cm

项目	品名	使用部位	数量	规格	颜色
面料	全毛600g麦尔登毛呢面料	直过面	230	门幅145	黑色
	白色粗棉布面料	2个领吊环、大身里、领底、外腰袋盖里及袋垫、内袋牙及袋垫+袋布	140	门幅145	白色
外部辅料	全涤平纹色织布	袖里	65	门幅135	黑白色
	金属领吊铜磨链0.15×1.1的铜圈		1个	8	深灰沥色
	金属蘑菇大扣：两门襟扣交叉使用	特殊图案1金色扣	11粒	直径2.5	暗金色
		特殊图案2金色扣	11粒	直径2.5	暗金色
	果实四眼大扣	吊襟扣1粒	1粒	直径2.5	黑色
	织带	背缝开衩内贴边	40	直径4	彩色
内部辅料	有纺衬	前身、领子	80	门幅150	黑色
	胸衬	前胸处	40	门幅145	本色
	无纺衬	过面、袋盖、下摆、袖口、肩襻、开衩、袋牙	120	门幅150	灰色

续表

项目	品名	使用部位	数量	规格	颜色
内部辅料	垫肩	挺实肩部	1付	15.5（S/M/L）17.5（XL/2XL）	灰色
	袖棉	袖山处	10	门幅100	黑色
	袖棉条衬	袖山处	10	门幅100	黑色
	牵条	止口、领子、前后袖窿、前后肩缝	600	宽1.2	黑色

1.6.4 裁片图（图1-6-2）

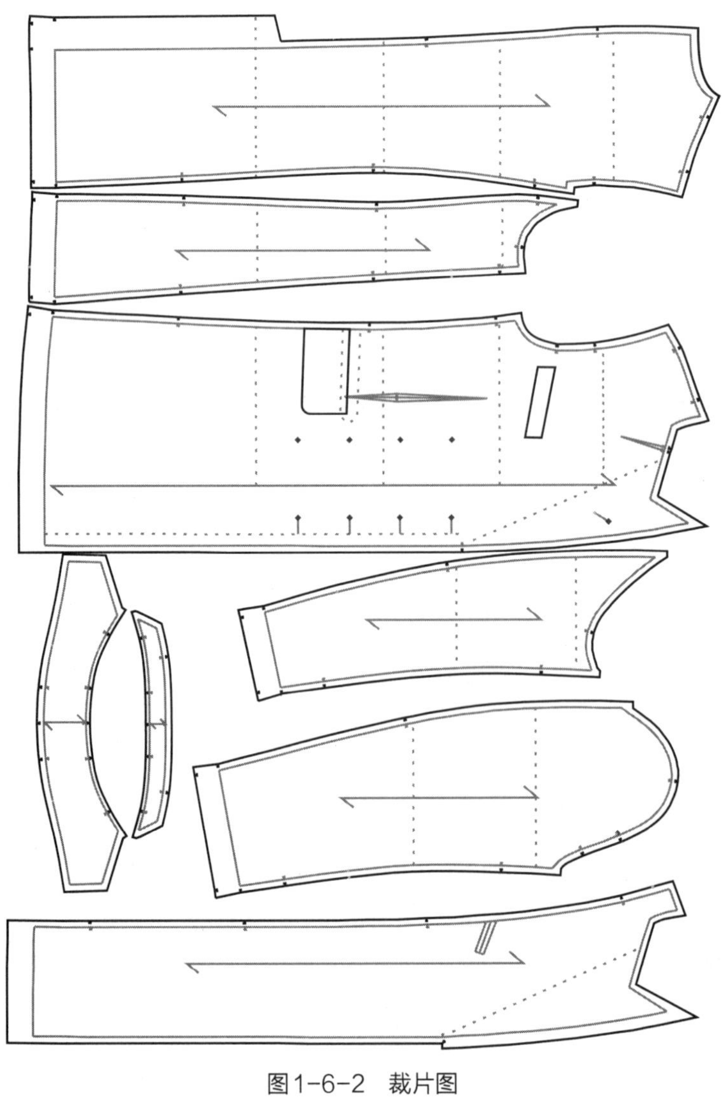

图1-6-2 裁片图

1.6.5 测量部位及号型放码比例（表1-6-2）

表1-6-2 测量部位及号型放码比例 单位：cm

测量部位 \ 号型	S	M	L	XL	2XL	公差要求 -	公差要求 +
胸围（腋下到腋下）	51.5	54.5	57.5	60.5	63.5	1.2	1.2
腰围（肩颈点下41）	48.0	51.0	54.0	57.0	60.0	1.2	1.2
下摆（直量）	57.0	60.0	63.0	66.0	69.0	1.2	1.2
前胸宽（肩颈点下15）	40.5	42.5	44.5	46.5	48.5	0.8	0.8
背缝宽（肩颈点下15）	42.0	44.0	46.0	48.0	50.0	0.8	0.8
小肩	14.5	15.0	15.5	16.0	16.5	0.4	0.4
肩宽	44.0	46.0	48.0	50.0	52.0	0.8	0.8
后领宽（直量）	21.0	22.0	23.0	24.0	25.0	0.4	0.4
前领深（从肩颈点到破点）	42.0	42.5	43.0	43.5	44.0	0.2	0.2
后领深（从肩颈点）	1.2	1.2	1.2	1.2	1.2	0	0
前身长（从肩颈点）	100.0	101.5	103.0	104.5	106.0	1.0	1.0
后身长（从肩颈点）	100.0	101.5	103.0	104.5	106.0	1.0	1.0
袖长（外袖）	67.0	68.0	69.0	70.0	71.0	0.5	0.5
袖窿（直量）	24.5	25.5	26.5	27.5	28.5	0.5	0.5
袖肥（腋下2）	19.0	20.0	21.0	22.0	23.0	0.5	0.5
肘宽（半袖）	16.5	17.5	18.5	19.5	20.5	0.5	0.5
1/2袖口宽	13.0	14.0	15.0	16.0	17.0	0.5	0.5
领座深	2.5	2.5	3.0	3.5	4.0	0	0
领边-沿边	47.8	48.8	49.8	50.8	51.8	0.5	0.5
领深-背缝	5.8	5.8	5.8	5.8	5.8	0	0
领嘴（领点）	4.5	4.5	4.5	4.5	4.5	0	0
驳角（驳点）	7.0	7.0	7.0	7.0	7.0	0	0
大身袋盖（上沿宽）	16.0	16.0	16.0	16.0	16.0	0.5	0.5
大身袋盖深	7.0	7.0	7.0	7.0	7.0	0	0
大身袋位置（距肩颈点）	54.5	55.0	55.5	56.0	56.5	0.5	0.5
大身袋位置（距前中线）	19.0	20.0	21.0	22.0	23.0	0.5	0.5
胸袋位置（里侧距袖窿）	2.5	2.5	3.0	3.5	4.0	0	0
胸袋位置（肩颈点往下到袋最高点）	22.5	22.5	23.0	23.0	23.5	0.5	0.5
胸袋（上沿边宽）	10.7	10.7	10.7	11.0	11.0	0	0
胸袋深	2.7	2.7	2.7	2.7	2.7	0	0
背缝开衩长	34.5	35.0	35.5	36.0	36.5	0.5	0.5
扣距（随尺寸作相应调整）	8.0	8.0	8.0	8.0	8.0	0	0
内部腰带长（沿最长测量）	32.0	34.0	36.0	38.0	40.0	0.5	0.5
内部腰带扣眼位置（第一粒扣眼距边）	2.0	2.0	2.0	2.0	2.0	0	0

注 此数据适合中国偏瘦人群。

1.6.6 成品效果展示（图1-6-3）

图1-6-3 成品效果展示

1.7　时尚定位面料双排扣大衣

1.7.1　款式设计（图1-7-1）

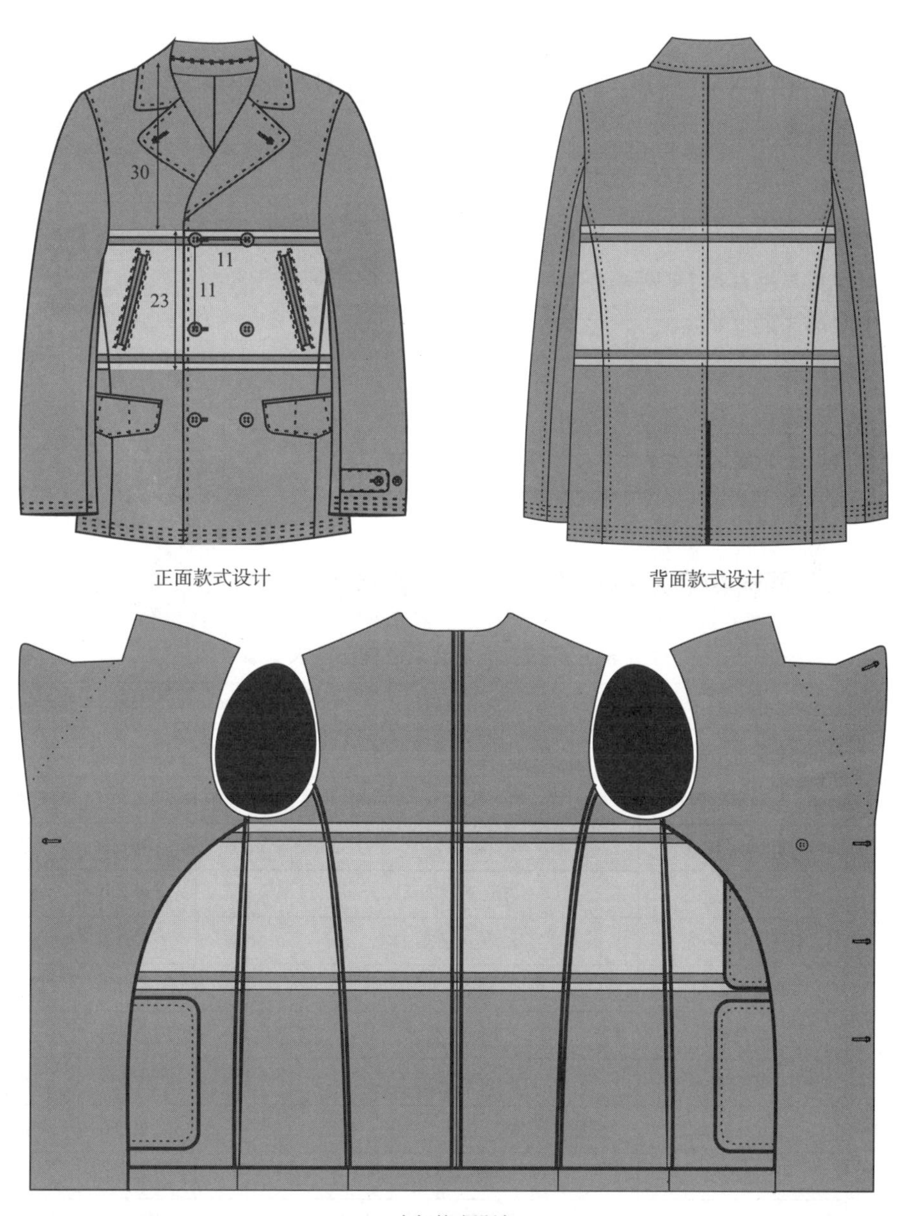

图1-7-1　款式设计

1.7.2 工艺结构设计及工艺要求

（1）缝纫针距

①粗棉线明线9～11针/3cm，暗线12～13针/3cm。

②缲边机缲缝每3cm不少于4针，手工缲缝每3cm不少于4～6针。

（2）外部工艺要求

①缉明线：领子、驳头、止口、前后袖窿、背缝、后袖缝、后侧缝、腰袋盖缉明线1cm；下摆、袖口缉1.5～2.1～2.7cm三道明线。

②前身：前门双排6粒扣，扣间距11cm，钉扣十字钉法，有2粒吊襟扣。

③肩部：自然挺实。

④腰袋（含袋牙）：双牙袋盖17cm×6cm×4cm。

⑤胸袋：胸袋为17cm×2cm双牙袋，四周缉双明线间距0.6cm。

⑥背缝：背缝开衩18cm。

（3）内部工艺要求

①里料配色：

袖里：藏蓝色T/C内部滚边1cm。

②领吊：净尺寸6cm×0.7cm，钉在后领中缝处。

1.7.3 面料特点及辅料需求（表1-7-1）

表1-7-1 面料特点及辅料需求 单位：cm

项目	品名	使用部位	数量	规格	颜色
面料	800g全毛拼接面料A	大身、腰袋牙及袋垫	130循环	门幅145	军绿色条
	800g全毛素色面料B	大过面、袖子、领子、4袋布面	130	门幅145	军绿色素色
外部辅料	全涤平纹	袖里	60	门幅145	军绿色
	内部滚边	T/C平纹布	40	门幅140	藏蓝色
	四眼扣半全光	门襟8粒+吊襟2粒	10粒	直径2.8	深棕色
	编花粗棉绳	领吊	10	宽0.6	藏蓝色
内部辅料	上衣袋布	4外袋里	40	门幅150	黑色
	有纺衬	过面、领面	30	门幅150	黑色
	无纺衬	过面、下摆、袖口、袋牙、领里	40	门幅150	灰色
	袖棉	袖山处	10	门幅100	黑色
	牵条	止口、前后肩缝、前后袖窿	400	宽1.5	黑色

拼接面料图及过面黏衬如图1-7-2所示。

拼接面料

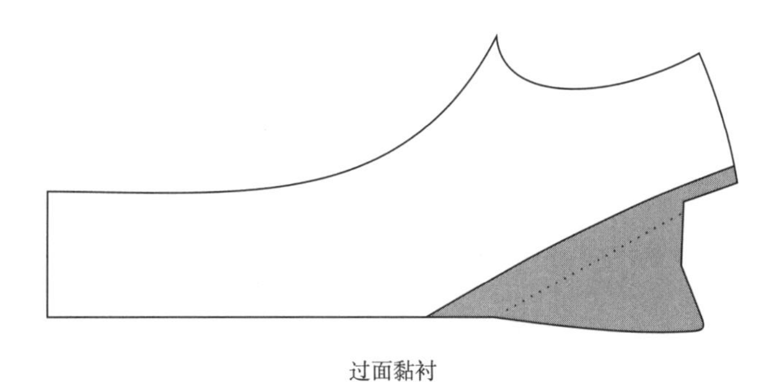

过面黏衬

图1-7-2

1.7.4 测量部位及号型放码比例（表1-7-2）

表1-7-2 测量部位及号型放码比例 单位：cm

测量部位＼号型	S	M	L	XL	2XL	3XL	公差要求	
							－	+
适合胸围	38.0	40.0	42 ~ 44	46 ~ 48	50 ~ 52	54 ~ 56		
背缝长（背缝至下摆）	73.9	74.5	75.7	76.9	78.1	79.3	1.0	1.0
后身长（侧颈点至后下摆）	75.8	76.5	78.0	79.5	81.0	82.5	1.0	1.0
前身长（侧颈点至前下摆）	75.7	76.5	78.1	79.7	81.3	82.9	1.0	1.0

续表

测量部位＼号型	S	M	L	XL	2XL	3XL	公差要求	
							−	+
胸围（腋下2.5）	53.5	56.0	61.0	66.0	71.0	76.0	1.0	1.0
腰围（腋下18）	50.0	52.5	57.5	62.5	67.5	72.5	1.0	1.0
下摆	54.5	57.0	62.0	67.0	72.0	77.0	1.0	1.0
后肩宽	46.8	48.0	50.4	52.8	55.2	57.6	0.5	0.5
小肩	14.6	15.0	15.8	16.6	17.4	18.2	0.5	0.5
前胸宽（肩端点下17）	39.8	41.0	43.4	45.8	48.2	50.6	0.5	0.5
背缝宽（肩端点下17）	42.8	44.0	46.4	48.8	51.2	53.6	0.5	0.5
长袖的外袖长	64.7	65.0	65.6	66.2	66.8	67.4	1.0	0.5
长袖的内袖长	46.3	46.0	45.4	44.8	44.2	43.6	0.5	0.5
袖窿（直量）	24.8	25.5	27.0	28.5	30.0	31.5	0.5	0.5
前袖窿（弯量）	30.8	32.0	34.5	37.0	39.5	42.0	0.5	0.5
后袖窿（弯量）	28.8	30.0	32.5	35.0	37.5	40.0	0.5	0.5
袖肥（腋下2.5）	19.3	20.0	21.5	23.0	24.5	26.0	0.5	0.5
半袖（1/2内袖长）	16.0	16.5	17.5	18.5	19.5	20.5	0.5	0.5
长袖的袖口宽	13.7	14.0	14.6	15.2	15.8	16.4	0.3	0.3
后领宽（直量）	18.1	18.5	19.3	20.1	20.9	21.7	0.5	0.5
前领深	10.3	10.5	10.9	11.3	11.7	12.1	0	0
后领深	1.9	2.0	2.3	2.6	2.9	3.2	0	0
领座高（背缝线）	4.0	4.0	4.0	4.0	4.0	4.0	0.3	0.3
翻领高（背缝线）	10.0	10.0	10.0	10.0	10.0	10.0	0.3	0.3
领嘴（领点）	9.5	9.5	9.5	9.5	9.5	9.5	0.3	0.3
驳角（驳点）	9.5	9.5	9.5	9.5	9.5	9.5	0.3	0.3
驳头宽	11.5	11.5	11.5	11.5	11.5	11.5	0.3	0.3
后开衩	18.0	18.0	18.0	18.0	18.0	18.0	0.3	0.3
翻驳线（破点）	32.2	33.0	34.6	36.2	37.8	39.4	0	0
腰袋位距下摆	20.0	20.0	20.0	20.0	20.0	20.0	0	0
胸袋位距侧颈点	30.6	31.0	31.8	32.6	33.4	34.2	0	0

注 此数据适合中国普通人群。

1.7.5 成品效果展示（图1-7-3）

图1-7-3 成品效果展示

1.8 人字纹雪花呢男大衣

1.8.1 款式设计（图1-8-1）

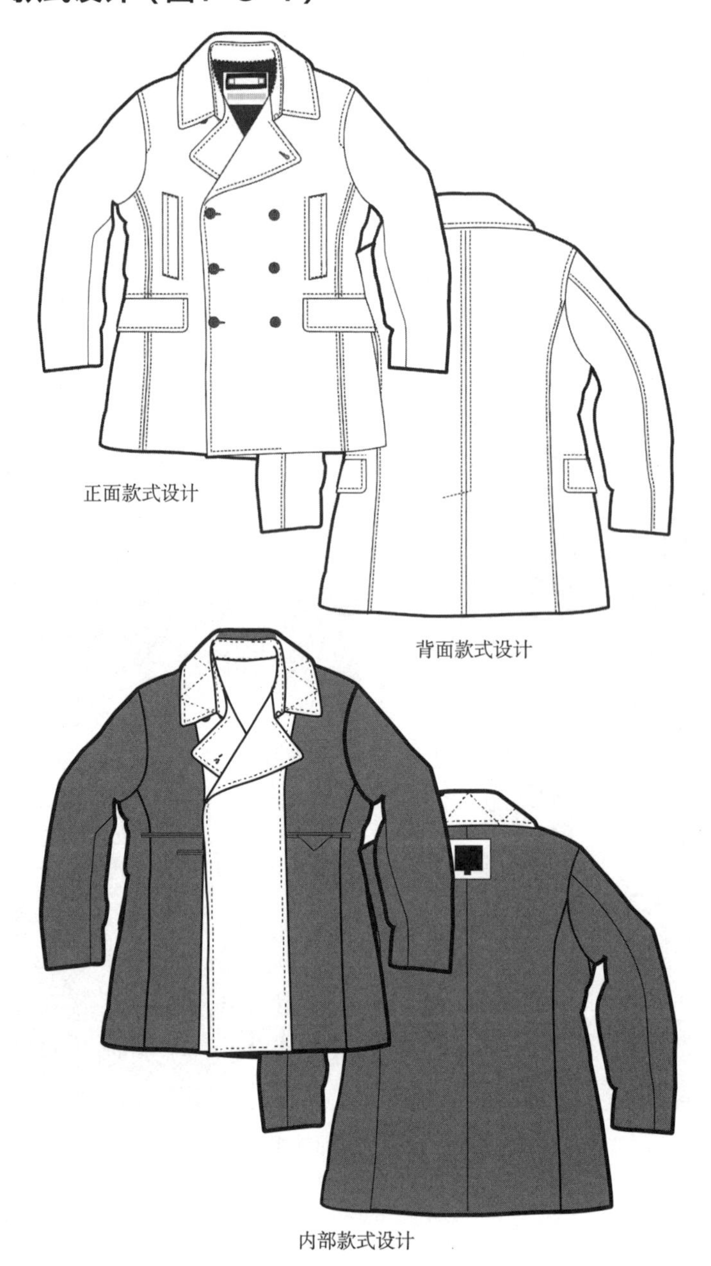

图1-8-1 款式设计

1.8.2　工艺结构设计及工艺要求

（1）缝纫针距

①粗棉线缉明线9～11针/3cm，暗线12～13针/3cm。

②缲边机缲缝每3cm不少于4针，手工缲缝每3cm不少于4～6针。

（2）外部工艺要求

①缉明线：领子、门襟、前后袖窿、腰袋盖、胸袋板、后袖缝、背缝、前后侧缝缉明线0.8cm。

②前身：双排6粒扣，扣间距12cm，门襟搭门宽10cm，钉扣十字钉法，有1粒吊襟扣。

③肩部：柔和、自然。

④腰袋（含袋牙）：腰袋盖长17.5cm×7cm，腰袋距止口边18.5cm。

⑤胸袋：胸袋板17.5cm×3.5cm，袋板斜度3cm，胸板袋上口距前中线止口边22cm。

⑥背缝：背缝开衩28cm。

⑦领子：前领座配金属领钩。

（3）内部工艺要求

①里料配色：

领底绒：深绿色；

大身里、外袋盖里及袋垫：深绿色里料；

袖里、3个内袋牙及袋垫：白底黑米条里料。

②内袋：13cm×1cm双牙袋，右侧内胸袋三角及扣襻，左内袋下有5.5cm×1cm小票袋。

③过面：过面缉0.2cm明线。

④领吊：领吊0.8cm×6.5cm。

1.8.3　面料特点及辅料需求（表1-8-1）

表1-8-1　面料特点及辅料需求　　单位：cm

项目	品名	使用部位	数量	规格	颜色
面料	人字纹全毛雪花呢面料	领吊	230	门幅145	深灰色
外部辅料	全涤斜纹提花条里料	袖里、3个内袋牙及袋垫、右侧内胸袋三角及扣襻	70	门幅140	白底黑米条
	全涤大斜纹素色里料	大身里、外袋盖里及袋垫	100	门幅145	深绿色
	领底绒	用在领底处	10	门幅90	深绿色

续表

项目	品名	使用部位	数量	规格	颜色
外部辅料	毛衬	用在前胸处	30	门幅100	本色
	领钩	全铜	1付	宽0.8	无呖深克呖
	四眼大扣	门襟7粒、吊襟扣1粒	8粒	直径3	深棕色
	四眼中扣	袖口8粒、内袋1粒	9粒	直径1.5	深棕色
内部辅料	有纺衬	大身衬、领面	60	门幅150	黑色
	无纺衬	过面、门襟里、下摆、袖口、袋板、领里	90	门幅150	灰色
	上衣袋布	外4袋、内3袋	50	门幅150	黑色
	垫肩	轻薄垫肩	1付	17.5	灰色
	袖棉	用在袖山处	10	门幅100	黑色
	牵条	止口、前后肩缝、前后袖窿	600	门幅150	黑色

1.8.4 裁片图（图1-8-2）

图1-8-2 裁片图

1.8.5　测量部位及号型放码比例（表1-8-2）

表1-8-2　测量部位及号型放码比例　　单位：cm

测量部位＼号型	S	M	L	XL	2XL	3XL	公差要求 -	公差要求 +
适合胸围尺寸	38.0	40.0	42～44	46～48	50～52	54～56		
背缝长（背缝至下摆）	83.9	84.5	85.7	86.9	88.1	89.3	1.0	1.0
后身长（侧颈点至后下摆）	85.8	86.5	88.0	89.5	91.0	92.5	1.0	1.0
前中长（前领中至下摆）	76.4	77.0	78.2	79.4	80.6	81.8	1.0	1.0
前身长（侧颈点至前下摆）	85.2	86.0	87.6	89.2	90.8	92.4	1.0	1.0
侧缝长	58.0	58.0	58.0	58.0	58.0	58.0	1.0	1.0
胸围（腋下2.5）	53.0	55.5	60.5	65.5	70.5	75.5	1.0	1.0
腰围（腋下18）	50.0	52.5	57.5	62.5	67.5	72.5	1.0	1.0
臀围（腋下38）	54.5	57.0	62.0	67.0	72.0	77.0	1.0	1.0
下摆	58.0	60.5	65.5	70.5	75.5	80.5	1.0	1.0
后肩宽	45.3	46.5	48.9	51.3	53.7	56.1	0.5	0.5
小肩	14.1	14.5	15.3	16.1	16.9	17.7	0.5	0.5
前胸宽（肩端点下17）	39.8	41.0	43.4	45.8	48.2	50.6	0.5	0.5
背缝宽（后领缝下15）	43.8	45.0	47.4	49.8	52.2	54.6	0.5	0.5
长袖（外袖长）	65.7	66.0	66.6	67.2	67.8	68.4	1.0	0.5
长袖（内袖长）	46.3	46.0	45.4	44.8	44.2	43.6	0.5	0.5
袖窿（直量）	24.3	25.0	26.5	28.0	29.5	31.0	0.5	0.5
袖肥（腋下2.5）	19.3	20.0	21.5	23.0	24.5	26.0	0.5	0.5
半袖（1/2内袖长）	17.5	18.0	19.0	20.0	21.0	22.0	0.5	0.5
长袖（袖口宽）	13.7	14.0	14.6	15.2	15.8	16.4	0.3	0.3
后领宽（直量）	17.6	18.0	18.8	19.6	20.4	21.2	0.5	0.5
前领深	9.3	9.5	9.9	10.3	10.7	11.1	0	0
后领深	2.4	2.5	2.8	3.1	3.4	3.7	0	0
1/2领上口	26.3	27.0	28.5	30.0	31.5	33.0	0	0.5
领座高（背缝线）	4.0	4.0	4.0	4.0	4.0	4.0	0.3	0.3
领座高（前中线）	2.5	2.5	2.5	2.5	2.5	2.5	0.3	0.3
翻领高（背缝线）	7.5	7.5	7.5	7.5	7.5	7.5	0.3	0.3
领嘴（领点）	8.5	8.5	8.5	8.5	8.5	8.5	0.3	0.3
驳角（驳点）	10.0	10.0	10.0	10.0	10.0	10.0	0.3	0.3
大身袋内角距下摆	32.9	33.0	33.3	33.6	33.9	34.2	0	0

注　此数据适合中国普通人群。

1.8.6 成品效果展示（图1-8-3）

图1-8-3 成品效果展示

1.9　西服领基本款大衣

1.9.1　款式设计（图1-9-1）

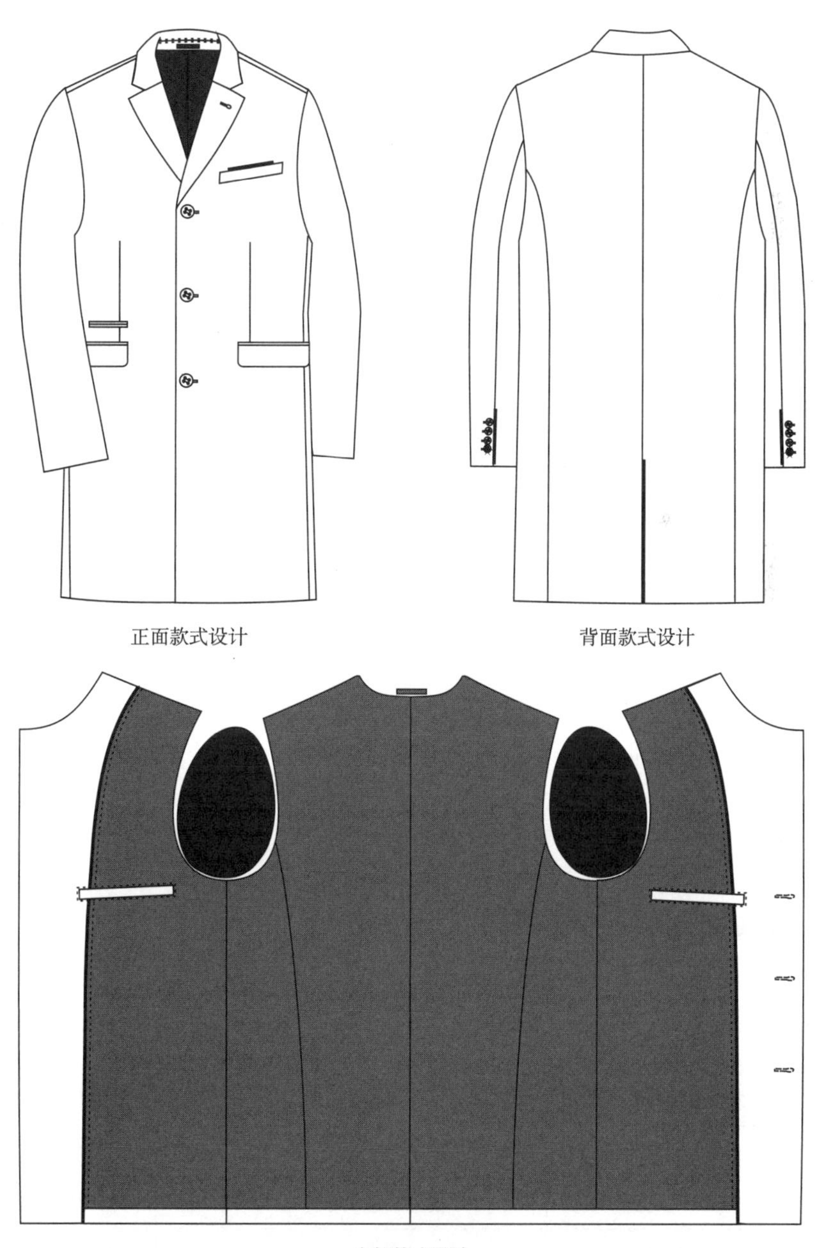

图1-9-1　款式设计

1.9.2 工艺结构设计及工艺要求

（1）缝纫针距

①粗棉线缉明线9～11针/3cm，暗线12～13针/3cm。

②缲边机缲缝每3cm不少于4针，手工缲缝每3cm不少于4～6针。

（2）外部工艺要求

①明线：领子、门襟、前后袖窿、腰袋盖、胸袋板、后袖缝、背缝、前后侧缝明线0.8cm。

②前身：单排3粒扣，扣间距12cm，门襟搭门宽10cm，钉扣十字钉法，有1粒吊襟扣。

③肩部：柔和、自然。

④腰袋（含袋牙）：腰袋盖长17.5cm×7cm，腰袋距止口边18.5cm。

⑤胸袋：胸袋板17.5cm×3.5cm，袋板斜度3cm，胸板袋上口距前中线止口边22cm。

⑥背缝：背缝开衩28cm。

⑦领子：前领台配金属领钩。

（3）内部工艺要求

①里料配色：

领底绒：深绿色；

大身里、外袋盖里及袋垫：深绿色里料；

袖里、3个内袋牙及袋垫：白底黑米条里料。

②内袋：13cm×1cm双牙袋，右侧内胸袋三角及扣襻，穿着左内袋下有5.5cm×1cm小票袋。

③过面：过面缉0.2cm明线。

④领吊：领吊0.8cm×6.5cm。

1.9.3 面料特点及辅料需求（表1-9-1）

表1-9-1 面料特点及辅料需求　　单位：cm

项目	品名	使用部位	数量	规格	颜色
面料	全毛素色麦尔登呢600g重	直过面、内胸单牙袋及袋垫	230	门幅145	黑色或深灰色
外部辅料	全涤大斜纹里料	大身里、外袋盖里及袋垫、领吊	110	门幅145	深绿色
	全涤平纹里料	袖里、过面牙	65	门幅145	黑色
	领底绒	领底处	10	门幅90	黑色

续表

项目	品名	使用部位	数量	规格	颜色
外部辅料	四眼刻标大扣	门襟	3粒	直径3	黑色
	四眼刻标中扣	袖口	8粒	直径1.8	黑色
内部辅料	无纺衬	领底衬、前身、领面、过面、下摆、袖口、开衩、袋牙、后袖窿	150	门幅150	灰色
	毛衬	前胸处	40	门幅145	本色
	袖棉	袖山处	10	门幅95	黑色
	袖棉条衬	袖山处	10	门幅145	本色
	牵条	止口+领子+前后袖窿+前后肩缝	600	宽1.2	黑色
	袋布	4外袋+2内袋	60	门幅150	黑色
	垫肩	挺实肩部	1付	18	灰色

1.9.4 裁片图（图1-9-2）

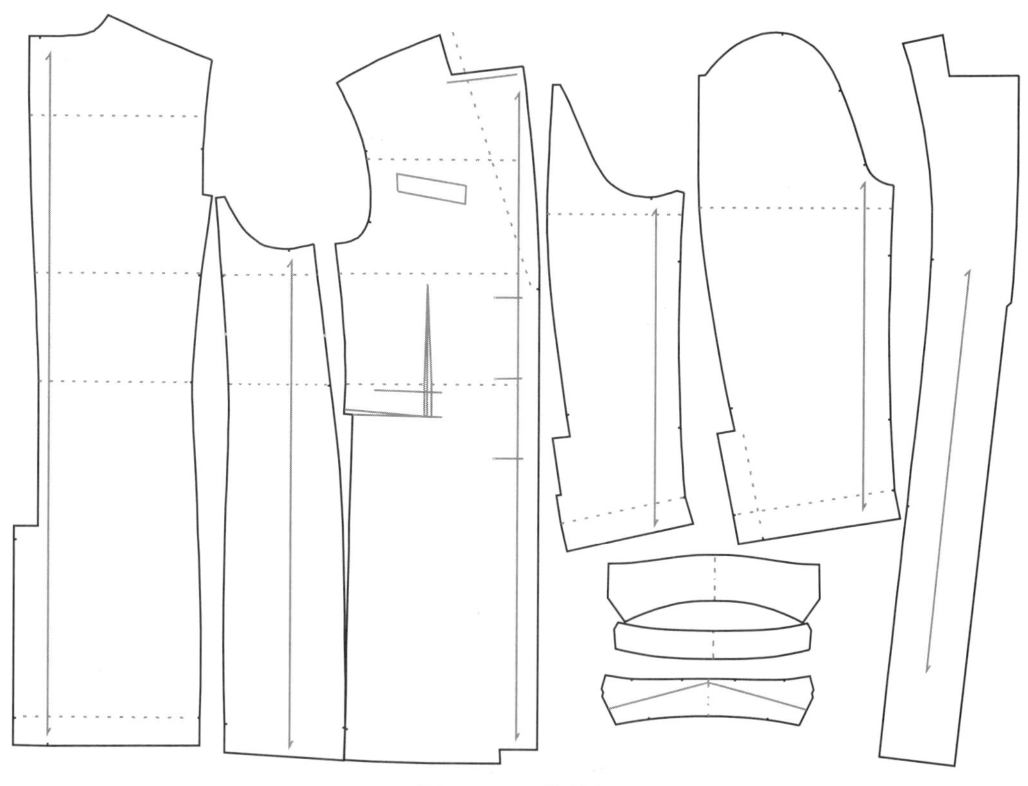

图1-9-2　裁片图

1.9.5 测量部位及号型放码比例（表1-9-2）

表1-9-2 测量部位及号型放码比例 单位：cm

测量部位 \ 号型	S	M	L	XL	2XL	3XL	公差要求	
							−	+
适合胸围尺寸	38.0	38 ~ 40	42 ~ 44	46 ~ 48	50 ~ 52	54 ~ 56		
后身长（侧颈点至后下摆）	97.3	98.0	99.4	100.8	102.0	103.6	1.0	1.0
背缝长（背缝至下摆）	95.4	96.0	97.2	98.4	99.6	100.8	1.0	1.0
胸围（腋下2.5）	55.5	58.0	63.0	68.0	73.0	78.0	1.0	1.0
腰围（腋下18）	53.5	56.0	61.0	66.0	71.0	76.0	1.0	1.0
下摆	57.5	60.0	65.0	70.0	75.0	80.0	1.0	1.0
后肩宽	47.3	48.5	50.9	53.3	55.7	58.1	0.5	0.5
小肩（侧颈点至肩端点）	14.6	15.0	15.8	16.6	17.4	18.2	0.5	0.5
前胸宽（肩颈点下17）	40.8	42.0	44.4	46.8	49.2	51.6	0.5	0.5
背缝宽（后领中点下10）	45.8	47.0	49.4	51.8	54.2	56.6	0.5	0.5
外袖长	64.7	65.0	65.6	66.2	66.8	67.4	1.0	0.5
袖窿（直量）	26.3	27.0	28.5	30.0	31.5	33.0	0.5	0.5
袖肥（腋下2.5）	20.8	21.5	23.0	24.5	26.0	27.5	0.5	0.5
半袖（1/2内袖长）	19.0	19.5	20.5	21.5	22.5	23.5	0.5	0.5
袖口宽	15.7	16.0	16.6	17.2	17.8	18.4	0.3	0.3
后领宽（直量）	19.6	20.0	20.9	21.7	22.6	23.4	0.5	0.5
前领深	5.9	6.0	6.3	6.6	6.9	7.2	0	0
后领深	1.9	2.0	2.2	2.4	2.6	2.8	0	0
翻驳线（破点）	37.9	38.0	38.3	38.6	38.9	39.2	0	0
领座高（背缝线）	2.0	2.0	2.0	2.0	2.0	2.0	0.3	0.3
翻领高（背缝线）	5.0	5.0	5.0	5.0	5.0	5.0	0.3	0.3
领嘴（领点）	3.5	3.5	3.5	3.5	3.5	3.5	0.3	0.3
驳角（驳点）	4.0	4.0	4.0	4.0	4.0	4.0	0.3	0.3
驳头宽	7.0	7.0	7.0	7.0	7.0	7.0	0.3	0.3
开衩长	25.0	25.0	25.0	25.0	25.0	25.0	0.3	0.3

注 此数据适合中国普通人群。

1.9.6　成品效果展示（图1-9-3）

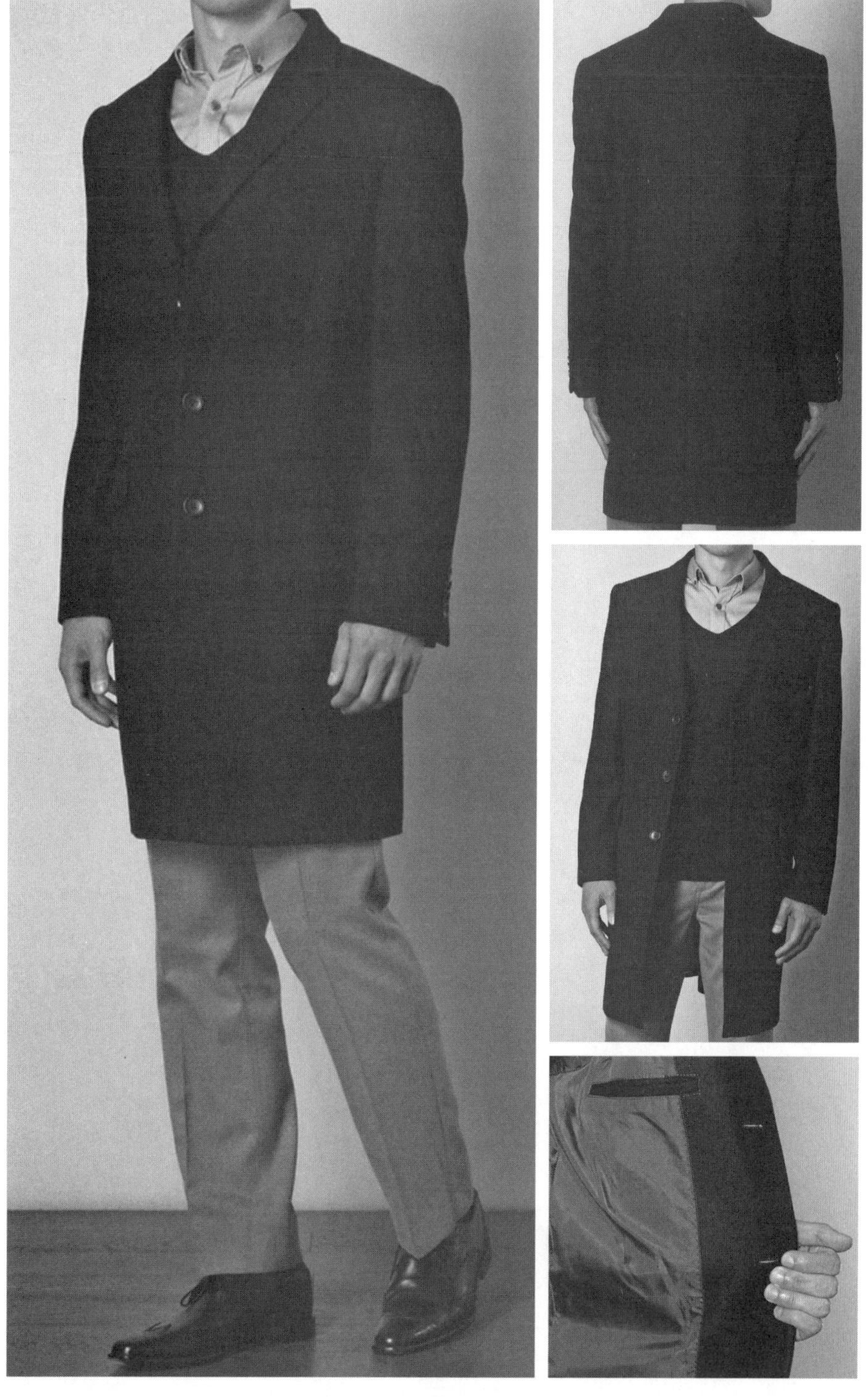

图1-9-3　成品效果展示

第2章

风衣篇

2.1 高档工艺风衣

2.1.1 款式设计（图2-1-1）

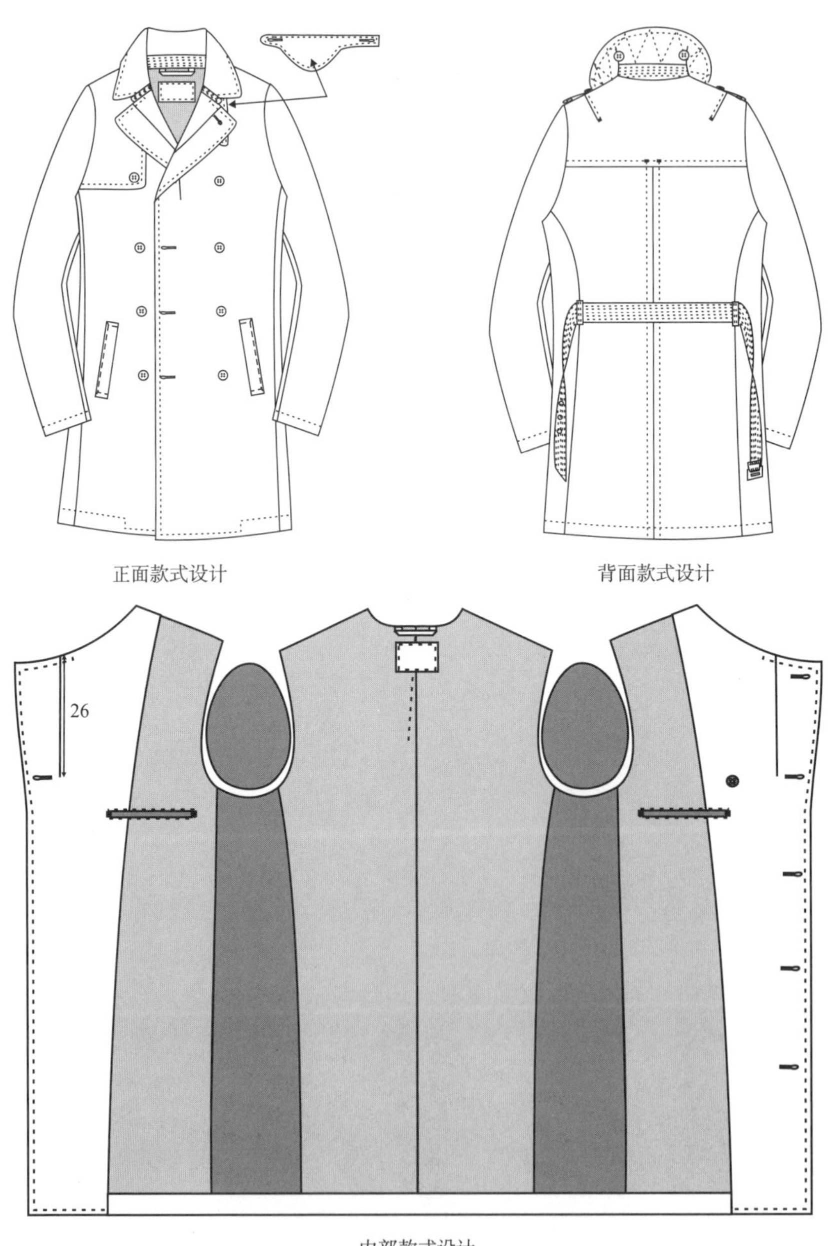

图2-1-1 款式设计

2.1.2　工艺结构设计及工艺要求

（1）缝纫针距

①明线10～12针/3cm，暗线12～13针/3cm。

②缲边机缲缝每3cm不少于4针，手工缲缝每3cm不少于4～6针。

（2）外部工艺要求

①缉明线：下摆、袖口距边缘2.5cm缉明线，其他单明线1cm，多条明线间距0.6cm。后省尖处、后育克与背缝处有1cm平结（用咖啡色线同袖里色）。

②钉扣要求：二字钉法。

③前身：双排10粒扣，领座有1付领钩。前领省长26cm，后肩省长8cm。

④肩部：自然柔软。

⑤腰袋：腰斜板袋17.5cm×3cm，四周距边缘0.6cm缉明线，上下口封结0.6cm（用咖啡色线）。

⑥背缝：后育克尺寸18cm。

（3）内部工艺要求

①里料配色：

前身里、后身里：卡其色；

袖里、细腹、内袋牙及袋垫：咖啡色。

②内胸单牙袋：14cm×1cm，两端打结同袖里色。

③领吊：大身面料制作，夹绱于后领中缝下，T形钉法，净尺寸0.6cm×6cm。

2.1.3　面料特点及辅料需求（表2-1-1）

表2-1-1　面料特点及辅料需求　　单位：cm

项目	品名	使用部位	数量	规格	颜色
面料	涤棉面料	直过面、领吊	250	门幅145	米色
外部辅料	全涤平纹	前身里、后身里、前活育克里	100	门幅145	卡其色
	全涤平纹	袖里、侧片、内袋牙及袋垫	85	门幅145	咖啡色
	四眼大扣	门襟10粒、育克扣1粒、吊襟2粒	13粒	2.5	棕色
	四眼中扣	领扣	3粒	2.0	棕色
	领钩	前领座用	1付	0.5	红古色
	划子	腰带用	1个	内径4.5	红古色
	气眼	腰襻	6个	0.5	红古色

续表

项目	品名	使用部位	数量	规格	颜色
内部辅料	有纺衬	前身、领子	80	门幅145	白色
	无纺衬	过面、下摆、袖口、开衩、袋牙、后袖窿	80	门幅150	白色
	袋布	外2袋、内2袋	25	门幅150	白色
	垫肩	肩部	1.00	17.5	灰色
	牵条	止口、领子、前后袖窿、前后肩缝	5.00	1.2	白色
	袖棉	袖山处	10	门幅100	白色

2.1.4 测量部位及号型放码比例（表2-1-2）

表2-1-2 测量部位及号型放码比例 单位：cm

号型 测量部位	S	M	L	XL	2XL	3XL	档差	公差要求	
								-	+
后身长	83.0	85.0	87.0	89.0	91.0	93.0	2.0	0.5	0.5
胸围（腋下2.5）	53.0	57.0	61.0	65.0	69.0	73.0	4.0	1.0	1.0
前胸宽（侧颈点下17）	39.4	42.0	44.6	47.2	49.8	52.4	2.6	0.5	0.5
背缝宽（后领中下10）	43.4	46.0	48.6	51.2	53.8	56.4	2.6	0.5	0.5
腰围（腋下18）	51.0	55.0	59.0	63.0	67.0	71.0	4.0	1.0	1.0
下摆	57.0	61.0	65.0	69.0	73.0	77.0	4.0	1.0	1.0
小肩	13.2	14.0	14.8	15.6	16.4	17.2	0.8	0.3	0.3
袖长	63.5	64.0	64.5	65.0	65.5	66.0	0.5	0.3	0.3
袖窿（直量）	24.3	25.0	25.7	26.4	27.1	27.8	0.7	0.5	0.5
袖肥（腋下2.5）	19.3	20.0	20.8	21.5	22.3	23.0	0.8	0.5	0.5
半袖宽（1/2内袖长）	17.0	17.5	18.0	18.5	19.0	19.5	0.5	0.3	0.3
袖口	14.5	15.0	15.5	16.0	16.5	17.0	0.5	0.3	0.3
后领宽（直量）	18.5	19.5	20.5	21.5	22.5	23.5	1.0	0.3	0.3
前领深	9.8	10.0	10.2	10.4	10.6	10.8	0.2	0.2	0.2
后领深	2.0	2.0	2.0	2.0	2.0	2.0	0	0.2	0.2
领嘴（领点）	7.0	7.0	7.0	7.0	7.0	7.0	0	0.2	0.2
驳角（驳点）	8.5	8.5	8.5	8.5	8.5	8.5	0	0.2	0.2
驳头宽	11.5	11.5	11.5	11.5	11.5	11.5	0	0.2	0.2

续表

测量部位＼号型	S	M	L	XL	2XL	3XL	档差	公差要求	
								−	+
领尖距离（扣好扣子量）	13.0	13.0	13.0	13.0	13.0	13.0	0	0.2	0.2
翻驳线（破点）（SNP至第二粒扣斜量）	27.5	28.0	28.5	29.0	29.5	30.0	0.5	0.2	0.2
前领座高（前中线）	2.5	2.5	2.5	2.5	2.5	2.5	0	0.2	0.2
后领座高（背缝线）	3.5	3.5	3.5	3.5	3.5	3.5	0	0.2	0.2
翻领高（背缝线）	7.0	7.0	7.0	7.0	7.0	7.0	0	0.2	0.2
背缝至腰带上口	45.5	46.0	46.5	47.0	47.5	48.0	0.5	0.5	0.5
SNP至腰板袋上口	43.5	44.0	44.5	45.0	45.5	46.0	0.5	0.5	0.5

注 此数据适合中国普通人群。

2.1.5 成品效果展示（图2-1-2）

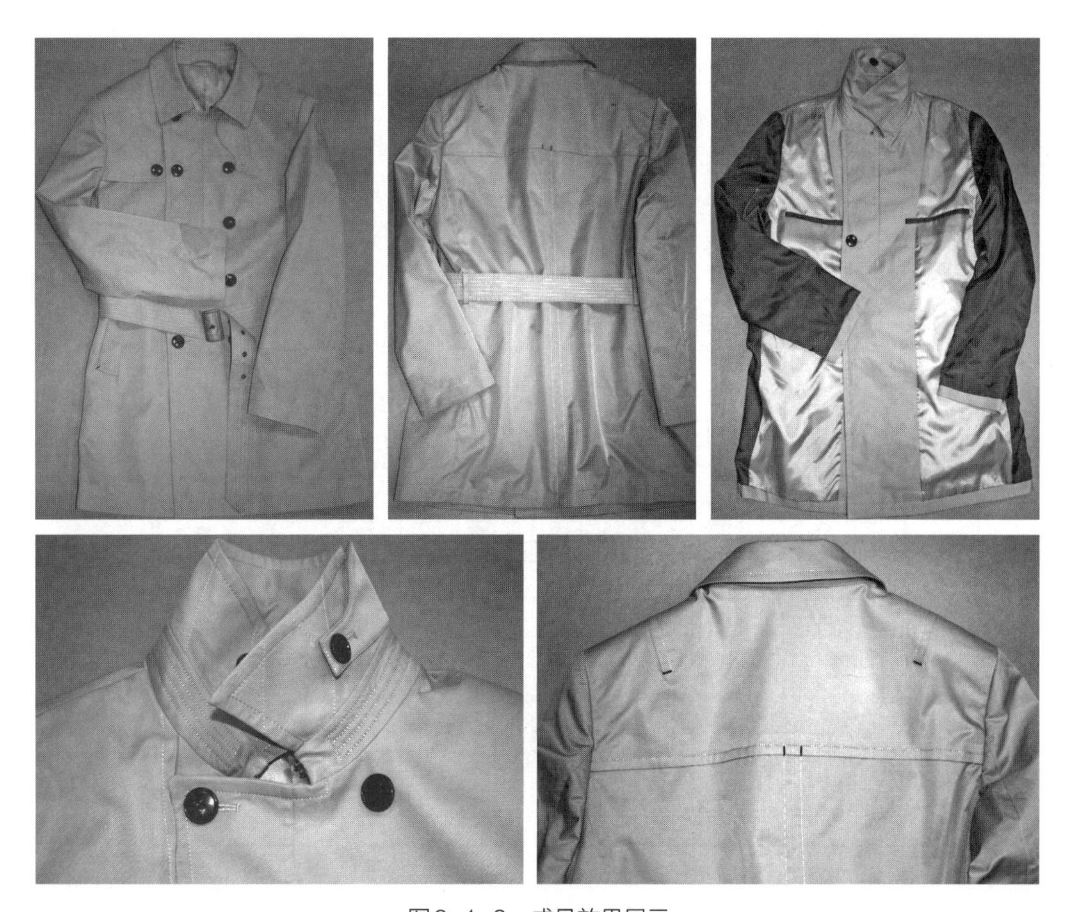

图2-1-2 成品效果展示

2.2 传统风衣

2.2.1 款式设计（图2-2-1）

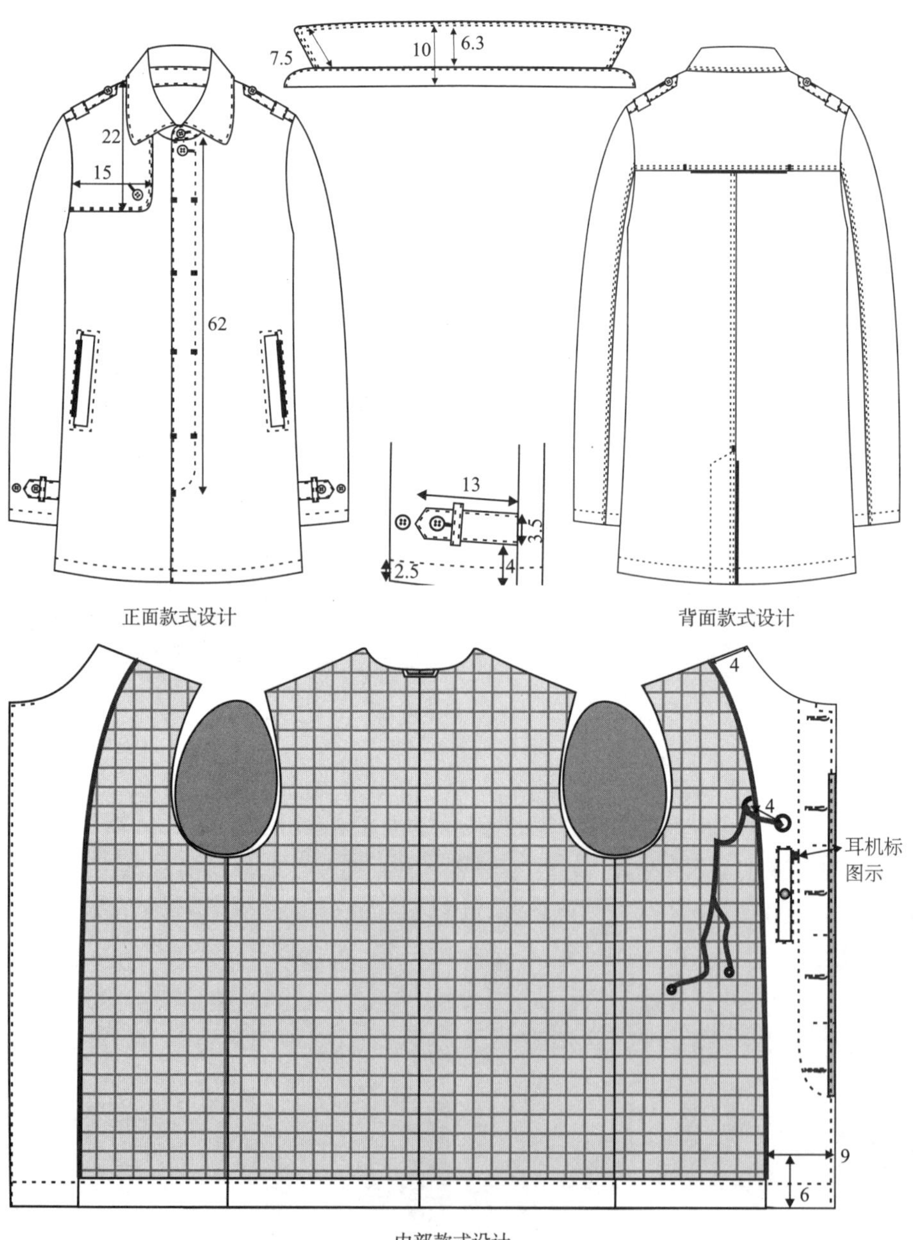

图2-2-1 款式设计

2.2.2　工艺结构设计及工艺要求

（1）缝纫针距

①明线10～12针/3cm，暗线12～13针/3cm。

②缲边机缲缝每3cm不少于4针，手工缲缝每3cm不少于4～6针。

（2）工艺要求

①明线：下摆、袖口缉明线，距边缘2.5cm，领座、止口缉单明线，距边缘0.1cm；翻领、前后育克、后袖缝、背缝、肩襻、袖襻缉双明线0.1～0.7cm；腰袋口外轮廓缉明线0.6cm。

②前身：前门双层暗门襟5粒扣（含领座处明扣），领座1粒扣。门襟最下面一粒扣眼用紫色线（同紫色过面牙颜色），其余扣眼用线同面料色。右侧活育克带1粒扣锁眼。暗门襟上缝制三个结，结用紫色线（同紫色过面牙颜色）。

③肩部：活肩襻13cm×4cm，带1粒扣锁眼，串带襻5.5cm×3cm上缉明线。

④腰袋：腰斜板袋17.5cm×3cm，四周间距0.6cm缉明线，上下口封结0.6cm。

⑤袖口：宝剑头袖襻3.5cm×13cm，锁眼钉扣2粒扣可调解，加串带襻4.5cm×1cm。

⑥背缝：背缝活育克有3个线襻粗缝固定，活育克里用大身里。背缝开衩。

⑦袖里、大身里、前后活育克里、暗门襟里：黑色；过面牙：紫色。

⑧大身内部内袋：左侧过面上1个单牙竖袋带1个工字扣。袋牙上方1个大气眼。

⑨过面牙：过面宽0.3cm，内有细绳。穿者左侧弹力绳距大气眼2.5cm。

⑩领吊：大身面料夹绱于后领中缝下T形定法，净尺寸0.6cm×6cm。

2.2.3　面料特点及辅料需求（表2-2-1）

表2-2-1　面料特点及辅料需　　单位：cm

项目	品名	使用部位	数量	规格	颜色
面料	涤纶面料		230	1.45门幅	黑色
外部辅料	全涤斜纹	大身里、袖里、前后活育克里、暗门襟里	180	1.46门幅	黑色
	过面牙	过面牙	10	1.46门幅	紫色
	内领口细弹力绳	内领口	10	0.2	黑色
	内门襟上大气眼	内门襟	1个	外径：2.1	灰沥色
	内袋四合扣	内袋四合扣	1粒	1.6	灰沥色
	四眼大扣	门襟5粒、育克扣1粒	6粒	2.5	黑色
	四眼中扣	领扣1粒、袖扣4粒、肩扣2粒	7粒	1.5	黑色

续表

项目	品名	使用部位	数量	规格	颜色
内部辅料	有纺衬	前身、领面、领座	80	1.22门幅	黑色
	无纺衬	过面、下摆、袖口、开衩、袋牙、袖窿	90	1门幅	黑色
	细绳	过面牙里埋细绳	190	0.2	白色
	袋布	外2袋、内1袋	40	1.5门幅	黑色
	牵条	止口、领子、前后袖窿、前后肩缝	50	1.2宽	黑色

2.2.4 测量部位及号型放码比例（表2-2-2）

表2-2-2 测量部位及号型放码比例 单位：cm

号型 测量部位	S	M	L	XL	2XL	3XL	档差	公差要求	
								−	+
后身长	88.0	90.0	92.0	94.0	96.0	98.0	2.0	0.5	0.5
胸围（腋下2.5）	56.0	60.0	64.0	68.0	72.0	76.0	4.0	1.0	1.0
前胸宽（侧颈点下17）	41.1	44.0	46.6	49.2	51.8	54.4	2.6	0.5	0.5
背缝宽（侧颈点下17）	44.4	47.0	49.6	52.2	54.8	57.4	2.6	0.5	0.5
腰围（腋下18）	55.0	59.0	63.0	67.0	71.0	75.30	4.0	1.0	1.0
下摆	56.0	60.0	64.0	68.0	72.0	76.0	4.6	1.0	1.0
小肩	14.7	15.5	16.3	17.1	17.9	18.7	0.8	0.3	0.3
袖长	62.5	63.0	63.5	64.0	64.5	65.0	0.5	0.3	0.3
袖窿（直量）	25.3	26.0	26.7	27.4	28.1	28.8	0.7	0.5	0.5
袖肥（腋下2.5）	20.3	21.0	21.8	22.5	23.3	24.0	0.8	0.5	0.5
半袖宽（1/2内袖长）	18.0	18.5	19.0	19.5	20.0	20.5	0.5	0.3	0.3
袖口	15.5	16.0	16.5	17.0	17.5	18.0	0.5	0.3	0.3
后领宽（侧颈点到侧颈点）	18.5	19.5	20.5	21.5	22.5	23.5	1.0	0.3	0.3
前领深	9.8	10.0	10.2	10.4	10.6	10.8	0.2	0.3	0.3
后领深	1.5	1.5	1.5	1.5	1.5	1.5	0	0.3	0.3
领嘴（领点）	7.0	7.0	7.0	7.0	7.0	7.0	0	0.3	0.3
领尖距离（扣好扣子量）	13.0	13.0	13.0	13.0	13.0	13.0	0	0.3	0.3
前领座高（前中线）	3.0	3.0	3.0	3.0	3.0	3.0	0	0.3	0.3
后领座高（背缝线）	3.5	3.5	3.5	3.5	3.5	3.5	0	0.3	0.3
后翻领高（背缝线）	6.0	6.0	6.0	6.0	6.0	6.0	0	0.3	0.3
后开衩长	24.0	24.0	24.0	25.0	25.0	26.0	1.0	0.3	0.3
领豁口	1.0	1.0	1.0	1.0	1.0	1.0	0	0.3	0.3
肩襻长	13.0	13.0	13.5	13.5	14.0	14.0	0.5	0.3	0.3

注 此数据适合中国普通人群。

2.2.5　成品效果展示（图2-2-2）

图2-2-2　成品效果展示

2.3 时尚风衣

2.3.1 款式设计（图2-3-1）

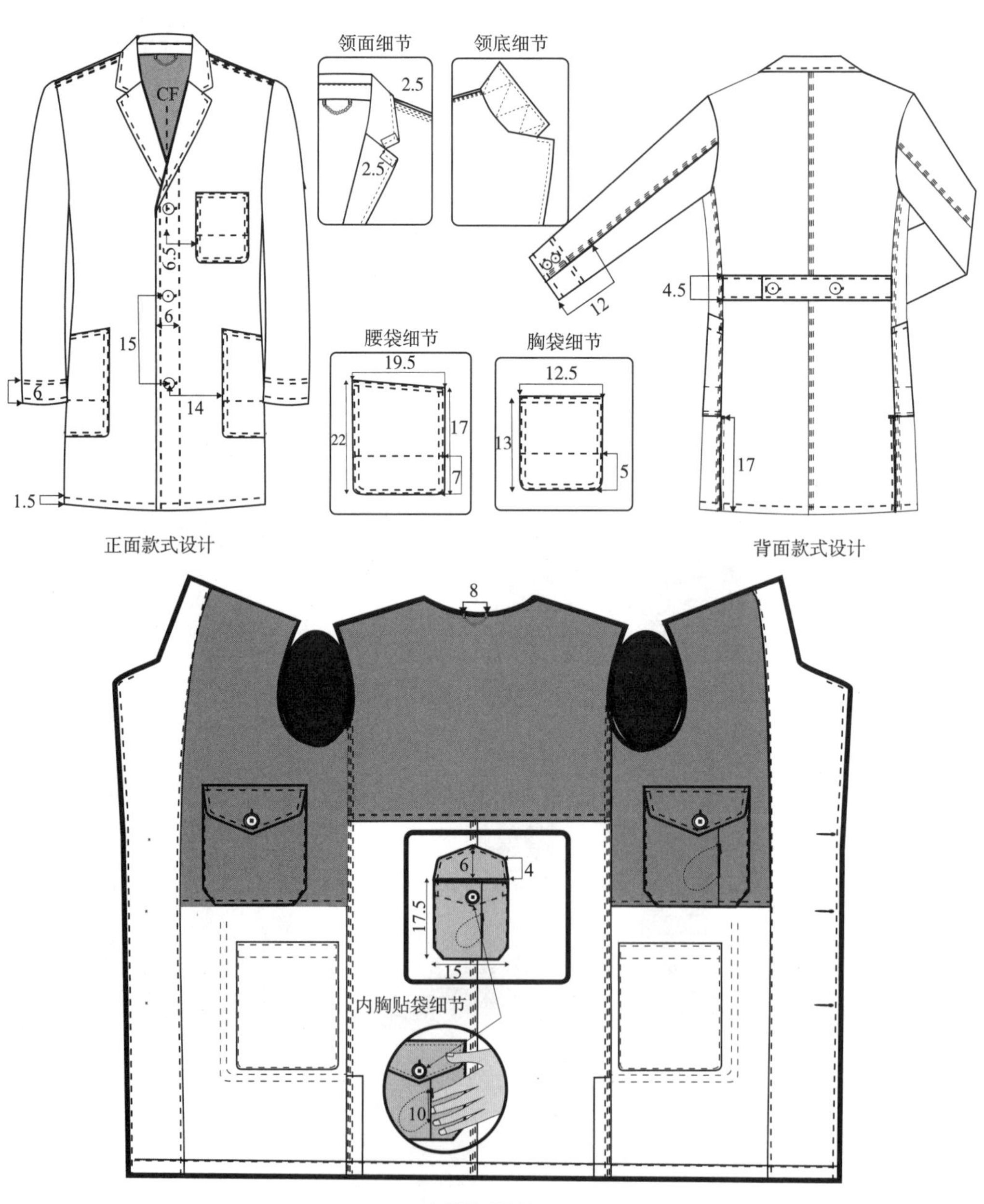

图2-3-1 款式设计

2.3.2 工艺结构设计及工艺要求

（1）缝纫针距

①明线9～10针/3cm，暗线12～13针/3cm。

②缲边机缲缝每3cm不少于4针，手工缲缝每3cm不少于4～6针。

（2）外部工艺要求：

①缉明线：领子、止口、前门襟、袖口、后腰带均带0.6cm明线。胸袋、腰袋缉0.1～0.7cm双明线。肩缝、背缝、后袖缝、后侧缝缉0.2～0.5～0.8cm三道明线。

②钉扣要求：十字钉法。

③前身：门襟3粒扣，门襟明线宽6cm，扣间距15cm。

④腰袋：明贴袋，袋口上沿斜，袋口封结0.6cm。

⑤领子：后领缉之字线。

⑥胸袋：胸贴袋按图示，袋口封结0.6cm。

⑦袖口：真袖衩可以开合，2粒袖扣平钉，袖开衩12cm，封结0.6cm。

⑧后背缝：背缝衩17cm。腰带背缝腰线拼接并有装饰扣，后腰带宽4.5cm，加调节扣。

（3）内部工艺要求：

①里料配色：

前身半里、后身半里、2个内胸贴袋、2个领吊环、内部全部滚边：黑灰色；

袖里：红底印蓝黄花。

②大身内袋：左右缝装带袋盖明贴袋，袋盖15cm×6cm×4cm，贴袋长17.5cm。左胸袋侧面有隐藏的长10cm插袋，插袋带隐形拉链。左右还各带一个16.5cm×17cm明贴袋。

③领吊：金属链领吊8cm。

2.3.3 面料特点及辅料需求（表2-3-1）

表2-3-1 面料特点及辅料需求　　单位：cm

项目	品名	使用部位	数量	规格	颜色
面料	全棉斜纹面料A	直过面、2个内腰贴袋、外三个贴袋	230	门幅145	藏蓝色
外部辅料	大斜纹T/C面料B	前身半里、后身半里、2个内胸贴袋、2个领吊环、内部全部滚边	80	门幅145	黑灰色
	全涤斜纹印花	袖里	60	门幅145	红底印蓝黄花

续表

项目	品名	使用部位	数量	规格	颜色
外部辅料	铜磨链加0.15cm×1.1cm的铜圈	金属领吊	1	8.0	无呖枪色
	3#普通尼龙喷漆水滴头隐形拉链，净尺寸10	插袋	1条	15	黑色
	大扣	门襟	3粒	直径2.0	黑色
	黑色中扣	后腰襻	2粒	直径1.8	黑色
	黑色小扣	袖口	4粒	直径1.5	黑色
	半全光四眼中扣	内袋	2粒	直径1.5	黑色
内部辅料	上衣袋布	外3贴袋里、内2贴袋里	50	门幅150	黑色
	有纺衬	大身、领面	80	门幅150	黑色
	无纺衬	过面、下摆、袖口、袋牙	95	门幅100	黑色
	袖棉	用在袖山处	10	门幅90	黑色
	牵条	止口、前后肩缝、前后袖窿	400	宽2	黑色

2.3.4 测量部位及号型放码比例（表2-3-2）

表2-3-2 测量部位及号型放码比例 单位：cm

号型 测量部位	S	M	L	XL	档差	公差要求	
						－	+
后身长	88.0	90.0	92.0	94.0	2.0	1.0	1.0
胸围（腋下2.5）	48.0	52.0	56.0	60.0	4.0	1.0	1.0
前胸宽（侧颈点下17）	37.0	39.0	41.0	43.0	2.0	1.0	1.0
背缝宽（背缝领下13.5）	41.0	43.0	45.0	47.0	2.0	1.0	1.0
腰围（腋下18）	46.0	50.0	54.0	58.0	4.0	1.0	1.0
臀围（腋下38）	49.0	53.0	57.0	61.0	4.0	1.0	1.0
下摆	53.0	57.0	61.0	65.0	4.0	1.0	1.0
小肩	14.5	15.0	15.5	16.0	0.5	1.0	1.0
整肩	45.0	47.0	49.0	51.0	2.0	1.0	1.0
袖长	63.0	64.0	65.0	66.0	1.0	1.0	1.0
袖窿（直量）	22.0	23.0	24.0	25.0	1.0	0.5	0.5

续表

号型 测量部位	S	M	L	XL	档差	公差要求	
						－	＋
袖肥	18.0	19.0	20.0	21.0	1.0	0.5	0.5
半袖	16.3	17.0	17.7	18.4	0.7	0.5	0.5
袖口	13.5	14.0	14.5	15.0	0.5	0.5	0.5
后领高（背缝线）	4.5	4.5	4.5	4.5	0	0.3	0.3
后领座高（背缝线）	1.5	1.5	1.5	1.5	0	0.3	0.3
后领宽	18.0	19.0	20.0	21.0	1.0	0.5	0.5
外领口	37.0	39.0	41.0	43.0	2.0	1.0	1.0
领嘴（领点）	2.5	2.5	2.5	2.5	0	0.5	0.5
驳角（驳点）	2.5	2.5	2.5	2.5	0	0.5	0.5
驳头宽	7.0	7.0	7.0	7.0	0	0.5	0.5
侧开衩	16.5	17.0	17.5	18.0	0.5	1.0	1.0
侧颈点到腰袋最上面的距离	49.0	50.0	51.0	52.0	1.0	0.5	0.5
侧颈点到胸袋上口位置的距离	23.0	24.0	25.0	26.0	1.0	0.5	0.5
胸袋宽 × 高	12 × 13	12 × 13	12 × 13	12 × 13	0	0.5	0.5
腰袋高（靠近门襟的一端）	23.0	23.0	23.0	23.0	0	0.5	0.5
腰袋高（远离门襟的一端）	18.0	18.0	18.0	18.0	0	0.5	0.5
腰袋宽	20.5	20.5	20.5	20.5	0	0.5	0.5
门襟到胸袋距离	6.0	6.5	7.0	7.5	0.5	0.5	0.5
门襟到腰袋距离	13.5	14.0	14.5	15.0	0.5	05	05
后领深	2.0	2.0	2.0	2.0	0	0.5	0.5
侧颈点到第一颗扣的距离	31.5	32.5	33.5	34.5	1.0	0.5	0.5
扣间距	15.0	15.0	15.0	15.0	0	0.5	0.5
袖开衩长度	12.0	12.0	12.0	12.0	0	0.5	0.5
门襟明线宽度	6.0	6.0	6.0	6.0	0	0.5	0.5
腰带宽	4.5	4.5	4.5	4.5	0	0.3	0.3

注　此数据适合中国偏瘦人群。

2.3.5 成品效果展示（图2-3-2）

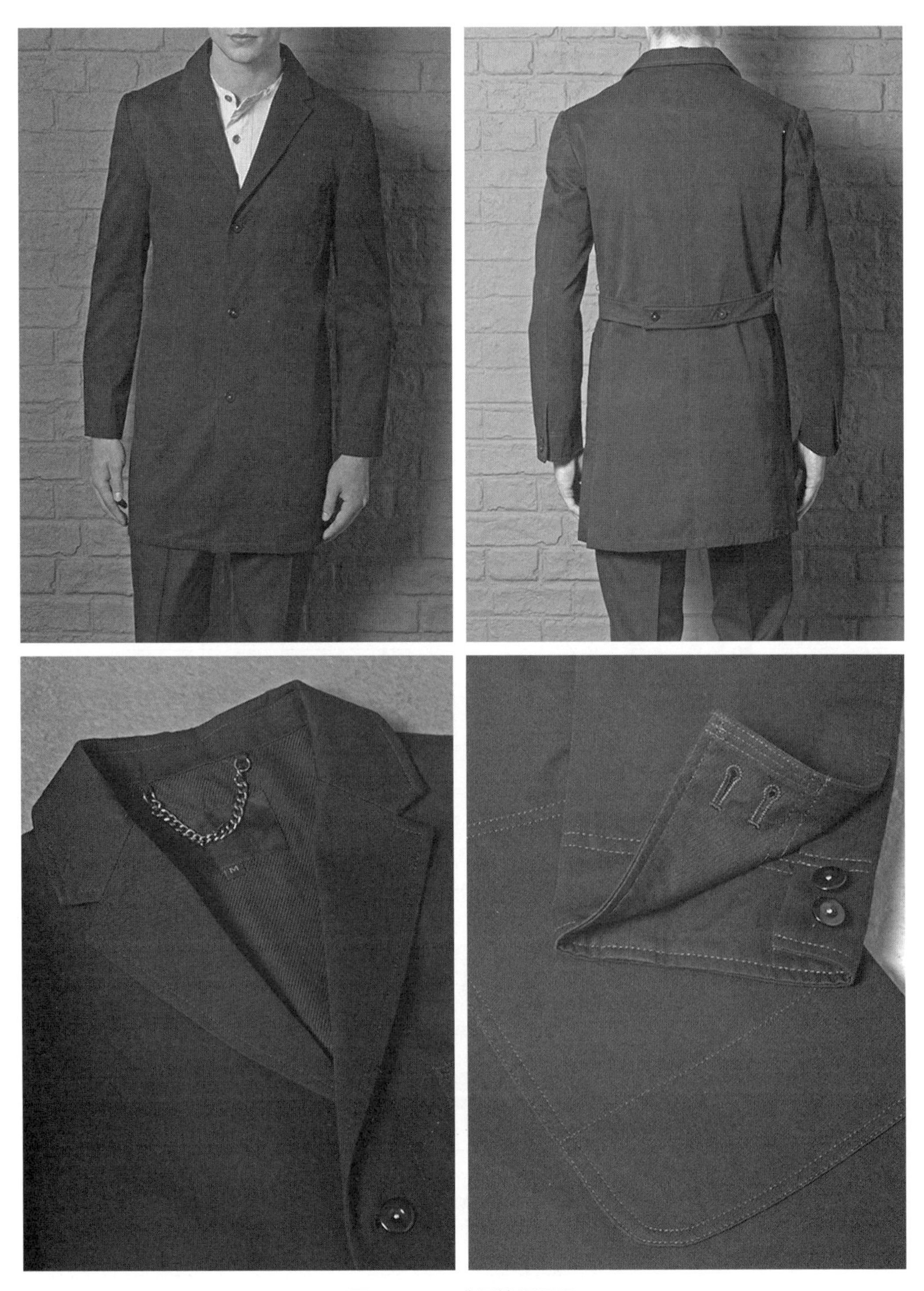

图2-3-2 成品效果展示

2.4　休闲风衣

2.4.1　款式设计（图2-4-1）

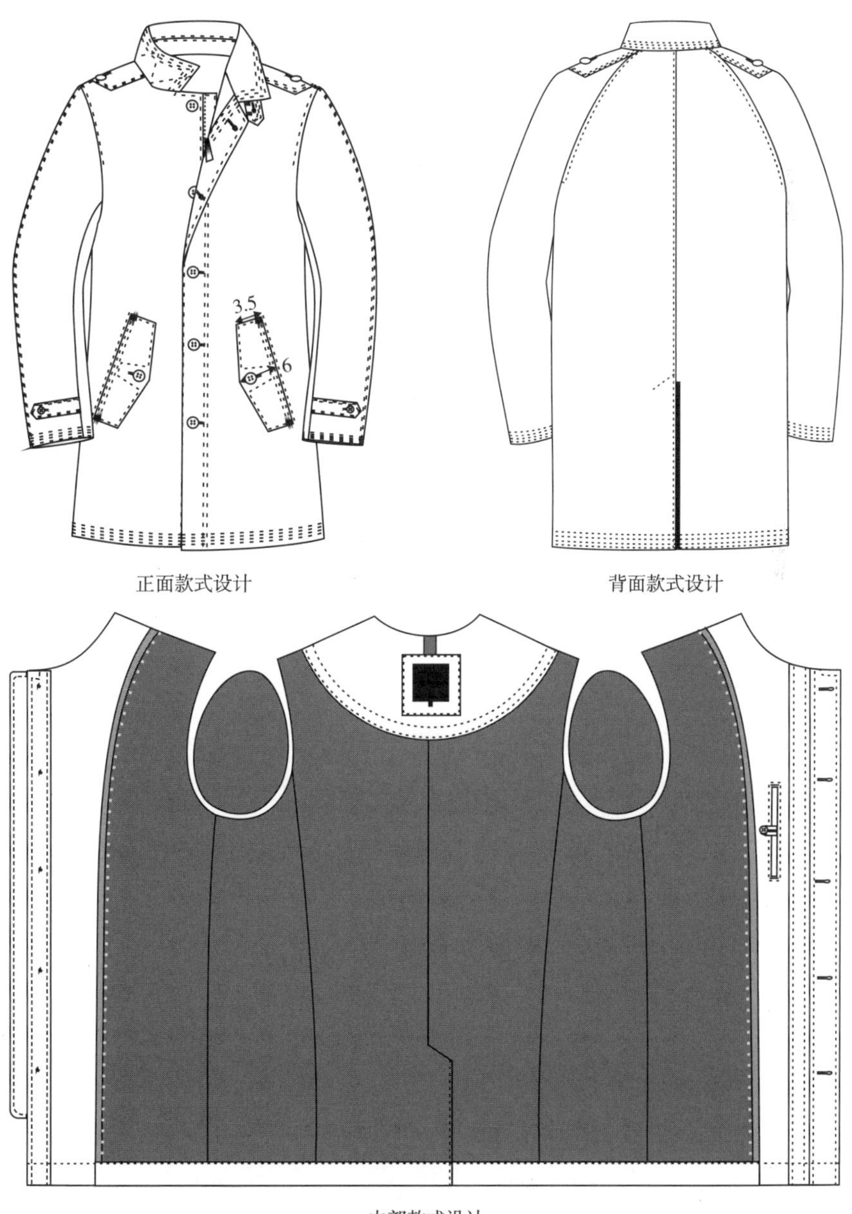

图2-4-1　款式设计

2.4.2 工艺结构设计及工艺要求

（1）缝纫针距

①明线9～10针/3cm，暗线12～13针/3cm。

②缲边机缲缝每3cm不少于4针，手工缲缝每3cm不少于4～6针。

（2）外部工艺要求

①缉明线：领子缉0.2cm～0.8cm～1.4cm三道明线，前门缉0.6cm～5cm～5.6cm三道明线。肩缝、中袖缝、腰袋襻、袖襻缉双明线0.2cm～0.8cm，下摆、袖口缉四道明线0.2cm～0.8cm～1.4cm～2cm。背缝、前袖窿1/3处、后袖窿2/3处缉单明线0.6cm。腰袋板缉单明线0.6cm。领外口缉三明线为0.2cm～0.8cm～1.4cm，领底装饰W曲折线。

②钉扣要求：十字钉法。

③前身：前门襟5粒扣。领襻（净尺寸：4.5cm×10cm）。

④肩部：肩襻12cm×4cm缉死，带扣锁扣眼。

⑤腰袋：带盖腰袋如图，袋盖锁眼钉扣，两端打结。

⑥袖口：袖口缝装13.5cm×4cm袖襻，距袖口边5cm，锁眼钉两个扣。

⑦背缝：背缝开衩20cm。

（3）内部工艺要求

①里料配色：

大身里、袖里：黑色；

过面牙：米色；

领吊：黑色织带；

领底绒：灰色。

②内袋：左侧单牙竖袋14cm×1cm带扣襻。

③过面：过面带0.3cm过面牙。过面缉大针距明线，颜色同过面牙颜色。

④领吊：位于后领下1.5cm（宽）×2.5cm（高）双折。

2.4.3 面料特点及辅料需求（表2-4-1）

表2-4-1 面料特点及辅料需求 单位：cm

项目	品名	使用部位	数量	规格	颜色
面料	涤棉仿谷粒面料	左侧内袋牙、袋垫、扣襻、后领托	230	门幅145	黑色
外部辅料	全涤大斜纹	大身里、袖里	160	门幅145	黑色
	领底绒	用在领底	15	门幅90	灰色

续表

项目	品名	使用部位	数量	规格	颜色
外部辅料	过面牙	用在过面	10	门幅145	米色
	织带	做领吊	10	宽1.5	黑色
	四眼大扣	门襟5粒	5粒	直径2.5	黑色
	四眼中扣	袖口4粒、肩襻扣2粒	6粒	直径2	黑色
	四眼小扣	领襻2粒、左侧内袋1粒、腰袋扣2粒	5粒	直径1.5	黑色
	垫扣	用在第二粒扣	1粒	18L	黑色
	5#金属开尾黑色底布拉链	门襟拉链	1条	50/52/54/56（S/M/L/XL&XXL）	灰沥色
内部辅料	袋布	外2袋、内1袋	30	门幅150	黑色
	30～40g无纺衬	大身、领子、过面、下摆、袖襻、肩襻、腰板袋、袋口襻、背缝衩、底襟、袖口	230	门幅100	灰色
	牵条	止口、领子、前后袖窿、前后肩缝	4.00	宽1.2	黑色
	细绳	过面牙埋细绳	2.20	宽0.2	白色

2.4.4 裁片图（图2-4-2）

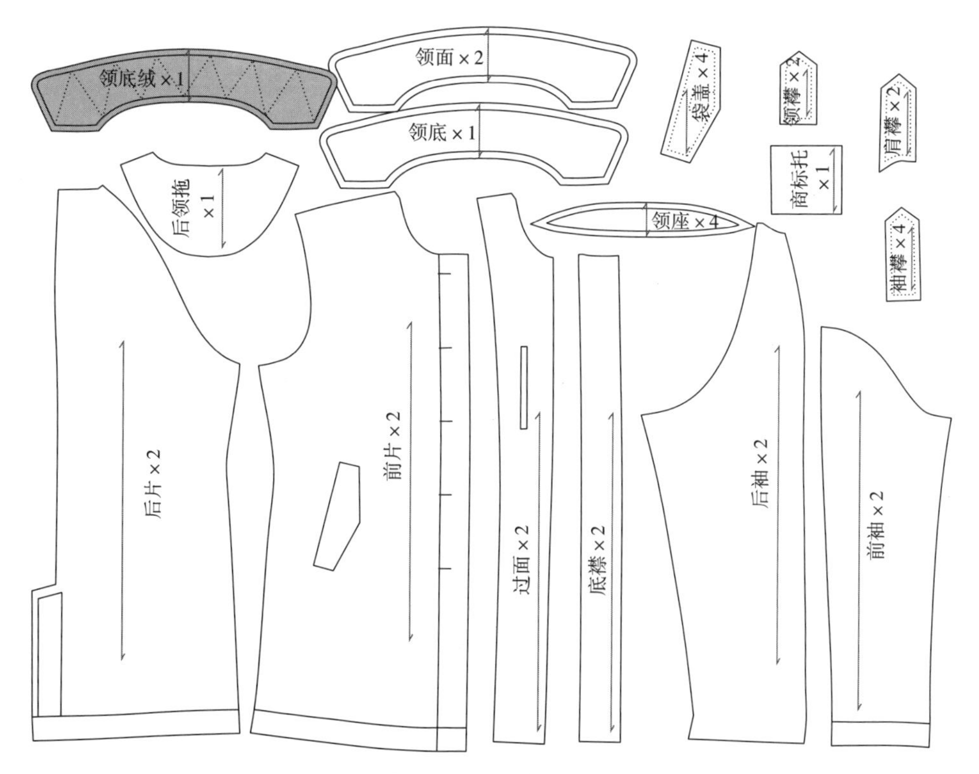

图2-4-2 裁片图

2.4.5 测量部位及号型放码比例（表2-4-2）

表2-4-2 测量部位及号型放码比例 单位：cm

测量部位 \ 号型	S	M	L	XL	XXL	档差	公差要求	
							-	+
后身长	85.0	87.0	89.0	91.0	91.0	2.0	1.0	1.0
胸围（腋下2.5）	54.5	58.5	62.5	66.5	70.5	4.0	1.0	1.0
腰围（腋下18）	51.5	55.5	59.5	63.5	67.5	4.0	1.0	1.0
前胸宽（侧颈点下17）	39.4	42.0	44.6	47.2	49.8	2.6	1.0	1.0
背缝宽（后中领下18）	38.2	40.0	41.8	43.6	45.4	1.8	1.0	1.0
下摆	56.0	60.0	64.0	68.0	72.0	4.0	1.0	1.0
小肩	14.7	15.5	16.3	17.1	17.9	0.8	0.3	0.3
袖长	64.5	65.0	65.5	66.0	66.5	0.5	0.5	0
袖窿（直量）	25.3	26.0	26.7	27.4	28.1	0.7	0.3	0.3
后插肩长度（从后领线中点到袖窿下，沿明线量）	34.6	36.0	37.4	38.8	40.2	1.4	0.3	0.3
袖肥（腋下2.5）	20.8	21.5	22.3	23.0	23.8	0.8	0.3	0.3
半袖（1/2内袖长）	18.5	19.0	19.5	20.0	20.5	0.5	0.3	0.3
袖口	16.0	16.5	17.0	17.5	18.0	0.5	0.3	0.3
后领宽（直量）	18.5	19.5	20.5	21.5	22.5	1.0	0.3	0
前领深	10.8	11.0	11.2	11.4	11.6	0.2	0	0
后领深	2.0	2.0	2.0	2.0	2.0	0	0	0
后翻领	7.0	7.0	7.0	7.0	7.0	0	0.3	0
领座	4.0	4.0	4.0	4.0	4.0	0	0.3	0
领嘴（领点）	8.0	8.0	8.0	8.0	8.0	0	0.3	0

注 此数据适合中国普通人群。

2.4.6　成品效果展示（图2-4-3）

图2-4-3　成品效果展示

第3章

西服套装篇

3.1 半毛衬超轻薄西服套装

3.1.1 上衣款式设计（图3-1-1）

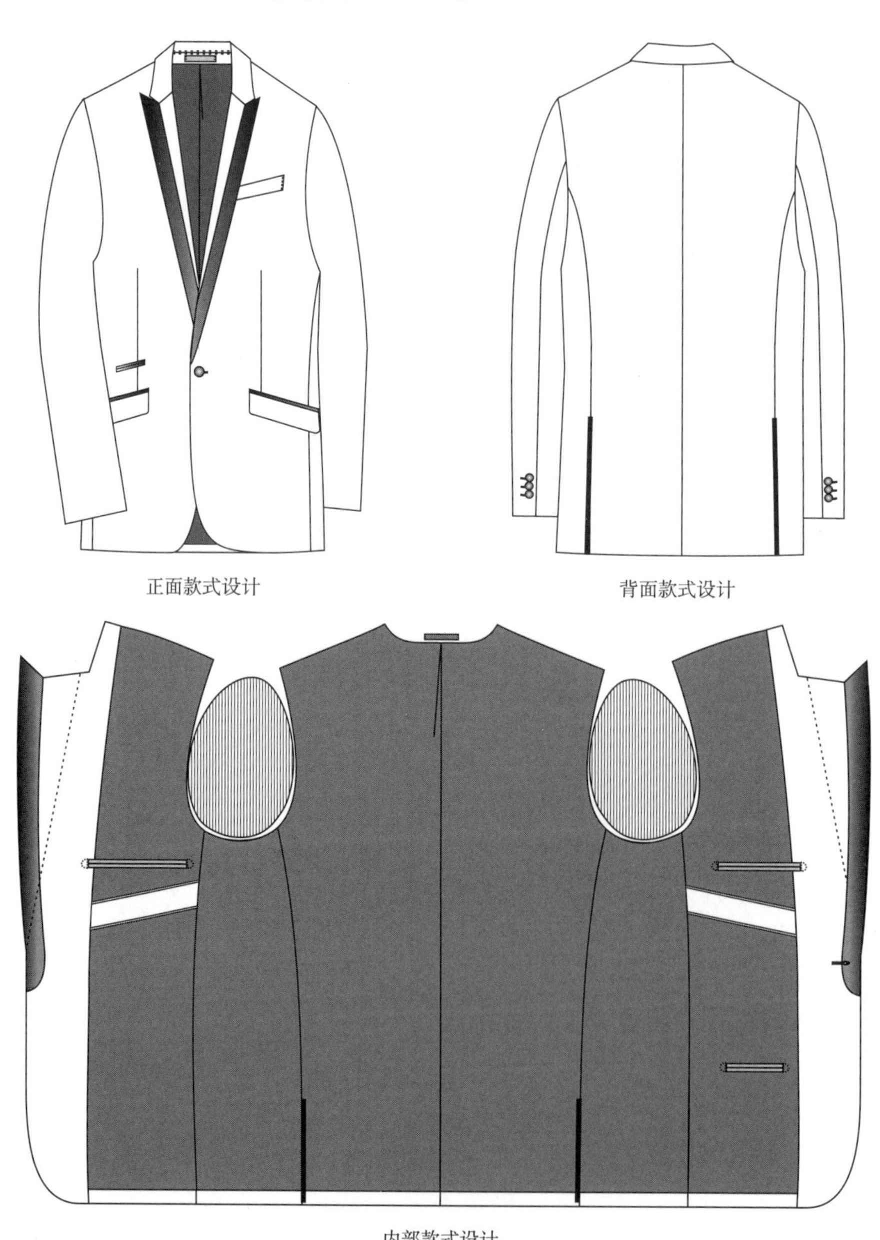

图3-1-1 上衣款式设计

3.1.2 裤子款式设计（图3-1-2）

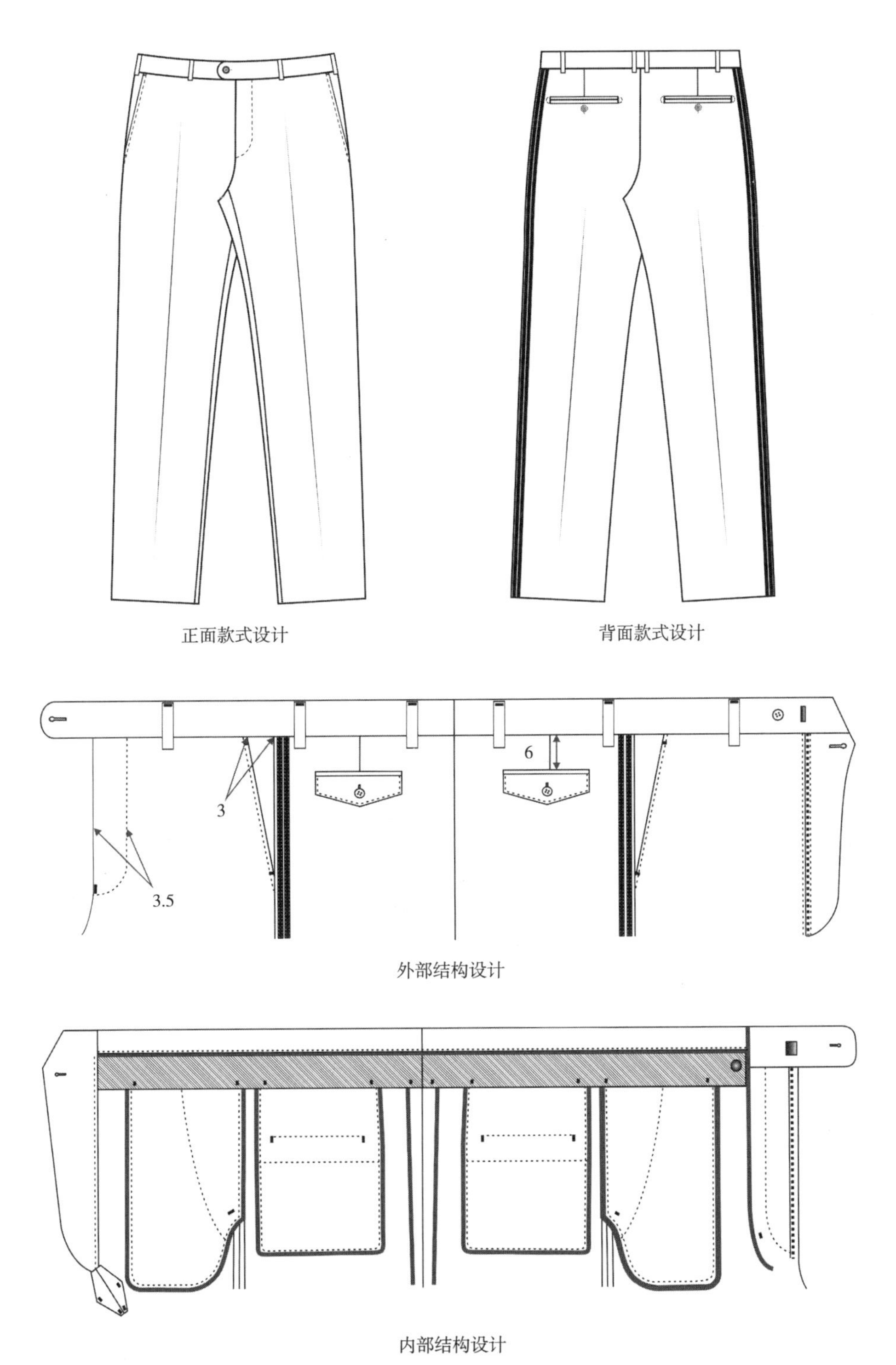

图3-1-2 裤子款式设计

3.1.3 上衣半毛衬工艺（图3-1-3）

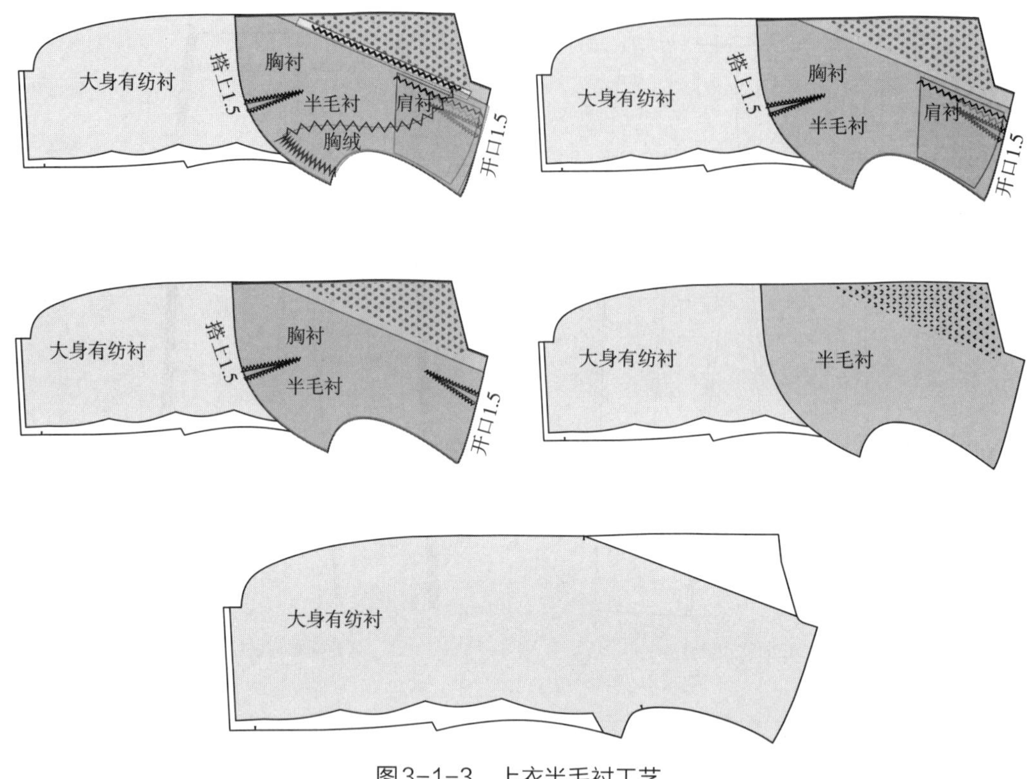

图3-1-3 上衣半毛衬工艺

3.1.4 工艺结构设计及工艺要求

（1）缝纫针距

①明线12～13针/3cm，暗线12～13针/3cm。

②缲边机缲缝每3cm不少于4针，手工缲缝每3cm不少于4～6针。

（2）外部工艺要求：轻薄型半毛衬西服

①明线：没有珠边。

②钉扣要求：十字钉法。

③前身：前门单排1粒扣，枪驳头。

④腰袋含袋牙：斜袋盖17cm×5.5cm，袋盖前后斜度3cm；双牙袋9cm×1cm，两袋间距5cm。

⑤胸板袋：10.5cm×2.5cm，两端Z字缝，上口Z字封口0.5cm。

⑥袖口：3粒袖扣平钉，活袖衩勾角锁假眼。

⑦背缝：侧开衩25cm。

（3）内部工艺要求

①大身内部里料配色：

斜纹大身里料、2个外袋盖里、袋垫、领吊：黑色；

袖里、腰里下拼：白底黑条；

过面牙、耳朵皮上下牙、右内胸袋三角及扣襻、3个内袋牙及袋垫：白色；

领底绒：黑色。

②内双牙袋：双牙内胸袋14cm×1cm，两端加固D形结。右侧带内袋三角和扣襻。票袋两端加固D形结用线同面料色。

③过面：过面牙、耳朵皮上下牙宽0.3cm。

④领吊：钉于后领座，两端封平结。

（4）裤子工艺要求

①门襟：过腰处钉1粒扣锁眼，1个裤钩。圆形腰头探出5cm。

②腰头：腰宽3.6cm，串带1cm×4.7cm。所有串带折叠后和腰带下沿固定，上端打结。扣串带距背缝4cm，其他均分。

③前片：左右各1个斜侧袋17cm，两端打结。袋口缉明线0.3cm。前中烫裤线。

④后片：后片侧缝增加2条色丁拼接条，间距1cm；后片单省倒向背缝。

⑤后袋：后袋双牙袋14cm×1cm，两端打D形结，锁眼钉扣。

⑥腰头里：腰里下端拼接3cm白底黑条袖里布，用灰色线缝星星针，腰头里增加彩色牙0.3cm。裤腿有膝绸。

⑦内部：后裆、门襟里、口袋布滚边0.6cm，用织带滚边做法。

⑧裤口：裤脚口里折边5cm暗缲。

⑨钉扣：所有扣子十字钉法。

3.1.5 面料特点及辅料需求（表3-1-1、表3-1-2）

表3-1-1 套装需要准备面辅料 单位：cm

项目	品名	使用部位	数量	规格	颜色
面料	100%羊毛面料A	过面有拼接耳朵皮	305	门幅145	黑色
	色丁面料B	驳头、3个外袋牙、裤子2条装饰拼接条	20	门幅145	黑色
外部辅料	PV斜纹里料	黑色斜纹大身里料、2个外袋盖里及袋垫、领吊	90	门幅145	黑色
	全涤平纹	白底黑条袖里、腰里拼接条	70	门幅145	白底黑条
	全涤平纹斜纹	白色过面牙、耳朵皮上下牙、右内胸袋三角及扣襻、3个内袋牙及袋垫	30	门幅145	白色

续表

项目	品名	使用部位	数量	规格	颜色
外部辅料	领底绒	领底	10	门幅90	黑色
	色丁包扣大扣	门襟	1粒	直径2.0	黑色
	色丁包扣小扣	袖扣	8粒	直径1.5	黑色
	四眼小扣	内袋扣	1粒	直径1.5	黑色
	裤膝绸190T	裤膝	80	门幅72	黑色
	人字纹下衣袋布	4个袋、裆底三角、底襟里	45	门幅144	黑色
	裤钩	腰头	1付		银白色
	天狗扣	内腰头	1.00	1.5	黑色
	四眼裤扣	后袋2粒+腰头1粒	3粒	1.5	黑色
	拉链	门襟	1条	24	黑色
	袋布网状织带	后裆绲边、袋布绲边、门襟里绲边	3.00	1	黑色
	人字纹腰里下衣袋布	做法见工艺指示图示，腰里下端拼接3cm，白底黑条袖里布，上用灰色线缝星星针，腰里增加彩色牙0.3，上2.5，下3	1.30	5.5	黑色

表3-1-2 套装需要准备详细内部辅料 单位：cm

项目	品名	使用部位	数量	规格	颜色
内部辅料	半毛衬	前胸处	60	门幅150	本色
	挺胸衬及毛衬	前胸处		门幅150	本色
	本色肩衬	前胸处	20	门幅150	本色
	大身衬	前胸处	50	门幅150	黑色
	胸绒	前胸处	20	门幅100	黑色
	本色袖棉条衬	袖山	10	门幅150	本色
	黑色袖棉	袖山	10	门幅100	黑色
	垫肩	肩部	1付	15.5（36/38/40/42/44）/17.5（46/48/50/52/54/56）	黑色
	无纺衬	过面衬、领衬	70	门幅150	黑色
	无胶衬上衣	内袋牙	5	门幅100	黑色
	人字纹袋布	上衣袋布：外4袋、内3袋	60	门幅150	黑色
	牵条	止口牵条	2	1.5/45°斜丝	黑色
	牵条	前袖窿	1	1.5/8°斜丝	黑色
	棉带	前袖窿	120	宽0.3	白色
	牵条	后袖窿1.3（横丝）	40	宽1.3	黑色
	牵条	开衩牵条（横丝）	50	宽2	黑色
	双面胶	串口及领子	20	宽1	白色

续表

项目	品名	使用部位	数量	规格	颜色
内部辅料	里布牵条	背缝开衩里布牵条（15°斜丝）	2	宽2	黑色
	牵条	驳头	3	横丝宽2	黑色
	袋衬	手巾袋衬	2	门幅90	黑色
	牵条	肩缝里布牵条（15°斜丝）	2	宽2	黑色
	牵条	肩缝里布牵条（15°斜丝）	2	宽2	黑色
	牵带	裤袋口	60	宽0.8	黑色
	裤襻衬	裤襻	70	0.8	黑色
	无纺衬	裤用无纺衬	4	门幅100	黑色
	无胶衬	裤子袋牙	5	门幅100	黑色
	腰衬	腰头，净腰宽3.6	130	宽3.4	黑色

3.1.6　测量部位及尺寸放码比例

（1）上衣（表3-1-3）

表3-1-3　上衣测量部位及尺寸放码比例　　单位：cm

尺寸 上衣部位	36	38	40	42	44	46	48	档差	50	52	54	56		档差	公差要求	
															-	+
胸围（腋下2.5）	51.0	53.5	56.0	58.5	61.0	63.5	66.0		68.5	71.0	73.5	76.0		2.5	1.0	1.0
腰围（腋下18）	47.0	49.5	52.0	54.5	57.0	59.5	62.0		64.5	67.0	69.5	72.0		2.5	1.0	1.0
臀围（腋下38）	51.5	54.0	56.5	59.0	61.5	64.0	66.5		69.0	71.5	74.0	76.5		2.5	1.0	1.0
后身长（小号）	69.6	70.8	72.0	72.6	73.2	73.8	74.4	0.6	74.8	75.2	75.6	76.0	0.4	1.2	1.0	1.0
后身长（中号）	72.6	73.8	75.0	75.6	76.2	76.8	77.4	0.6	77.8	78.2	78.6	79.0	0.4	1.2	1.0	1.0
后身长（大号）	75.6	76.8	78.0	78.6	79.2	79.8	80.4	0.6	80.8	81.2	81.6	82.0	0.4	1.2	1.0	1.0
小肩	13.7	14.1	14.5	14.9	15.3	15.7	16.1	0.3	16.4	16.7	17.0	17.3		0.4	0.3	0.3
肩宽	44.6	45.8	47.0	48.2	49.4	50.6	51.8	0.9	52.7	53.6	54.5	55.4		1.2	0.5	0.5
半后宽-后袖缝处直量	21.3	21.9	22.5	23.1	23.7	24.3	24.9	0.5	25.4	25.9	26.4	26.9		0.6	0.3	0.3
袖肥	19.5	20.0	20.5	21.0	21.5	22.0	22.5	0.5	23.0	23.5	24.0	24.5		0.5	0.3	0.3
肘宽（腋下18）	17.1	17.55	18.0	18.45	18.9	19.35	19.8	0.45	20.25	20.7	21.15	21.6		0.45	0.3	0.3
袖口	13.5	14.0	14.5	14.9	15.3	15.7	16.1	0.4	16.5	16.9	17.3	17.7	0.4	0.5	0.3	0.3
袖长（小号）	59.8	60.4	61.0	61.6	62.2	62.8	63.4	0.4	63.8	64.2	64.6	65.0		0.6	1.0	1.0
袖长（中号）	62.3	62.9	63.5	64.1	64.7	65.3	65.9	0.4	66.3	66.7	67.1	67.5		0.6	1.0	1.0

续表

尺寸 / 上衣部位	36	38	40	42	44	46	48	档差	50	52	54	56		档差	公差要求	
															−	+
袖长（大号）	65.8	66.4	67.0	67.6	68.2	68.8	69.4	0.4	69.8	70.2	70.6	71.0		0.6	1.0	1.0
开衩长	25.0	25.0	25.0	25.0	25.0	25.0	25.0	0.3	25.0	25.0	25.0	25.0		0	0.5	0.5
翻领驳线（小号）	47.4	47.7	48.0	48.3	48.6	48.9	49.2		49.5	49.8	50.1	50.4		0.3	1.0	1.0
翻领驳线（中号）	48.4	48.7	49.0	49.3	49.6	49.9	50.2		50.5	50.8	51.1	51.4		0.3	1.0	1.0
翻领驳线（大号）	49.4	49.7	50.0	50.3	50.6	50.9	51.2		51.5	51.8	52.1	52.4		0.3	1.0	1.0
扣间距	11.0	11.0	11.0	11.0	11.0	11.0	11.0		11.0	11.0	11.0	11.0		0	0.3	0.3
驳头宽	6.5	6.5	6.5	6.5	6.5	6.5	6.5		6.5	6.7	6.7	6.7		0.2	0.3	0.3
驳角（驳点）	4.5	4.5	4.5	4.5	4.5	4.5	4.5		4.5	4.7	4.7	4.7		0.2	0.3	0.3
领嘴（领点）	3.0	3.0	3.0	3.0	3.0	3.0	3.0		3.0	3.2	3.2	3.2		0.2	0.3	0.3

注 此数据适合中国普通各类人群。

（2）裤子（表3-1-4）

表3-1-4 裤子测量部位及尺寸放码比例

单位：cm

尺寸 / 裤子部位	30	32	34	36	38	40	42	44	46	48	50	档差	公差要求	
													−	+
腰围	40.0	42.5	45.0	47.5	50.0	52.5	55.0	57.5	60.0	62.5	65.0	2.5	0.5	0.5
臀围（腰下16）	50.5	52.5	54.5	56.5	58.5	60.5	62.5	64.5	66.5	68.5	70.5	2.0	0.5	0.5
腿围（立裆下2.5）	64.4	66.2	68.0	69.8	71.6	73.4	75.2	77.0	78.8	80.6	82.4	1.8	0.5	0.5
膝围（裤内缝长一半上5处）	44.4	45.2	46.0	46.8	47.6	48.4	49.2	50.0	50.8	51.6	52.4	0.8	0.5	0.5
脚口	41.2	41.6	42.0	42.4	42.8	43.2	43.6	44.0	44.4	44.8	45.2	0.4	0.5	0.5
前裆不含腰（小号）	20.4	21.2	22.0	22.8	23.6	24.4	25.2	26.0	26.8	27.6	28.4	0.8	0.5	0.5
前裆不含腰（中号）	20.9	21.7	22.5	23.3	24.1	24.9	25.7	26.5	27.3	28.1	28.9	0.8	0.5	0.5
前裆不含腰（大号）	20.9	21.7	22.5	23.3	24.1	24.9	25.7	26.5	27.3	28.1	28.9	0.8	0.5	0.5
后裆不含腰（小号）	32.5	33.5	34.5	35.5	36.5	37.5	38.5	39.5	40.5	41.5	42.5	1.0	0.5	0.5
后裆不含腰（中号）	33.0	34.0	35.0	36.0	37.0	38.0	39.0	40.0	41.0	42.0	43.0	1.0	0.5	0.5
后裆不含腰（大号）	33.0	34.0	35.0	36.0	37.0	38.0	39.0	40.0	41.0	42.0	43.0	1.0	0.5	0.5
裤内缝长（小号）	74.0	74.0	74.0	74.0	74.0	74.0	74.0	74.0	74.0	74.0	74.0	0	1.0	1.0
裤内缝长（中号）	79.0	79.0	79.0	79.0	79.0	79.0	79.0	79.0	79.0	79.0	79.0	0	1.0	1.0
裤内缝长（大号）	84.0	84.0	84.0	84.0	84.0	84.0	84.0	84.0	84.0	84.0	84.0	0	1.0	1.0
前门襟长	14.0	14.5	15.0	15.5	16.0	16.5	17.0	17.5	18.0	18.5	19.0	0.5	0.5	0.5

续表

裤子部位＼尺寸	30	32	34	36	38	40	42	44	46	48	50	档差	公差要求	
													−	+
前门襟宽	3.5	3.5	3.5	3.5	3.5	3.5	3.5	3.5	3.5	3.5	3.5	0	0.5	0.5
拉链长	13.5	14.0	14.5	15.0	15.5	16.0	16.5	17.0	17.5	18.0	18.5	0.5	0.5	0.5

注 此数据适合中国普通各类人群。

3.1.7 特殊工艺指导

礼服西裤侧缝缝色丁织带工艺（图3-1-4）：

①用最普通色丁缎带直接缉缝在裤侧缝上的，这样的做法使得色丁缎带下面的面料有很严重的吃势，整烫不平。

②用色丁面料裁剪成1.2cm宽的直带条，直接缉缝在侧缝上，效果平整。

③色丁裁剪带条反面要黏一层双面胶，并按规定的尺寸扣烫好，使裁剪带条按要求黏在裤侧缝处，最后再用明线直接固定在侧缝上。

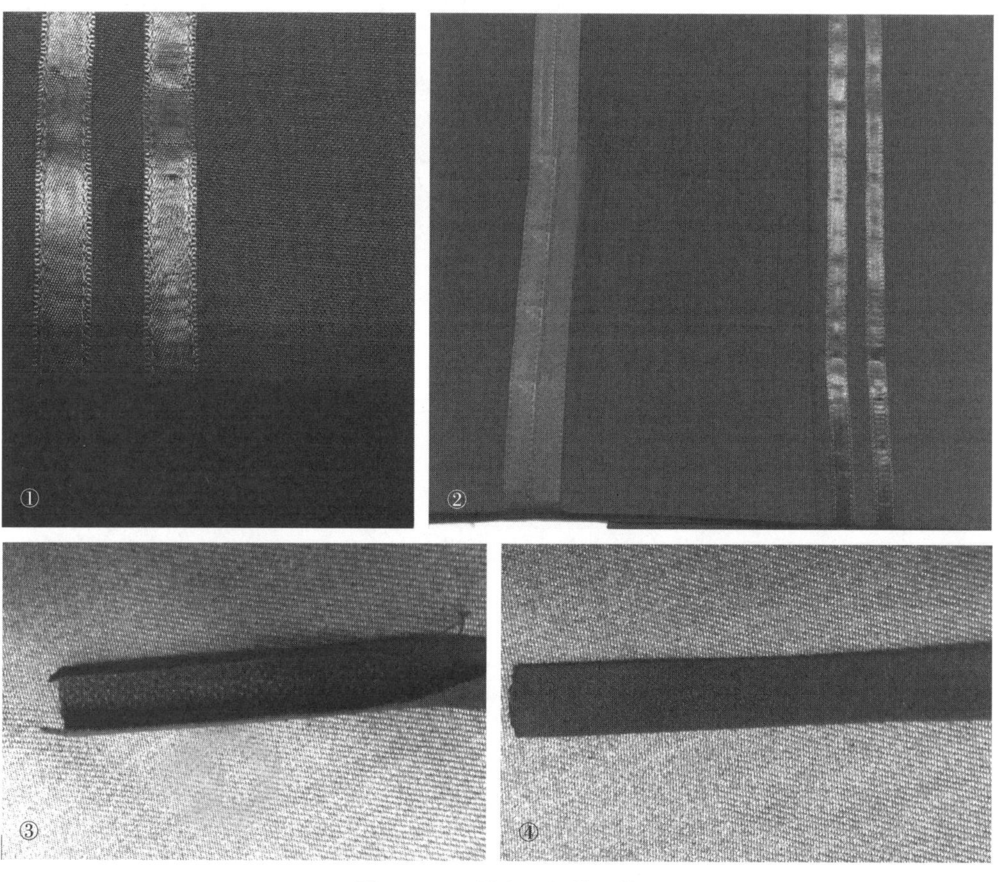

图3-1-4 缝色丁织带工艺

3.1.8 成品效果展示（图3-1-5）

图3-1-5 成品效果展示

3.2　修身西服套装

3.2.1　上衣款式设计（图3-2-1）

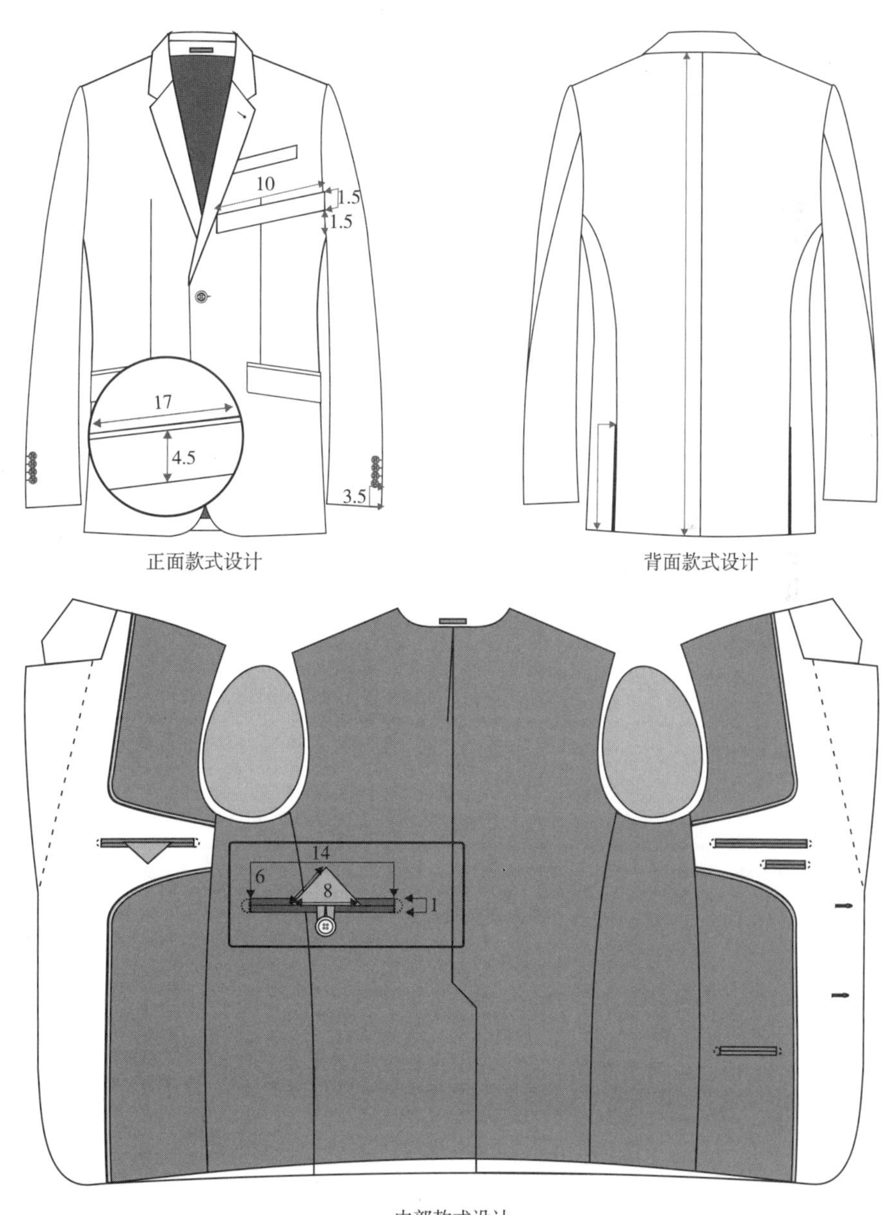

图3-2-1　上衣款式设计

3.2.2 裤子款式设计（图3-2-2）

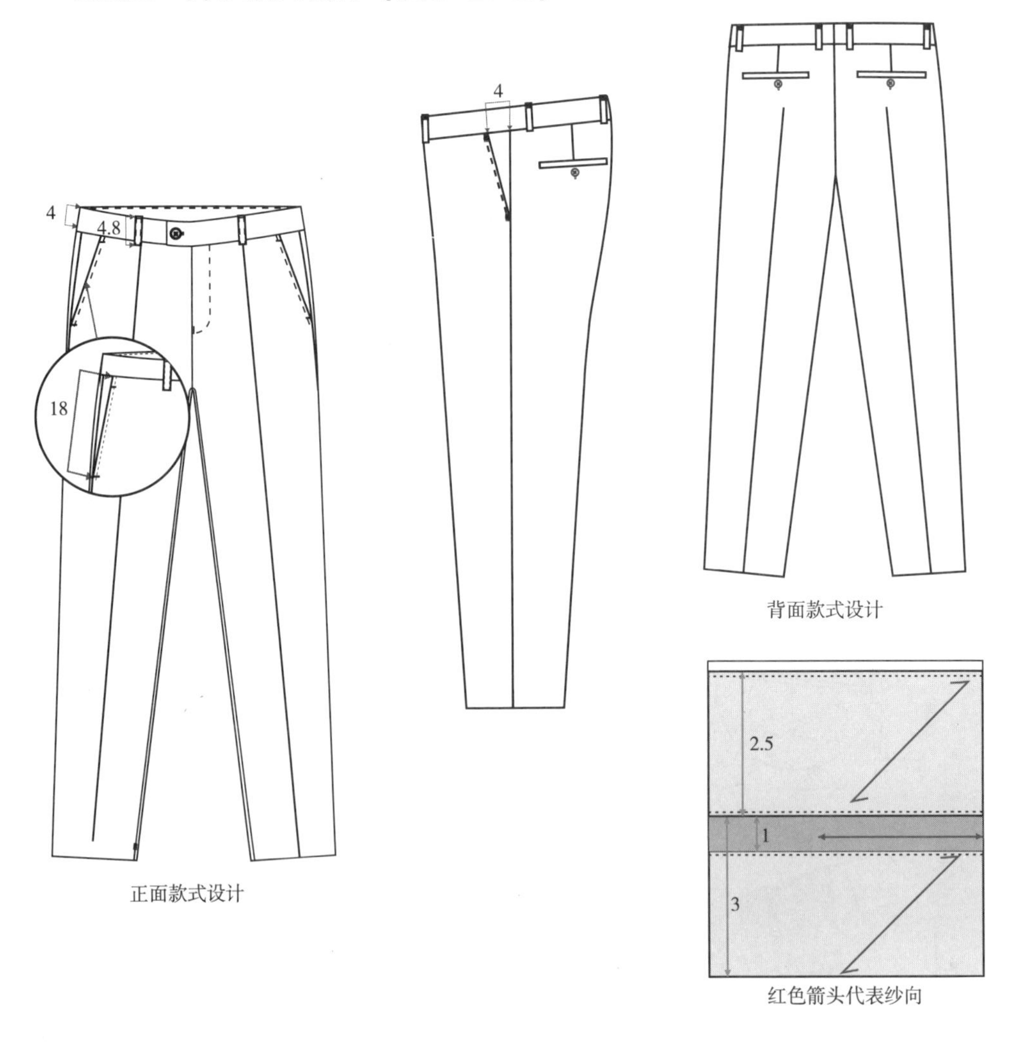

正面款式设计

背面款式设计

红色箭头代表纱向

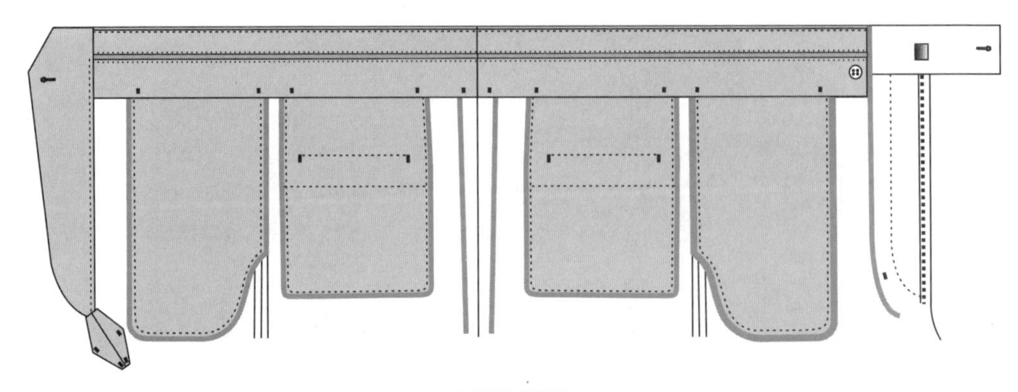

内部款式设计

图3-2-2 裤子款式设计

3.2.3　工艺结构设计及工艺要求

（1）缝纫针距

①明线12～13针/3cm，暗线12～13针/3cm。

②缲边机缲缝每3cm不少于4针，手工缲缝每3cm不少于4～6针。

（2）外部工艺要求

①明线：领子、止口、腰袋盖、手巾袋上口、袖开衩有0.3cm的珠边，缝线同面料颜色。

②钉扣要求：十字钉法。

③前身：前门襟单排2粒扣，平驳头。左驳头真插花眼与串口线平行，距串口线3cm，距止口1.2cm，切开0.5cm。

④腰袋含袋牙：直袋盖17cm×4.5cm。

⑤胸板袋：10cm×1.5cm，两端Z字缝，上口Z字封口0.5cm。

⑥袖口：4粒袖扣平钉，活袖衩勾角锁假眼。

⑦背缝：侧开衩15cm。

（3）内部工艺要求

①大身内部里料配色：

大身里料、2个外袋盖里及袋垫、3个内袋牙及袋垫：深灰色；

领吊、左下票袋牙及袋垫：橙色；

袖里、右内胸袋三角及扣襻：浅粉色；

过面牙：白色；

领底绒：橙色。

②内双牙袋：左右各1双牙内袋14cm×1cm，两端加固D形结。票袋尺寸5cm×1cm，两端加固D形结缝线同面料色。

③过面：过面牙宽0.3cm。

④领吊：钉于后领座，两端封平结。

（4）裤子工艺要求

①门襟：腰头带1个扣，锁眼，1个裤钩。方形腰头探出5cm。

②腰头：腰头宽3.6cm，串带1cm×4.7cm。所有串带折叠后和腰头下沿固定，上端打结。后串带距背缝4cm，其他均分。

③前片：左右各1个斜侧袋17cm，两端打结。袋口缉明线0.3cm。前中线烫裤线。

④后片：后片单省倒向背缝。

⑤后袋：后袋单牙袋14cm×1cm，两端打D形结加固，锁眼钉扣。

⑥腰头里：腰头里有1cm牵条。裤内有膝绸。

⑦内部：后裆、门襟里、口袋布滚边0.6cm。用织带滚边做法。

⑧裤口：脚口里折边5cm暗缲。

⑨钉扣：所有扣子十字钉法。

3.2.4 面料特点及辅料需求（表3-2-1、表3-2-2）

表3-2-1 套装需要准备面辅料 单位：cm

项目	品名	使用部位	数量	规格	颜色
面料	高档纯新羊毛面料	大耳朵皮过面	305	门幅145	深灰色
外部辅料	大斜纹里料	大身里料、2个外袋盖里及袋垫、3个内袋牙及袋垫	90	门幅145	深灰色
	大斜纹里料	领吊、左下票袋牙及袋垫	10	门幅145	橙色
	全涤平纹	袖里、右内胸袋三角及扣襻	65	门幅145	浅粉色
	全涤平纹	过面牙	10	门幅145	白色
	领底绒	领底	10	门幅90	橙色
	四眼大扣	门襟2粒	2粒	2	灰色
	四眼小扣	袖扣8粒、内袋扣1粒	9粒	1.5	灰色
	膝绸190T	裤膝绸	80	门幅72	黑色
	人字纹袋布	4个袋、裆底三角、底襟里	45	门幅145	黑色
	裤钩	腰头	1付		银白色
	天狗扣	腰头	1粒	1.5	黑色
	裤扣	后袋2粒、腰头1粒	3粒	1.5	灰色
	拉链	门襟拉链	1条	24	灰色
	袋布网状滚边	后裆滚边、袋布滚边、门襟里滚边	3.00	1	黑色
	人字纹腰里	腰里裤袋布，裤袋布中间加袖里料腰里牵条，做法见工艺指示图示，上2.5，下3	1.30	5.5	黑色

表3-2-2 套装需要准备详细内部辅料 单位：cm

项目	品名	使用部位	数量	规格	颜色
内部辅料	胸衬	前胸处	30	门幅150	本色
	挺胸衬及毛衬	前胸处	40	门幅150	本色
	肩衬造型	前胸处	20	门幅150	本色

续表

项目	品名	使用部位	数量	规格	颜色
内部辅料	大身衬	前胸处	50	门幅150	黑色
	胸绒	前胸处	20	门幅100	黑色
	袖棉条衬	袖山	10	门幅150	本色
	袖棉	袖山	10	门幅100	黑色
	垫肩	肩部	1付	15.5（36/38/40/42）/ 17.5（44/46/48）	黑色
	无纺衬	过面衬、领衬	70	门幅150	黑色
	无胶衬上衣	内袋牙	5	门幅100	黑色
	人字纹袋布	上衣袋布：外4袋、内3袋	60	门幅150	黑色
	牵条	止口牵条	0.02	1.5/45°斜丝	黑色
	牵条	前袖窿	0.01	1.5/8°斜丝	黑色
	棉带	前袖窿	1.2	0.3	白色
	牵条	后袖窿（1.3横丝）	0.4	1.3	黑色
	牵条	开衩牵条（横丝）	0.5	2	黑色
	双面胶	串口及领子	0.2	1	白色
	里布牵条	背缝开衩里布牵条15°斜丝	0.02	宽2	黑色
	牵条	拉驳头	0.03	横丝宽2	黑色
	手巾衬	手巾袋衬	0.02	门幅90	黑色
	牵条	肩缝里布牵条15°斜丝	0.02	宽2	黑色
	牵带	裤袋口	0.6	宽0.8	黑色
	裤襻衬	裤襻	0.7	0.8	黑色
	无纺衬	腰头	4	门幅100	黑色
	无胶衬	裤子袋牙	5	门幅100	黑色
	腰头衬	净腰头宽3.6	1.3	3.4	黑色

3.2.5 测量部位及尺寸放码比例

（1）上衣（表3-2-3）

表3-2-3　上衣测量部位及尺寸放码比例　单位：cm

上衣部位＼尺寸	36	38	40	42	44	46	48	档差	公差要求	
									−	+
背缝长	72.0	73.0	74.0	75.0	76.0	77.0	78.0	1.0	1.0	1.0
胸围（腋下2.5）	46.5	49.0	51.5	54.0	56.5	59.0	61.5	2.5	1.0	1.0

续表

上衣部位＼尺寸	36	38	40	42	44	46	48	档差	公差要求	
									−	+
腰围（背缝领中下45）	43.0	45.5	48.0	50.5	53.0	55.5	58.0	2.5	1.0	1.0
下摆	50.0	52.5	55.0	57.5	60.0	62.5	65.0	2.5	1.0	1.0
前胸宽（距颈侧点18）	35.0	36.2	37.4	38.6	39.8	41.0	42.2	1.2	0.6	0.6
背缝宽（距颈侧点18）	41.0	42.2	43.4	44.6	45.8	47.0	48.2	1.2	0.8	0.8
肩宽	41.8	43.0	44.2	45.4	46.6	47.8	49.0	1.2	1.0	1.0
小肩	13.1	13.4	13.7	14.0	14.3	14.6	14.9	0.3	0.5	0.5
袖长	62.8	63.4	64.0	64.6	65.2	65.8	66.4	0.6	0.5	0.5
袖窿（直量）	22.5	23.0	23.5	24.0	24.5	25.0	25.5	0.5	0.5	0.5
袖肥（袖窿下2.5）	17.0	18.0	19.0	20.0	21.0	22.0	23.0	1.0	0.5	0.5
肘宽（1/2袖长处量）	15.9	16.7	17.5	18.3	19.1	19.9	20.7	0.8	0.5	0.5
袖口	12.3	12.9	13.5	14.1	14.7	15.3	15.9	0.6	0	0
袖开衩长	11.5	11.5	11.5	11.5	11.5	11.5	11.5	0	0.5	0.5
后领宽（直量）	17.3	17.9	18.5	19.1	19.7	20.3	20.9	0.6	0.5	0.5
翻驳线（破点）	41.6	42.3	43.0	43.7	44.4	45.1	45.8	0.7	0.5	0.5
驳头宽	5.0	5.0	5.0	5.0	5.0	5.0	5.0	0	0	0
领豁口	2.8	2.8	2.8	2.8	2.8	2.8	2.8	0	0	0
驳角（驳点）	2.8	2.8	2.8	2.8	2.8	2.8	2.8	0	0	0
领嘴（领点）	2.5	2.5	2.5	2.5	2.5	2.5	2.5	0	0	0
翻领高（背缝线）	5.0	5.0	5.0	5.0	5.0	5.0	5.0	0	0	0
领座高（背缝线）	2.0	2.0	2.0	2.0	2.0	2.0	2.0	0	0	0
胸袋（SNP至袋沿取中）	20.3	20.9	21.5	22.1	22.7	23.3	23.9	0.6	0.5	0.5
胸袋宽	10.0	10.0	10.0	10.5	10.5	11.0	11.0	0.5	0.3	0.3
胸袋深	1.5	1.5	1.5	1.5	1.5	1.5	1.5	0	0	0
腰袋位距下摆	24.0	24.0	24.0	24.0	24.0	24.0	24.0	0	0.5	0.5
袋盖宽	16.0	16.0	16.0	16.0	17.0	17.0	17.0	0	0.3	0.3
袋盖深含袋牙	4.0	4.0	4.0	4.0	4.0	4.0	4.0	0	0.3	0.3
后开衩长	15.0	15.0	15.0	15.0	15.0	15.0	15.0	0	0.5	0.5

注 此数据适合中国年轻偏瘦人群。

（2）裤子（图3-2-4）

表3-2-4 裤子测量部位及尺寸放码比例

单位：cm

测量部位＼尺寸	28	30	31	32	33	34	36	38	40	档差	公差要求	
											－	＋
腰围	39.8	41.0	42.3	43.5	44.8	46.0	47.3	48.5	49.8	1.3	1.0	1.0
腰头宽	4.0	4.0	4.0	4.0	4.0	4.0	4.0	4.0	4.0	0	0.3	0.3
裤脚口翻折边宽	5.0	5.0	5.0	5.0	5.0	5.0	5.0	5.0	5.0	0	0	0
裤内侧缝长	86.0	86.0	86.0	86.0	86.0	86.0	86.0	86.0	86.0	0	0	0
臀围（腰下10）	45.3	46.5	47.8	49.0	50.3	51.5	52.8	54.0	55.3	1.3	1.0	1.0
臀围（腰下16三点V形测量）	48.3	49.5	50.8	52.0	53.3	54.5	55.8	57.0	58.3	1.3	1.0	1.0
腿围（横裆下2.5量）	29.7	30.3	30.9	31.5	32.1	32.7	33.3	33.9	34.5	0.6	0.5	0.5
膝围（距横裆38）	20.8	21.0	21.3	21.5	21.8	22.0	22.3	22.5	22.8	0.3	0.5	0.5
裤口	18.8	19.0	19.3	19.5	19.8	20.0	20.3	20.5	20.8	0.3	0.5	0.5
前裆（包括腰）	21.5	22.0	22.5	23.0	23.5	24.0	24.5	25.0	25.5	0.5	0.5	0.5
后裆（包括腰）	38.5	39.0	39.5	40.0	40.5	41.0	41.5	42.0	42.5	0.5	0.5	0.5
前门襟长（量至明线下端）	12.0	12.5	13.0	13.5	14.0	14.5	15.0	15.5	16.0	0.5	0	0
前门襟宽（到明线处）	3.6	3.6	3.6	3.6	3.6	3.6	3.6	3.6	3.6	0	0	0
拉链长	11.5	12.0	12.5	13.0	13.5	14.0	14.5	15.0	15.5	0.5	0	0
前袋宽	4.5	4.5	4.5	4.5	4.5	4.5	4.5	4.5	4.5	0	0.3	0.3
前袋深	16.5	17.0	17.0	17.5	17.5	17.5	18.0	18.0	18.0	0.5	0.3	0.3
后袋位置（腰头下背缝处）	5.5	5.5	5.5	5.5	5.5	5.5	5.5	5.5	5.5	0	0.3	0.3
后袋口	14.0	14.0	14.0	14.5	14.5	14.5	15.0	15.0	15.0	0.5	0.3	0.3
后袋牙深	1.0	1.0	1.0	1.0	1.0	1.0	1.0	1.0	1.0	0	0	0
串带长	4.8	4.8	4.8	4.8	4.8	4.8	4.8	4.8	4.8	0	0	0
串带宽	1.0	1.0	1.0	1.0	1.0	1.0	1.0	1.0	1.0	0	0	0

注 此数据适合中国年轻偏瘦人群。

3.2.6 成品效果展示（图3-2-3）

图3-2-3 成品效果展示

3.3 经典西服套装

3.3.1 上衣款式设计（图3-3-1）

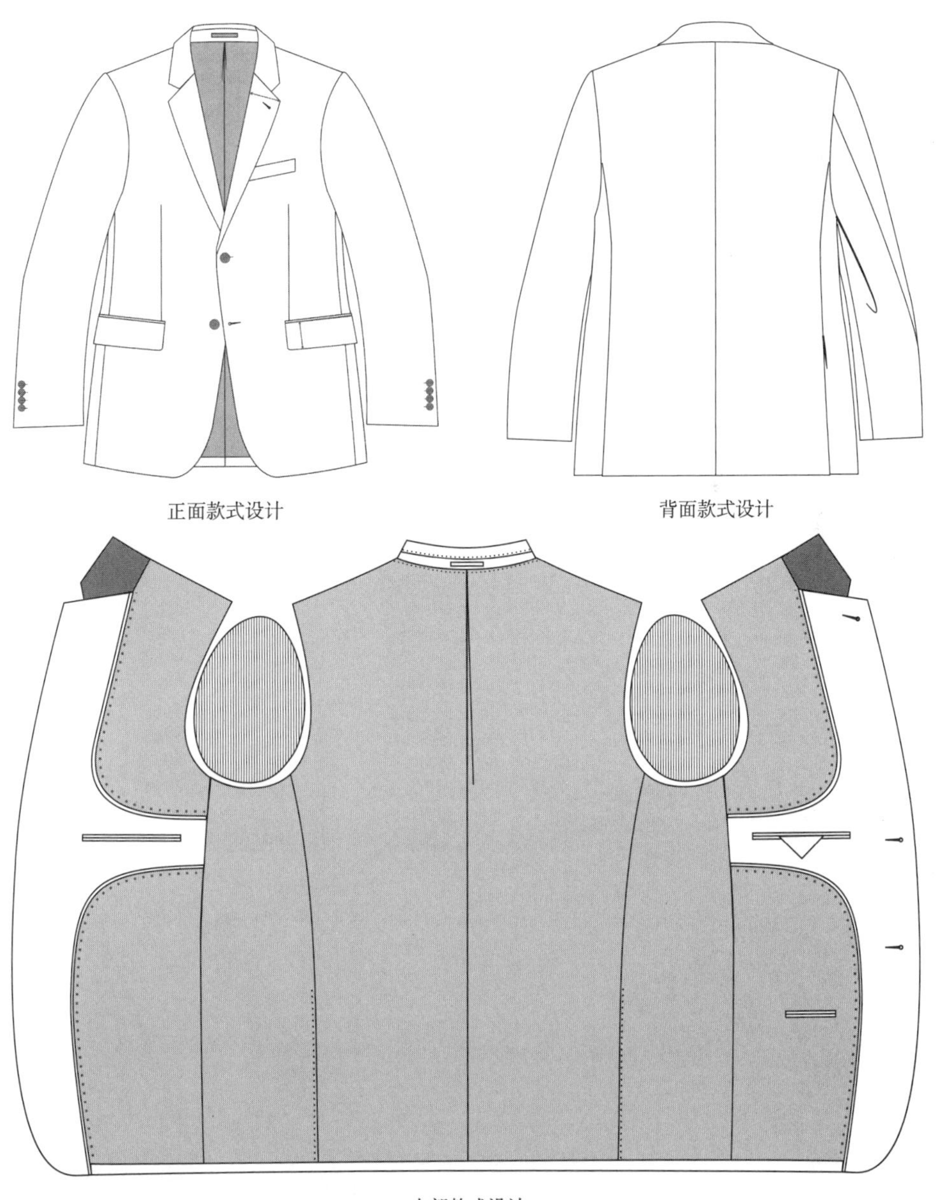

图3-3-1 上衣款式设计

3.3.2 上衣里料、衬料结构图（图3-3-2）

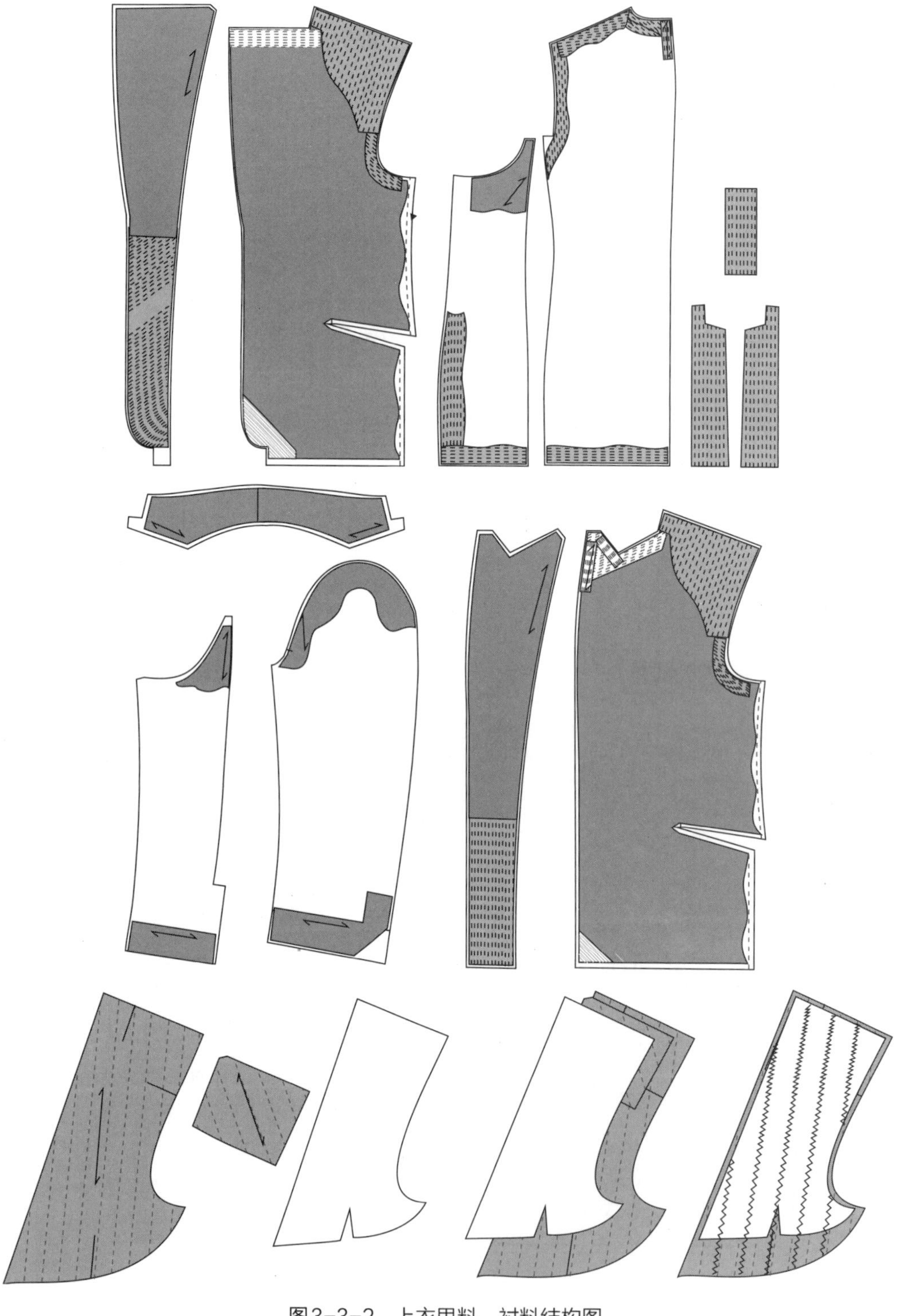

图3-3-2 上衣里料、衬料结构图

3.3.3　裤子款式设计（图3-3-3）

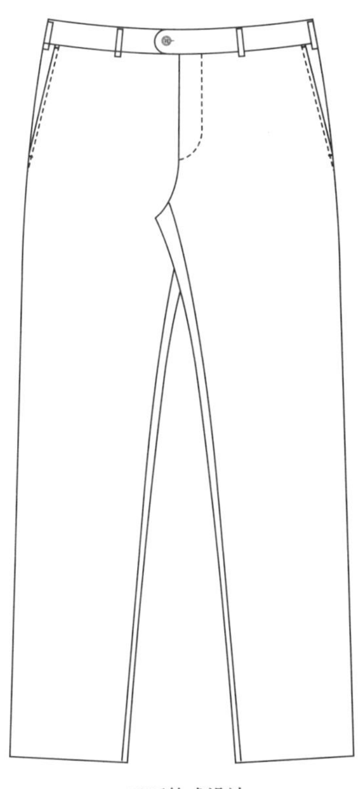

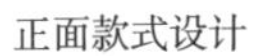

正面款式设计

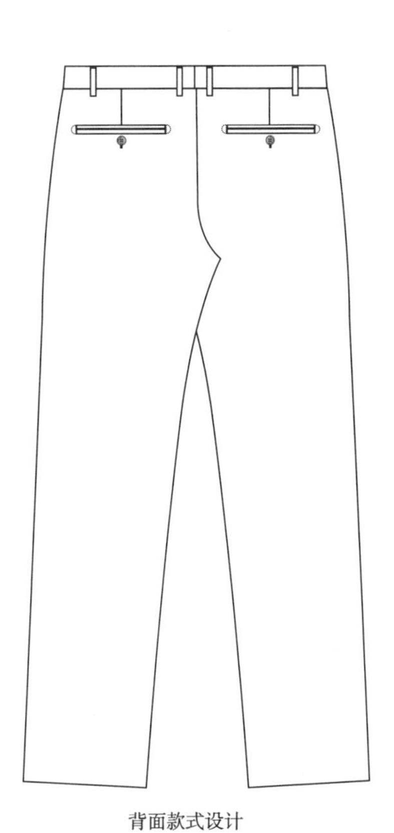

背面款式设计

内部款式设计

图3-3-3　裤子款式设计

3.3.4 工艺结构设计及工艺要求

（1）缝纫针距

①明线12～13针/3cm，暗线12～13针/3cm。

②绿边机缲缝每3cm不少于4针，手工缲缝每3cm不少于4～6针。

（2）外部工艺要求

①明线：没有珠边。

②钉扣要求：二字钉法。

③前身：前门襟单排2粒扣，平驳头。左驳头真插花眼与串口线平行，距串口线3cm，距止口1.2cm，切开0.5cm。

④肩部：挺实垫肩。

⑤腰袋（不含袋牙）：直袋盖17cm×5.5cm。

⑥胸板袋弯型：10.5cm×2.7cm，两端Z字缝，上口Z字封口0.5cm。

⑦袖口：4粒袖扣平钉，活袖衩勾角锁假扣眼。

⑧背缝：双开衩。

（3）内部工艺要求

①里料配色：

大身里料、2个外袋盖里、袋垫、领吊：黑色；

袖里：白底黑条；

过面牙、腰里牙、内袋三角、扣襻、3个内袋牙及袋垫：白色。

②内双牙袋：双牙内袋14cm×1cm，两端加固D形结。左侧内袋带三角和扣襻。票袋尺寸8.5cm×1cm，两端加固D形结，缝线同面料色。

③过面：过面牙、耳朵皮上下牙宽0.3cm。

④领吊：钉于后领座，两端封平结。

（4）裤子工艺要求

①门襟：过腰处钉1粒扣锁眼，1个裤钩，方形腰头探出5cm。

②腰头：宽3.6cm，串带襻尺寸4.7cm×1cm。所有串带襻都是不带明线内含衬的做法，折叠后和腰头下沿固定，上端打结。扣串带襻距背缝4cm，其他均分。

③前袋：斜侧袋17cm，袋口两端打结并缉明线0.3cm。

④后片：后片单省倒向背缝。

⑤后袋：双牙袋14cm×1cm，两端加固D形结。袋口钉1粒扣锁眼。

⑥腰头里：腰头里中间牙子加0.3cm星星针，缝线同腰里牙子色。裤内有膝绸。

⑦内部：后裆、门襟里、口袋布滚边0.6cm，用织带滚边做法。

⑧裤口：脚口里折边5cm暗缲。

⑨钉扣：所有扣子使用二字钉法。

3.3.5　面料特点及辅料需求（表3-3-1、表3-3-2）

表3-3-1　套装需要准备面辅料　　单位：cm

项目	品名	使用部位	数量	规格	颜色
面料	100%纯羊毛	大耳朵皮	305	门幅145	比较稳重颜色
外部辅料	大提花里料	大身里料、2个外袋盖里及袋垫、领吊	90	门幅145	黑色
	全涤里料	袖里	60	门幅145	黑底白条
	全涤里料	过面牙、内袋三角、扣襻、3个内袋牙及袋垫	30	门幅145	白色
	领底绒	领底	10	门幅100	同面料色
	四眼大扣	门襟2粒	2粒	直径2.5	同面料色
	四眼小扣	袖扣8粒、内袋扣1粒	9粒	直径1.5	同面料色
	膝绸190T	膝盖	80	门幅75	黑色
	裤钩	腰头	1付		银白色
	天狗扣	内腰里	1粒	1.5	黑色
	人字纹下衣袋布	4个袋、裆底三角、底襟里	50	门幅150	黑色
	腰头里	腰头里用下衣袋布做，中间加腰头里牙子0.3，上面缝星星针，上2.5，下3	1.40	5.5	黑色
	裤扣	后袋2粒、腰头1粒	3粒	1.5	同面料色
	拉链	门襟拉链	1条	长24	同面料色
	网状织带（直丝）	后裆、袋布、门襟里滚边	3.80	宽1	黑色

表3-3-2　套装需要准备详细内部辅料　　单位：cm

项目	品名	使用部位	数量	规格	颜色
内部辅料	半毛衬	前胸处	60	门幅150	本色
	挺胸衬	前胸处		门幅150	本色
	本色肩衬（成品肩衬）	前胸处		门幅150	本色
	大身衬	前胸处	50	门幅150	黑色
	胸绒	前胸处	20	门幅100	黑色
	本色袖棉条衬	袖山	10	门幅150	本色
	黑色袖棉	袖山	10	门幅100	黑色
	垫肩	肩部	1付	15.5（36/38/40/42//44）/17.5（46/48/50/52/54/56）	灰色

续表

项目	品名	使用部位	数量	规格	颜色
内部辅料	无纺衬	过面衬、领衬	70	门幅150	黑色
	无胶衬	内袋牙（上衣）	5	门幅100	黑色
	人字纹袋布	上衣袋布：外3袋、内3袋	60	门幅150	黑色
	牵条	止口牵条	2	1.5/45°斜丝	黑色
	牵条	前袖窿	1	1.5/8°斜丝	黑色
	棉带	前袖窿	120	0.3	白色
	牵条	后袖窿1.3（横丝）	40	1.3	黑色
	牵条	开衩牵条（横丝）	50	2	黑色
	双面胶	串口及领子	20	1	白色
	里布牵条	背缝开衩里布牵条（15°斜丝）	0.02	宽2	黑色
	牵条	驳头	3	横丝宽2	黑色
	手巾衬	手巾袋衬	2	门幅90	黑色
	牵条	肩缝里布牵条（15°斜丝）	2	宽2	黑色
	牵带	裤袋口	60	宽0.8	黑色
	裤襻衬	裤襻	70	宽0.8	黑色
	无纺衬	裤子无纺衬	4	门幅100	黑色
	无胶衬	裤子袋牙	5	门幅100	黑色
	腰衬	净腰头宽3.6	1.30	3.4	黑色

3.3.6 测量部位及尺寸放码比例

（1）上衣（表3-3-3）

表3-3-3 上衣测量部位及尺寸放码比例 单位：cm

上衣部位＼尺寸	36	38	40	42	44	46	48	50	档差	52	54	56	档差	公差要求	
														－	＋
领嘴（领点）	3.3	3.3	3.3	3.3	3.3	3.3	3.3	3.3	0	3.3	3.3	3.3	0	0.2	0.2
驳角（驳点）	3.5	3.5	3.5	3.5	3.5	3.5	3.5	3.5	0	3.5	3.5	3.5	0	0.2	0.2
驳头宽	8.5	8.5	8.5	8.5	8.8	8.8	8.8	8.8	0.3	9.1	9.1	9.1	0.3	0.5	0.5

续表

尺寸 上衣部位	36	38	40	42	44	46	48	50	档差	52	54	56	档差	公差要求	
														−	+
后领宽	19.3	19.9	20.5	21.1	21.7	22.3	22.9	23.5	0.6	23.8	24.1	24.4	0.3	0.5	1.5
小肩	15.0	15.2	15.4	15.7	16.0	16.3	16.6	16.9	0.3	17.2	17.5	17.8	0.3	0.5	1.0
肩宽	47.0	48.0	49.0	50.2	51.4	52.6	53.8	55.0	1.2	56.2	57.4	58.6	1.2	1.0	1.0
背缝宽	44.0	45.2	46.4	47.6	48.8	50.0	51.2	52.4	1.2	53.6	54.8	56.0	1.2	0.5	1.0
背缝长（小号）	73.3	73.9	74.5	75.1	75.7	76.3	76.9	77.5	0.6	77.8	78.1	78.4	0.3	0.5	1.0
背缝长（中号）	76.8	77.4	78.0	78.6	79.2	79.8	80.4	81.0	0.6	81.3	81.6	81.9	0.3	0.5	1.0
背缝长（大号）	80.3	80.9	81.5	82.1	82.7	83.3	83.9	84.5	0.6	84.8	85.1	85.4	0.3	0.5	1.0
开衩长（小号）	23.75	23.75	23.75	23.75	23.75	23.75	23.75	23.75	0	23.75	23.75	23.75	0	1.0	1.0
开衩长（中号）	25.5	25.5	25.5	25.5	25.5	25.5	25.5	25.5	0	25.5	25.5	25.5	0	1.0	1.0
开衩长（大号）	27.25	27.25	27.25	27.25	27.25	27.25	27.25	27.25	0	27.25	27.25	27.25	0	1.0	1.0
袖长（小号）	60.5	61.0	61.5	62.0	62.5	63.0	63.5	64.0	0.5	64.3	64.6	64.9	0.3	0.5	1.0
袖长（中号）	63.0	63.5	64.0	64.5	65.0	65.5	66.0	66.5	0.5	66.8	67.1	67.4	0.3	0.5	1.0
袖长（大号）	65.5	66.0	66.5	67.0	67.5	68.0	68.5	69.0	0.5	69.3	69.6	69.9	0.3	0.5	1.0
翻驳线（小号）	42.4	43.2	44.0	44.8	45.6	46.4	47.2	48.0	0.8	48.6	49.2	49.8	0.6	1.0	1.0
翻驳线（中号）	43.4	44.2	45.0	45.8	46.6	47.4	48.2	49.0	0.8	49.6	50.2	50.8	0.6	1.0	1.0
翻驳线（大号）	44.4	45.2	46.0	46.8	47.6	48.4	49.2	50.0	0.8	50.6	51.2	51.8	0.6	1.0	1.0
前胸宽	21.2	22.1	23.0	24.05	25.1	26.15	27.2	28.25	1.05	29.15	30.05	30.95	0.9	0.5	1.0
侧片宽	9.9	10.5	11.1	11.7	12.3	12.9	13.5	14.1	0.6	14.7	15.3	15.9	0.6	0	1.0
袖肥	20.3	20.8	21.3	21.8	22.3	22.8	23.3	23.8	0.5	24.3	24.8	25.3	0.5	0.5	1.0
中腰	48.6	51.1	53.6	56.5	59.6	62.6	65.6	68.6	3.0	71.1	73.6	76.1	2.5	0.5	1.0
袖口	14.5	14.8	15.1	15.4	15.7	16	16.3	16.6	0.3	16.9	17.2	17.5	0.3	0.5	1.0
扣距	11.5	11.5	11.5	11.5	11.5	11.5	11.5	11.5	0	11.5	11.5	11.5	0	0	0

注　此数据适合中国普通各类人群。

（2）裤子（表3-3-4）

表3-3-4　裤子测量部位及尺寸放码比例

单位：cm

裤子部位＼尺寸	28	30	32	34	36	38	40	42	44	档差	46	48	50	52	54	档差	公差要求	
																	-	+
腰围	74.0	79.0	84.0	89.0	94.0	99.0	104.0	109.0	114.0	5.0	119.0	124.0	129.0	134.0	139.0	5.0	0.7	0.7
臀围（腰下16三点量）	97.0	101.0	105.0	109.0	113.0	117.0	121.0	125.0	129.0	4.0	132.2	135.4	138.6	141.8	145.0	3.2	0.7	0.7
前裆（小号）	24.8	25.5	26.2	26.9	27.6	28.3	29.0	29.7	30.4	0.7	30.6	30.8	31.0	31.2	31.4	0.2	0.7	0.7
前裆（中号）	25.4	26.1	26.8	27.5	28.1	28.9	29.6	30.3	34.0	0.7	31.2	31.4	31.6	31.8	32.0	0.2	0.7	0.7
前裆（大号）	26.6	27.3	28.0	28.7	29.4	30.1	30.8	31.5	32.2	0.7	32.4	32.6	32.8	33.0	33.2	0.2	0.7	0.7
后裆（小号）	39.4	40.1	40.8	41.5	42.2	42.9	43.6	44.3	45.0	0.7	45.2	45.4	45.6	45.8	46.0	0.2	0.7	0.7
后裆（中号）	40.0	40.7	41.4	42.1	42.8	43.5	44.2	44.9	45.6	0.7	45.8	46.0	46.2	46.4	46.6	0.2	0.7	0.7
后裆（大号）	41.2	41.9	42.6	43.3	44.0	44.7	45.4	46.1	46.8	0.7	47.0	47.2	47.4	47.6	47.8	0.2	0.7	0.7
拉链（小号）	13.9	14.4	14.9	15.4	15.9	16.4	16.9	17.4	17.9	0.5	18.1	18.3	18.5	18.7	18.9	0.2	0.5	0.5
拉链（中号）	14.5	15.0	15.5	16.0	16.5	17.0	17.5	18.0	18.5	0.5	18.7	18.9	19.1	19.3	19.5	0.2	0.5	0.5
拉链（大号）	15.7	16.2	16.7	17.2	17.7	18.2	18.7	19.2	19.7	0.5	19.9	20.1	20.3	20.5	20.7	0.2	0.5	0.5
外长（小号）	96.9	97.4	97.9	98.4	98.9	99.4	99.9	100.4	100.9	0.5	101.1	11.3	101.5	101.7	101.9	0.2	0.7	0.7
外长（中号）	102.5	103.0	103.5	104.0	104.5	105.0	105.5	106.0	106.5	0.5	106.7	106.9	107.1	107.3	107.5	0.2	07	0.7
外长（大号）	108.7	109.2	109.7	110.2	110.7	111.2	111.7	112.2	112.7	0.5	112.9	113.1	113.3	113.5	113.7	0.2	0.7	0.7
内长（小号）	74.0	74.0	74.0	74.0	74.0	74.0	74.0	74.0	74.0	0	74.0	74.0	74.0	74.0	74.0	0	0.7	0.7
内长（中号）	79.0	79.0	79.0	79.0	79.0	79.0	79.0	79.0	79.0	0	79.0	79.0	79.0	79.0	79.0	0	0.7	0.7
内长（大号）	84.0	84.0	84.0	84.0	84.0	84.0	84.0	84.0	84.0	0	84.0	84.0	84.0	84.0	84.0	0	0.7	0.7
横裆	32.7	33.8	34.9	36.0	37.1	38.2	39.3	40.4	41.5	1.1	42.2	42.9	43.6	44.3	45.0	0.7	0.5	0.5
腿围（裆下16）	27.4	28.2	29.0	29.8	30.6	31.4	32.2	33.0	33.8	0.8	34.3	34.8	35.3	35.8	36.3	0.5	0.5	0.5
膝围（1/2内裤长上5）	23.8	24.4	25.0	25.6	26.2	26.8	27.4	28.0	28.6	0.6	29.3	30.0	30.7	31.4	32.1	0.7	0.5	0.5
裤口	19.5	20.0	20.5	21.0	21.5	22.0	22.5	23.0	23.5	0.5	24.0	24.5	25.0	25.5	26.0	0.5	0.5	0.5

注　此数据适合中国普通各类人群。

3.3.7 成品效果展示（图3-3-4）

图3-3-4 成品效果展示

3.4 松紧裤腰西服套装

3.4.1 上衣款式设计（图3-4-1）

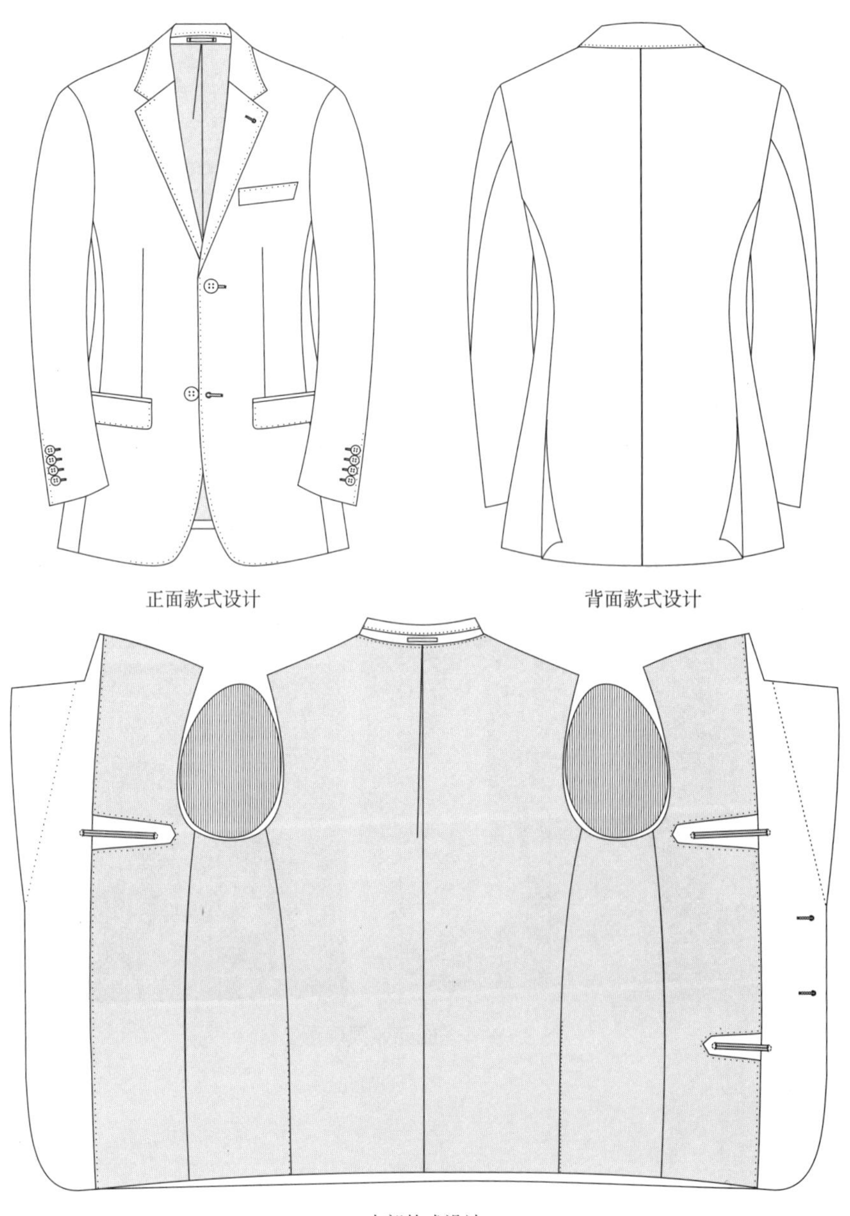

图3-4-1 上衣款式设计

3.4.2 裤子款式设计（图3-4-2）

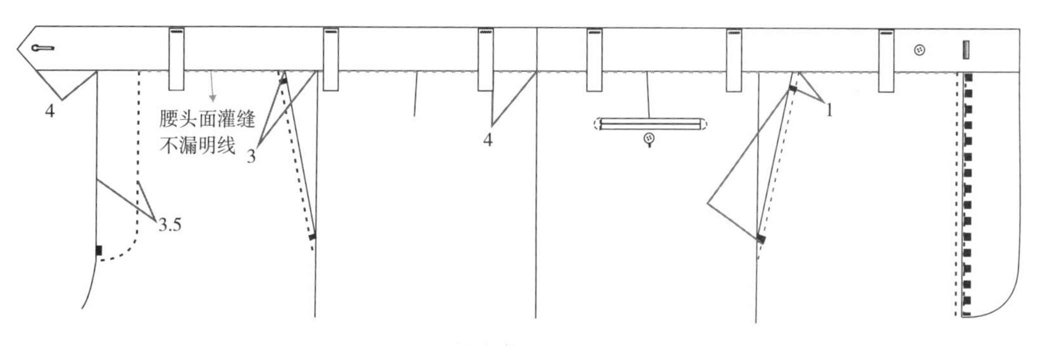

外部款式设计

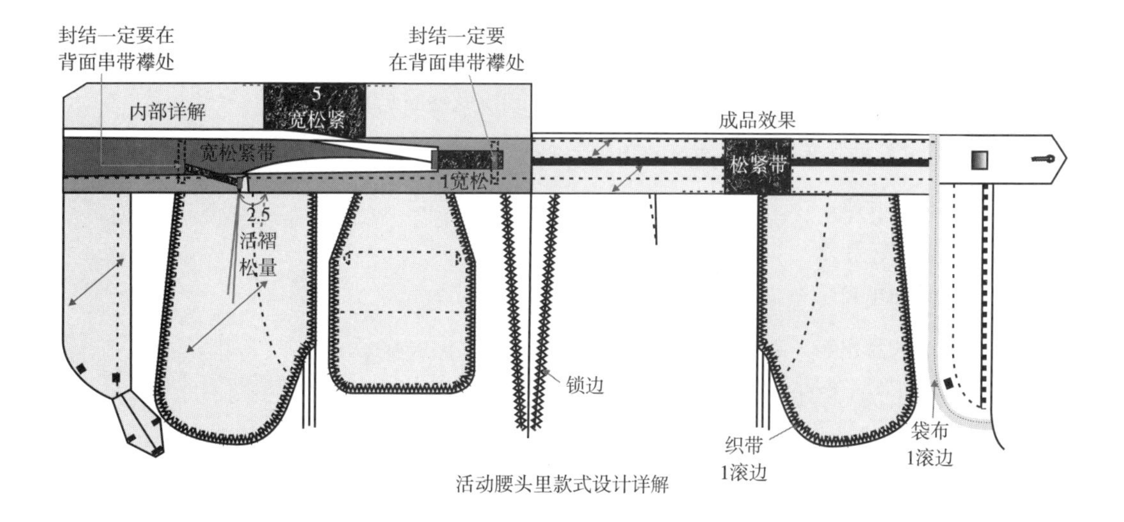

活动腰头里款式设计详解

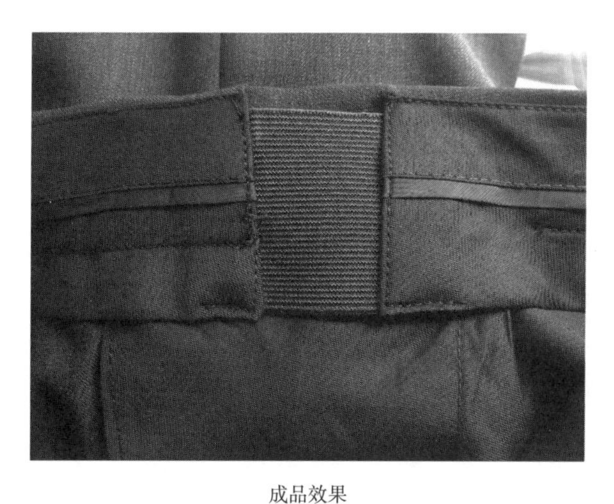

成品效果

图3-4-2　裤子款式设计

3.4.3 工艺结构设计及工艺要求

（1）缝纫针距

①明线12～13针/3cm，暗线12～13针/3cm。

②缲边机缲缝每3cm不少于4针，手工缲缝每3cm不少于4～6针。

（2）外部工艺要求

①明线：没有珠边。

②钉扣要求：二字钉法。

③前身：前门襟单排2粒扣，平驳头。左驳头真插花眼与串口线平行，距串口线3cm，距止口1.2cm，切开0.5cm。

④肩部：挺实垫肩。

⑤腰袋（不含袋牙）：直袋盖17cm×5.5cm。

⑥胸板袋：10.5cm×2.7cm，两端Z字缝，上口Z字缝封口0.5cm。

⑦袖口：4粒袖扣平钉，活袖衩勾角锁假眼。

⑧背缝：双开衩。

（3）内部工艺要求

①大身内部里料配色：

全涤平纹大身里料、2个外袋盖里及袋垫：深灰色；

全涤平纹3个内袋牙及袋垫：黑色；

袖里：黑灰条（横条竖做）。

②内双牙袋：左右各1双牙内袋14cm×1cm，两端D形结加固。右侧带内袋三角和扣襻。票袋尺寸8.5cm×1cm，两端D形结加固，缝线同面料色。

③过面：缝0.3cm星星针，缝线同大身里料色。

④领吊：钉于后领座，两端封平结。

（4）裤子工艺要求

①门襟：宝剑头探头4cm，带1个裤钩，1个裤扣。腰头里为弹性腰里（见工艺图示）。

②腰头：腰头宽3.7cm，串带4.7cm×1cm。所有串带都不缉明线，内含衬，折叠后和腰头下沿固定，上端打结。后串带距背缝4cm，其他均分。

③前袋：斜侧袋17cm，两端打结。袋口缉明线0.3cm。

④后片：后片单省长7cm倒向背缝。

⑤后袋：双牙袋14cm×1cm，两端D形结。带1个扣锁眼。

⑥腰头里：黑色中间牙子用定制的印有白色Logo。裤内有膝绸。

⑦内部：门襟里用口袋布滚边0.6cm，后裆锁边。口袋做法为勾翻缉0.6cm明线。

⑧裤口：脚口里折边5cm暗缲。后片有踢裤脚。

⑨钉扣：所有扣子二字钉法。

3.4.4 面料特点及辅料需求（表3-4-1、表4-3-2）

表3-4-1　套装需要准备面辅料　　单位：cm

项目	品名	使用部位	数量	规格	颜色
面料	100%纯羊毛面料		305	门幅145	蓝黑色
外部辅料	全涤平纹	大身里料、2个外袋盖里及袋垫	90	门幅145	深灰色
	全涤平纹	全涤平纹3个内袋牙及袋垫	5	门幅145	黑色
	全涤平纹大身里料（横条竖做）	袖里	60	门幅145	黑灰条
	领底绒	领底	10	门幅100	深灰色
	四眼大扣	门襟	2粒	2.5	深灰色
	四眼小扣	袖扣8粒、内袋扣1粒	9粒	1.5	深灰色
	膝绸	膝盖	80	门幅75	黑色
	裤钩	腰头	1付		黑红铜
	天狗扣	腰头里	1个	1.5	黑色
	人字纹下衣袋布	4个袋、裆底三角、底襟里、门襟里滚边	50	门幅150	黑色
	中间牙子上印有白色LOGO	腰里	1.40	5.5	黑色
	四眼裤扣	后袋2粒、腰头1粒	3粒	1.5	黑色
	拉链	门襟拉链	1条	24	黑色
	踢裤脚	后片裤口	0.70	1.5	黑色

表3-4-2　套装需要准备内部详细辅料　　单位：cm

项目	品名	使用部位	数量	规格	颜色
内部辅料	胸衬	前胸处	30	门幅150	本色
	挺胸衬及毛衬	前胸处	40	门幅150	本色
	肩衬	前胸处	20	门幅150	本色
	大身衬	前胸处	50	门幅150	黑色
	胸绒	前胸处	20	门幅100	黑色

续表

项目	品名	使用部位	数量	规格	颜色
内部辅料	本色袖棉条衬	袖山	10	门幅150	本色
	黑色袖棉	袖山	10	门幅100	黑色
	垫肩	挺实肩部	1付	15.5（36/38/40/42/44）/ 17.5（46/48/50/52/54/56）	黑色
	无纺衬	过面衬、领衬	70	门幅150	黑色
	无胶衬	内袋牙	5	门幅100	黑色
	人字纹上衣袋布	外4袋、内3袋	60	门幅150	黑色
	牵条	止口牵条	2	宽1.5/45°斜丝	黑色
	牵条	前袖窿	1	宽1.5/8°斜丝	黑色
	棉带	前袖窿	12	宽0.3	白色
	牵条	后袖窿1.3（横丝）	40	宽1.3	黑色
	牵条	开衩牵条（横丝）	50	宽2	黑色
	双面胶	串口及领子	20	宽1	白色
	里布牵条	侧开衩里布牵条（15°斜丝）	2	宽2	黑色
	牵条	拉驳头	3	横丝宽2	黑色
	手巾袋衬	手巾袋	2	门幅90	黑色
	牵条	肩缝里布牵条（15°斜丝）	2	宽2	黑色
	牵带	裤袋口	0.6	宽0.8	黑色
	裤襻衬	裤襻	0.7	宽0.8	黑色
	无纺衬	裤子无纺衬	0.04	门幅100	黑色
	无胶衬	裤子袋牙	0.05	门幅100	黑色
	腰衬	腰头衬，净腰宽3.6	130	宽3.4	黑色
	手巾袋衬	手巾袋	0.02	门幅88	黑色
	肩缝里布牵条	肩缝里布牵条	0.02	15°斜丝宽2	黑色
	裤袋口牵带	裤袋口牵带	0.6	宽80	黑色
	裤襻衬	裤襻	0.8	宽80	黑色
	平织松紧带	活动腰里	0.25	宽5	黑色
	平织松紧带	活动腰里	0.3	宽2	黑色
	平织松紧带	活动腰里	0.35	宽1	黑色

3.4.5 裁片图（图3-4-3）

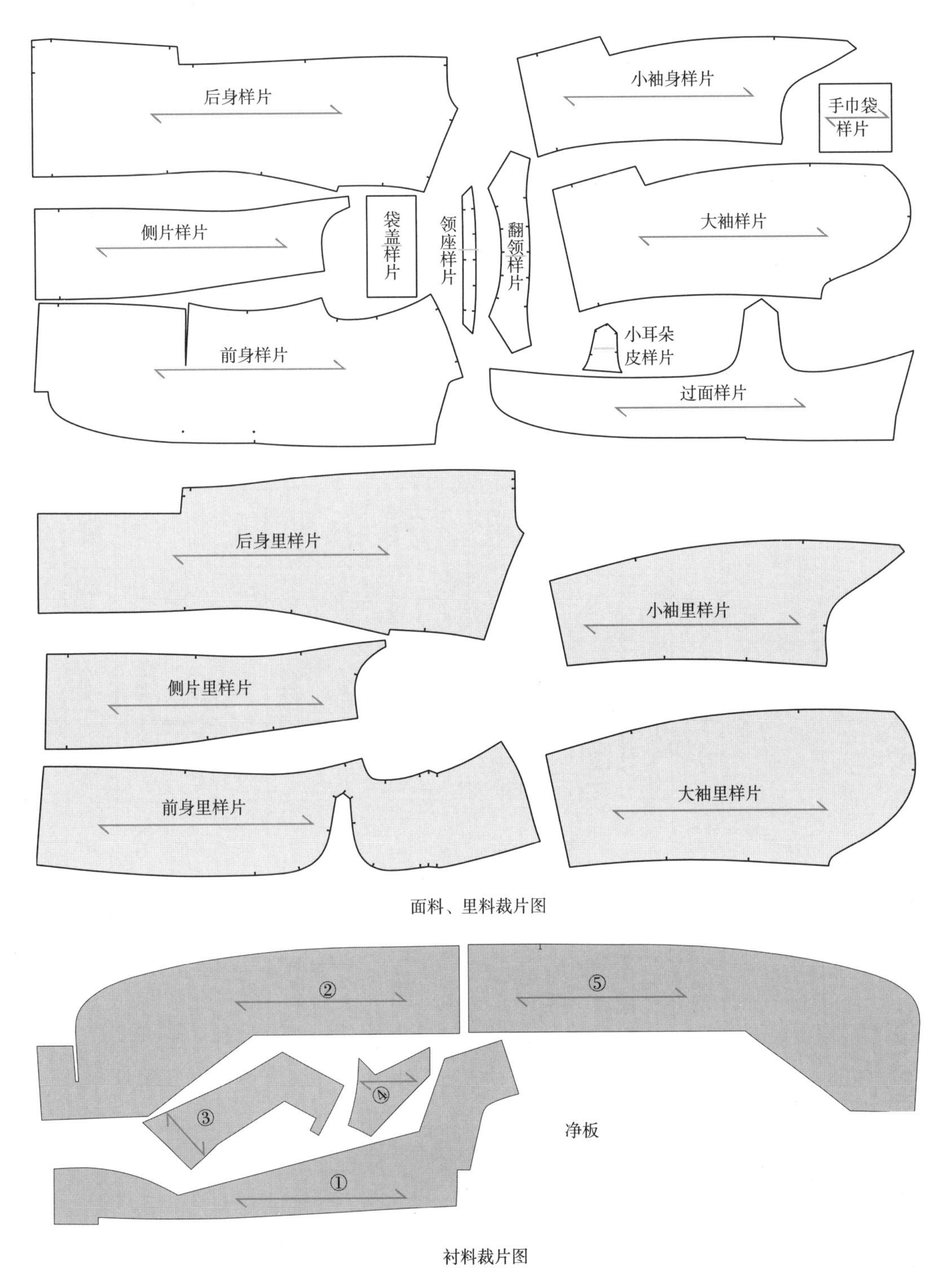

图3-4-3　裁片图

3.4.6 测量部位及尺寸放码比例（表3-4-3、表3-4-4）

表3-4-3 上衣成品尺寸及放码规则

单位：cm

上衣部位 \ 尺寸	36	38	40	42	44	46	48	50	档差	52	54	56	档差	公差要求	
														-	+
领嘴（领点）	3.6	3.6	3.6	3.6	3.6	3.6	3.6	3.6	0	3.6	3.6	3.6	0	0.2	0.2
驳角（驳点）	3.8	3.8	3.8	3.8	3.8	3.8	3.8	3.8	0	3.8	3.8	3.8	0	0.2	0.2
驳头宽	7.8	7.8	7.8	7.8	8.1	8.1	8.1	8.1	0.3	8.4	8.4	8.4	0.3	0.5	0.5
后领宽	19.2	19.8	20.4	21.0	21.6	22.2	22.8	23.4	0.6	23.7	24.0	24.3	0.3	0.5	1.5
小肩	14.6	14.8	15.0	15.3	15.6	15.9	16.2	16.5	0.3	16.8	17.1	17.4	0.3	0.5	1.0
肩宽	46.5	47.5	48.5	49.7	50.9	52.1	53.3	54.5	1.2	55.7	56.9	58.1	1.2	1.0	1.0
背缝宽	43.6	44.8	46.0	47.2	48.4	49.6	50.8	52.0	1.2	53.2	54.4	55.6	1.2	0.5	1.0
背缝长（小号）	73.3	73.9	74.5	75.1	75.7	76.3	76.9	77.5	0.6	77.8	78.1	78.4	0.3	0.5	1.0
背缝长（中号）	76.8	77.4	78.0	78.6	79.2	79.8	80.4	81.0	0.6	81.3	81.6	81.9	0.3	0.5	1.0
背缝长（大号）	80.3	80.9	81.5	82.1	82.7	83.3	83.9	84.5	0.6	84.8	85.1	85.4	0.3	0.5	1.0
开衩长（小号）	23.5	23.5	23.5	23.5	23.5	23.5	23.5	23.5	0	23.5	23.5	23.5	0	1.0	1.0
开衩长（中号）	25.0	25.0	25.0	25.0	25.0	25.0	25.0	25.0	0	25.0	25.0	25.0	0	1.0	1.0
开衩长（大号）	26.5	26.5	26.5	26.5	26.5	26.5	26.5	26.5	0	26.5	26.5	26.5	0	1.0	1.0

续表

上衣部位＼尺寸	36	38	40	42	44	46	48	50	档差	52	54	56	档差	公差要求	
														−	+
袖长（小号）	61.0	61.5	62.0	62.5	63.0	63.5	64.0	64.5	0.5	64.8	65.1	65.4	0.3	0.5	1.0
袖长（中号）	63.5	64.0	64.5	65.0	65.5	66.0	66.5	67.0	0.5	67.3	67.6	67.9	0.3	0.5	1.0
袖长（大号）	66.0	66.5	67.0	67.5	68.0	68.5	69.0	69.5	0.5	69.8	70.1	70.4	0.3	0.5	1.0
翻驳线（破点）（小号）	40.9	41.7	42.5	43.3	44.1	44.9	45.7	46.5	0.8	47.1	47.7	48.3	0.6	1.0	1.0
翻驳线（破点）（中号）	41.9	42.7	43.5	44.3	45.1	45.9	46.7	47.5	0.8	48.1	48.7	49.3	0.6	1.0	1.0
翻驳线（破点）（大号）	42.9	43.7	44.5	45.3	46.1	46.9	47.7	48.5	0.8	49.1	49.7	50.3	0.6	1.0	1.0
前胸宽	19.5	20.4	21.3	22.35	23.4	24.45	25.5	26.55	1.05	27.45	28.35	29.25	0.9	0.5	1.0
侧片	9.0	9.6	10.2	10.8	11.4	12.0	12.6	13.2	0.6	13.8	14.4	15.0	0.6	0	1.0
袖肥	20.0	20.5	21.0	21.5	22.0	22.5	23.0	23.5	0.5	24.0	24.5	25.0	0.5	0.5	1.0
中腰	48.0	50.5	53.0	56.0	59.0	62.0	65.0	68.0	3.0	70.5	73.0	75.5	2.5	0.5	1.0
袖口	14.4	14.7	15.0	15.3	15.6	15.9	16.2	16.5	0.3	16.8	17.1	17.4	0.3	0.5	1.0
扣距	11.5	11.5	11.5	11.5	11.5	11.5	11.5	11.5		11.5	11.5	11.5			

注 此数据适合中国普通各类人群。

表3-4-4 裤子成品尺寸及放码规则

单位：cm

裤子部位 \ 尺寸	28	30	32	34	36	38	40	42	44	档差	46	48	50	52	54	档差	公差要求	
																	−	+
腰围	74.0	79.0	84.0	89.0	94.0	99.0	104.0	109.0	114.0	5.0	119.0	124.0	129.0	134.0	139.0	5.0	0.7	0.7
臀围（腰下16）	97.0	101.0	105.0	109.0	113.0	117.0	121.0	125.0	129.0	4.0	132.2	135.4	138.6	141.8	145.0	3.2	0.7	0.7
前裆（小号）	24.8	25.5	26.2	26.9	27.6	28.3	29.0	29.7	30.4	0.7	30.6	30.8	31.0	31.2	31.4	0.2	0.7	0.7
前裆（中号）	25.4	26.1	26.8	27.5	28.2	28.9	29.6	30.3	31.0	0.7	31.2	31.4	31.6	31.8	32.0	0.2	0.7	0.7
前裆（大号）	26. 6	27.3	28.0	28.7	29.4	30.1	30.8	31.5	32.2	0.7	32.4	32.6	32.8	33.0	33.2	0.2	0.7	0.7
后裆（小号）	39.4	40.1	40.8	41.5	42.2	42.9	43.6	44.3	45.0	0.7	45.2	45.4	45.6	45.8	46.0	0.2	0.7	0.7
后裆（中号）	40.0	40.7	41.4	42.1	42.8	43.5	44.2	44.9	45.6	0.7	45.8	46.0	46.2	46.4	46.6	0.2	0.7	0.7
后裆（大号）	41.2	41.9	42.6	43.3	44.0	44.7	45.4	46.1	46.8	0.7	47.0	47.2	47.4	47.6	47.8	0.2	0.7	0.7
拉链（小号）	13.9	14.4	14.9	15.4	15.9	16.4	16.9	17.4	17.9	0.5	18.1	18.3	18.5	18.7	18.9	0.2	0.5	0.5
拉链（中号）	14.5	15.0	15.5	16.0	16.5	17.0	17.5	18.0	18.5	0.5	18.7	18.9	19.1	19.3	19.5	0.2	0.5	0.5
拉链（大号）	15.7	16.2	16.7	17.2	17.7	18.2	18.7	19.2	19.7	0.5	19.9	20.1	20.3	20.5	20.7	0.2	0.5	0.5
外长（小号）	96.9	97.4	97.9	98.4	98.9	99.4	99.9	100.4	100.9	0.5	101.1	101.3	101.5	101.7	101.9	0.2	0.7	0.7
外长（中号）	102.5	103.0	103.5	104.0	104.5	105.0	105.5	106.0	106.5	0.5	106.7	106.9	107.1	107.3	107.5	0.2	0.7	0.7
外长（大号）	108.7	109.2	109.7	110.2	110.7	111.2	111.7	112.2	112.7	0.5	112.9	113.1	113.3	113.5	113.7	0.2	0.7	0.7
内长（小号）	74.0	74.0	74.0	74.0	74.0	74.0	74.0	74.0	74.0	0	74.0	74.0	74.0	74.0	74.0	0	0.7	0.7
内长（中号）	79.0	79.0	79.0	79.0	79.0	79.0	79.0	79.0	79.0	0	79.0	79.0	79.0	79.0	79.0	0	0.7	0.7
内长（大号）	84.0	84.0	84.0	84.0	84.0	84.0	84.0	84.0	84.0	0	84.0	84.0	84.0	84.0	84.0	0	0.7	0.7
横裆	32.7	33.8	34.9	36.0	37.1	38.2	39.3	40.4	41.5	1.1	42.2	42.9	43.6	44.3	45.0	0.7	0.5	0.5
腿围（裆下16）	27.4	28.2	29.0	29.8	30.6	31.4	32.2	33.0	33.8	0.8	34.3	34.8	35.3	35.8	36.3	0.5	0.5	0.5
膝围（1/2内裤长上5）	24.2	24.8	25.4	26.0	26.6	27.2	27.8	28.4	29.0	0.6	29.7	30.4	31.1	31.8	32.5	0.7	0.5	0.5
裤口		20.5	21.0	21.5	22.0	22.5	23.0	23.5	24.0	0.5	24.5	25.0	25.5	26.0	26.5	0.5	0.5	0.5

注 此数据适合中国普通各类人群。

3.4.7　成品效果展示（图3-4-4）

图3-4-4　成品效果展示

3.5 旅行西服套装

3.5.1 上衣款式设计（图3-5-1）

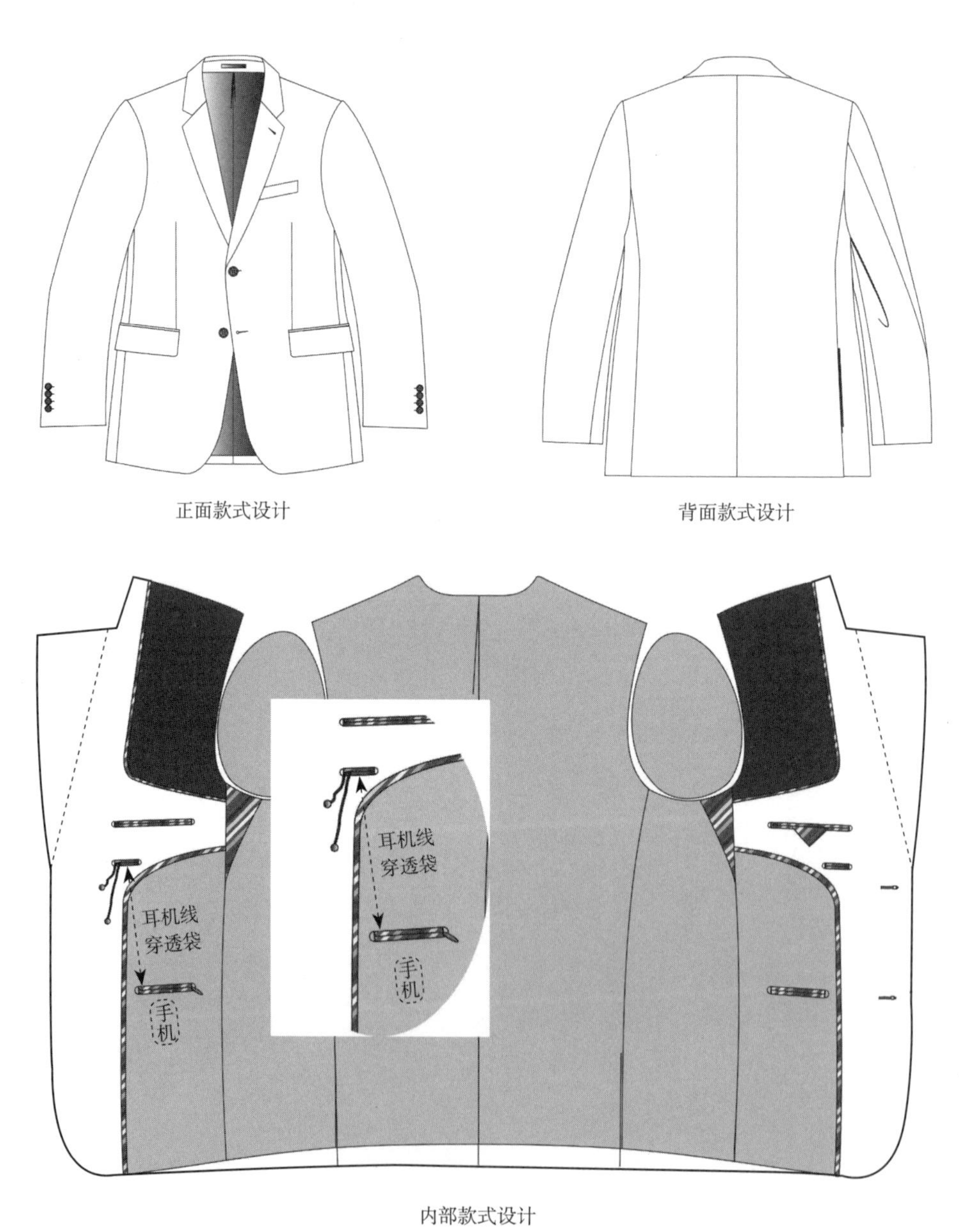

图3-5-1 上衣款式设计

3.5.2　裤子款式设计（图3-5-2）

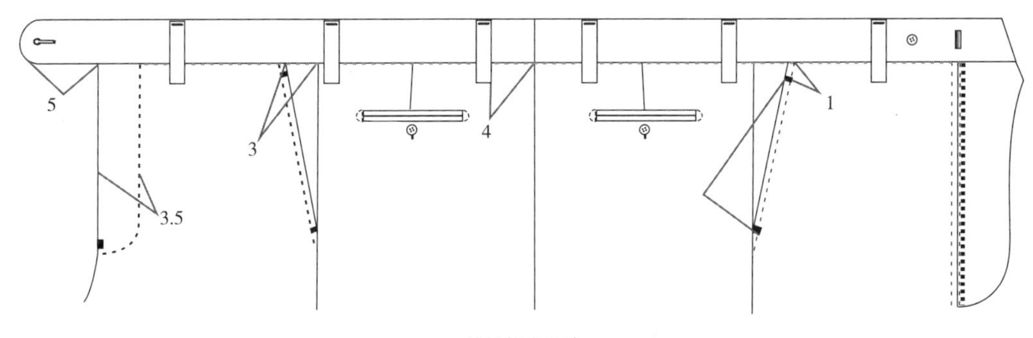

外部款式设计

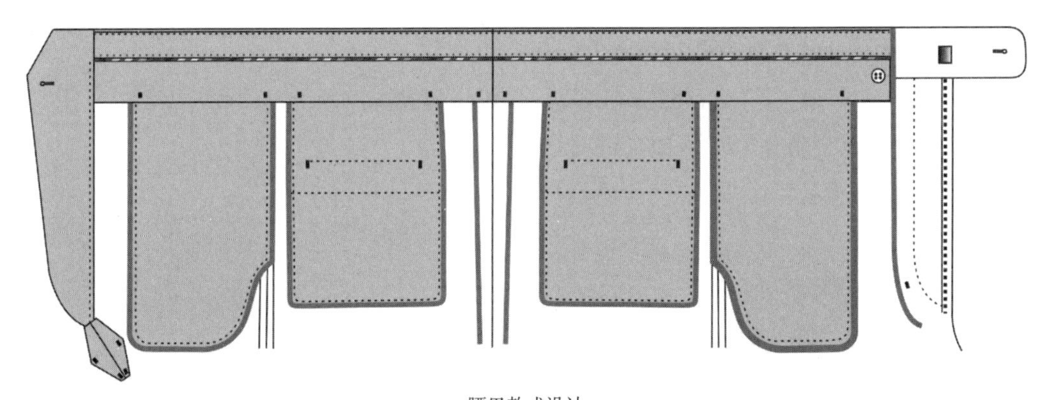

腰里款式设计

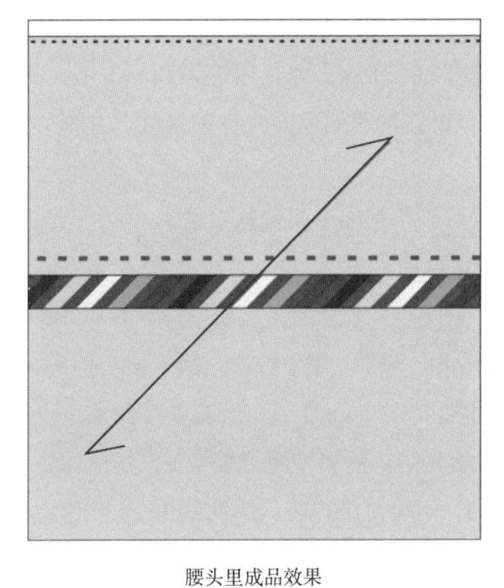

腰头里成品效果

图3-5-2　裤子款式设计

3.5.3 工艺结构设计及工艺要求

（1）缝纫针距

①明线12～13针/3cm，暗线12～13针/3cm。

②缲边机缲缝每3cm不少于4针，手工缲缝每3cm不少于4～6针。

（2）外部工艺要求

①缉明线：根据实际款式可以增加珠边。

②钉扣要求：二字钉法。

③前身：前门襟单排2粒扣，平驳头。左驳头真插花眼与串口线平行，距串口线3cm，距止口1.2cm，切开0.5cm。

④肩部：自然挺实。

⑤腰袋不含袋牙：直袋盖16.5cm×5cm。

⑥胸袋：10.5cm×2.7cm，两端Z字缝，上口Z字封口0.5cm。

⑦袖口：4粒袖扣平钉，活袖衩勾角锁假眼。

⑧侧缝：双开衩。

（3）内部工艺要求

①身内部里料配色：

前身里上端外层：黑色；

前身里上端内层：大红；

后身里料、前身里料下端、2个外袋盖里及袋垫、领吊、袖里：黑色小人纹提花；

过面牙、6内袋牙及袋垫及内袋三角及扣襻、三角汗垫、腰里牙子：黑底紫黄蓝条。

②内袋：内胸双牙袋14cm×1cm，内双牙笔袋14cm×1cm，内双牙票袋10cm×1cm。所有内袋两端打D形结。D形结用线颜色同大身里料色。右侧笔袋和票袋是通的，耳机线可以穿过。右票袋有隐形拉链。

③领吊：0.6cm×6cm位于后领座，两端封平结。

④过面牙：过面牙宽0.3cm。

（4）裤子工艺要求

①门襟：过腰处钉1粒扣，锁眼，1个裤钩。圆形腰头探出5cm。

②腰头：宽3.6cm，串带襻4.7cm×1cm。所有串带襻都是不带明线内含衬的做法，折叠后和腰头下沿固定，上端打结。后串带距背缝4cm，其他均分。

③前袋：斜侧袋17cm，两端打结，袋口缉明线0.3cm。

④后片：后片单省倒向背缝。

⑤后袋：后袋双牙袋14cm×1cm，两端打D形结，钉扣锁眼。

⑥腰头里：腰头里有0.3cm牙子缝星星针，用线颜色同牙子里料上的红色。裤褪内有膝绸。

⑦内部：后裆、门襟里、口袋布滚边0.6cm，用织带滚边做法。

⑧裤口：脚口折边5cm暗缲。裤脚口整圈用踢裤脚。

⑨钉扣：所有扣子二字钉法。

3.5.4 面料特点及辅料需求（表3-5-1、表3-5-2）

表3-5-1 需要准备面辅料

单位：cm

项目	品名	使用部位	数量	规格	颜色
面料	60%羊毛37%涤纶3%弹力纤维做纳米防水处理面料	大耳朵皮	305	门幅145	黑色
外部辅料	全涤平纹	前身里外层上端激光打孔里料，孔距约0.6cm，孔径约0.1cm	20	门幅145	黑色
	全涤平纹	前身里内层上端	20	门幅145	红色
	小人纹提花	后身里料、前身里料下端、2个外袋盖里及袋垫及领吊、袖里	120	门幅145	黑色
	全涤平纹	过面牙、6内袋牙、袋垫、内袋三角及扣襻、三角汗垫	30	门幅145	黑底红黄蓝条
	领底绒	领底	10	门幅100	黑色
	四眼大扣	门襟	2粒	2.5	黑色
	四眼小扣	袖扣8粒、内袋扣1粒	9粒	1.5	黑色
	3#尼龙闭尾隐形拉链	右侧下票袋	1条	10	黑色
	190T膝绸	膝盖	80	门幅75	黑色
	裤钩	腰头	1付		银白色
	天狗扣	腰头	1个	1.5	黑色
	人字纹下衣袋布	4个袋、裆底三角、底襟里	50	门幅150	黑色
	腰里	下衣袋布做，中间加黑底红黄蓝条腰里牙子0.3cm，牙子上用红色线缝星星针	1.40	5.5	黑色
	踢裤脚	裤脚口	0.90	1.5	黑色
	裤扣	后袋2粒、腰头1粒	3粒	1.5	黑色
	拉链	门襟拉链	1条	24	黑色
	网状织带1（直丝滚边）	后裆滚边、袋布滚边、门襟里滚边	3.40	2	黑色

表3-5-2　需要准备详细内部辅料

单位：cm

项目	品名	使用部位	数量	规格	颜色
内部辅料	胸衬	前胸处	30	门幅150	本色
	挺胸衬及毛衬	前胸处	40	门幅150	本色
	肩衬造型	前胸处	20	门幅150	本色
	大身衬	前胸处	50	门幅150	黑色
	胸绒	前胸处	20	门幅100	黑色
	本色袖棉条衬	袖山	10	门幅150	本色
	黑色袖棉	袖山	10	门幅100	黑色
	垫肩	肩部	1付	15.5（36/38/40/42/44）/17.5（46/48/50/52/54/56）	黑色
	无纺衬	过面衬、领衬	70	门幅150	黑色
	无胶衬	内袋牙（上衣）	5	门幅100	黑色
	人字纹上衣袋布	外3袋、内3袋	60	门幅150	黑色
	牵条	止口牵条	2	宽1.5/45°斜丝	黑色
	牵条	前袖窿	1	宽1.5/8°斜丝	黑色
	棉带	前袖窿	1.20	0.3	白色
	牵条	后袖窿1.3（横丝）	0.40	1.3	黑色
	牵条	开衩牵条（横丝）	0.50	2	黑色
	双面胶	串口及领子	0.20	1	白色
	里布牵条	背缝开衩里布牵条（15°斜丝）	0.02	2宽	黑色
	牵条	驳头	0.03	横丝宽2	黑色
	手巾衬	手巾袋衬	2	门幅90	黑色
	牵条	肩缝里布牵条（15°斜丝）	2	宽2	黑色
	牵带	裤袋口	0.60	宽0.8	黑色
	裤襻衬	裤襻	0.70	0.8	黑色
	无纺衬	腰	0.04	门幅100	黑色
	无胶衬	裤子袋牙	0.05	门幅100	黑色
	腰衬	腰头衬，净腰宽3.6	1.30	3.4	黑色
	裤袋口牵带	裤袋口牵带	0.60	宽0.8	黑色
	裤襻衬	裤襻衬	0.80	宽0.8	黑色

3.5.5 测量部位及尺寸放码比例（表3-5-3、表3-5-4）

表3-5-3 上衣测量部位及尺寸放码比例

单位：cm

尺寸 上衣部位	36	38	40	42	44	46	48	50	52	54	56	档差	公差要求	
													−	+
胸围（腋下2.5止口至背缝）	52.0	54.5	57.0	59.5	62.0	64.5	67.0	69.5	72.0	74.5	77.0	2.5	1.0	1.0
腰围（腋下18止口至背缝）	48.5	51.0	53.5	56.0	58.5	61.0	63.5	66.0	68.5	71.0	73.5	2.5	1.0	1.0
坐围（腋下38止口至背缝）	51.5	54.0	56.5	59.0	61.5	64.0	66.5	69.0	71.5	74.0	76.5	2.5	1.0	1.0
背缝长（小号）	71.6	72.8	74.0	74.6	75.2	75.8	76.4	76.8	77.2	77.6	78.0	0.6/0.4	1.0	1.0
背缝长（中号）	74.6	75.8	77.0	77.6	78.2	78.8	79.4	79.8	80.2	80.6	81.0	0.6/0.4	1.0	1.0
背缝长（大号）	77.6	78.8	80.0	80.6	81.2	81.8	82.4	82.8	83.2	83.6	84.0	0.6/0.4	1.0	1.0
小肩	14.0	14.4	14.8	15.2	15.6	16.0	16.4	16.7	17.0	17.3	17.6	0.4/0.3	0.3	0.3
肩宽	45.6	46.8	48.0	49.2	50.4	51.6	52.8	53.7	54.6	55.5	56.4	1.2/0.9	0.5	0.5
半后宽（后袖缝处直量）	21.8	22.4	23.0	23.6	24.2	24.8	25.4	25.9	26.4	26.9	27.4	0.6/0.5	0.3	0.3
袖肥（腋下量）	19.5	20.0	20.5	21.0	21.5	22.0	22.5	23.0	23.5	24.0	24.5	0.5	0.3	0.3
肘宽（腋下18）	17.1	17.55	18.0	18.45	18.9	19.35	19.8	20.25	20.7	21.15	21.6	0.45	0.3	0.3
袖口	13.5	14.0	14.5	14.9	15.3	15.7	16.1	16.5	16.9	17.3	17.7	0.4	0.3	0.3

续表

尺寸 上衣部位	36	38	40	42	44	46	48	50	52	54	56	档差	公差要求	
													-	+
袖长（小号）	60.8	61.4	62.0	62.6	63.2	63.8	64.4	64.8	65.2	65.6	66.0	0.6/0.4	1.0	1.0
袖长（中号）	63.3	63.9	64.5	65.1	65.7	66.3	66.9	67.3	67.7	68.1	68.5	0.6/0.4	1.0	1.0
袖长（大号）	66.8	67.4	68.0	68.6	69.2	69.8	70.4	70.8	71.2	71.6	72.0	0.6/0.4	1.0	1.0
开衩长	25.0	25.0	25.0	25.0	25.0	25.0	25.0	25.0	25.0	25.0	25.0	0	0.5	0.5
翻驳线（破点）（小号）	42.4	42.7	43.0	43.3	43.6	43.9	44.2	44.5	44.8	45.1	45.4	0.3	1.0	1.0
翻驳线（破点）（中号）	43.4	43.7	44.0	44.3	44.6	44.9	45.2	45.5	45.8	46.1	46.4	0.3	1.0	1.0
翻驳线（破点）（大号）	44.4	44.7	45.0	45.3	45.6	45.9	46.2	46.5	46.8	47.1	47.4	0.3	1.0	1.0
扣间距	12.5	12.5	12.5	12.5	12.5	12.5	12.5	12.5	12.5	12.5	12.5	0	0.3	0.3
驳头宽	7.0	7.0	7.0	7.0	7.0	7.0	7.0	7.0	7.2	7.2	7.2	0/0.2	0.3	0.3
驳角（驳点）	3.0	3.0	3.0	3.0	3.0	3.0	3.0	3.0	3.2	3.2	3.2	0/0.2	0.3	0.3
领嘴（领点）	2.5	2.5	2.5	2.5	2.5	2.5	2.5	2.5	2.7	2.7	2.7	0/0.2	0.3	0.3

注　此数据适合中国普通各类人群。

表3-5-4 裤子测量部位及尺寸放码比例

单位：cm

裤子部位 \ 尺寸	30	32	34	36	38	40	42	44	46	48	50	档差	公差要求	
													−	+
腰围	40.0	42.5	45.0	47.5	50.0	52.5	55.0	57.5	60.0	62.5	65.0	2.5	0.5	0.5
臀围（腰下16）	50.5	52.5	54.5	56.5	58.5	60.5	62.5	64.5	66.5	68.5	70.5	2.0	0.5	0.5
腿围（开衩下2.5）	64.4	66.2	68.0	69.8	71.6	73.4	75.2	77.0	78.8	80.6	82.4	1.8	0.5	0.5
膝围（内长一半往上5）	46.4	47.2	48.0	48.8	49.6	50.4	51.2	52.0	52.8	53.6	54.4	0.8	0.5	0.5
裤脚口	43.2	43.6	44.0	44.4	44.8	45.2	45.6	46.0	46.4	46.8	47.2	0.4	0.5	0.5
前裆不含腰（小号）	20.9	21.7	22.5	23.3	24.1	24.9	25.7	26.5	27.3	28.1	28.9	0.8	0.5	0.5
前裆不含腰（中号）	21.4	22.2	23.0	23.8	24.6	25.4	26.2	27.0	27.8	28.6	29.4	0.8	0.5	0.5
前裆不含腰（大号）	21.4	22.2	23.0	23.8	24.6	25.4	26.2	27.0	27.8	28.6	29.4	0.8	0.5	0.5
后裆不含腰（小号）	33.5	34.5	35.5	36.5	37.5	38.5	39.5	40.5	41.5	42.5	43.5	1.0	0.5	0.5
后裆不含腰（中号）	34.0	35.0	36.0	37.0	38.0	39.0	40.0	41.0	42.0	43.0	44.0	1.0	0.5	0.5
后裆不含腰（大号）	34.0	35.0	36.0	37.0	38.0	39.0	40.0	41.0	42.0	43.0	44.0	1.0	0.5	0.5
裤内缝长（小号）	74.0	74.0	74.0	74.0	74.0	74.0	74.0	74.0	74.0	74.0	74.0	0	1.0	1.0
裤内缝长（中号）	79.0	79.0	79.0	79.0	79.0	79.0	79.0	79.0	79.0	79.0	79.0	0	1.0	1.0
裤内缝长（大号）	84.0	84.0	84.0	84.0	84.0	84.0	84.0	84.0	84.0	84.0	84.0	0	1.0	1.0

注 此数据适合中国普通各类人群。

3.5.6 成品效果展示（图3-5-3）

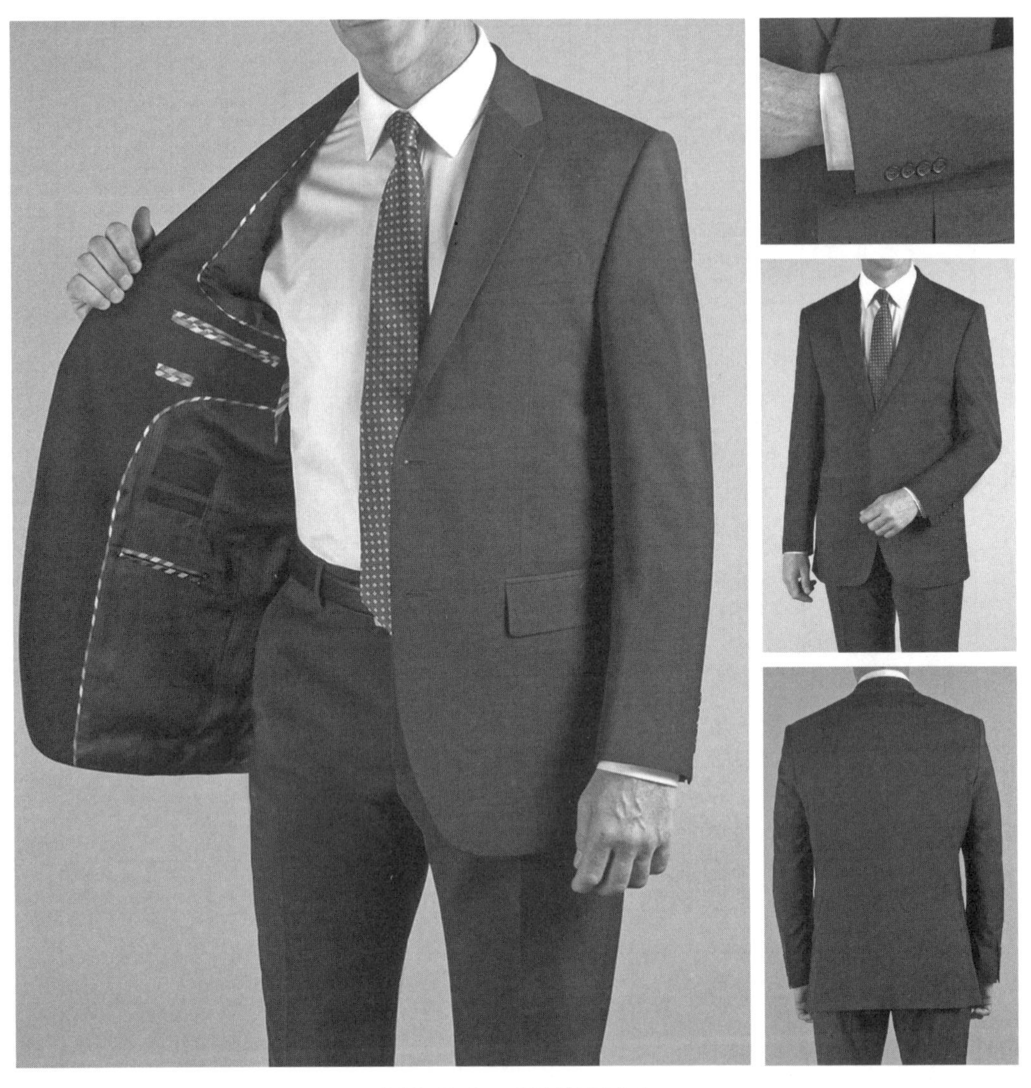

图3-5-3 成品效果展示

第 4 章

单西装篇

4.1 足球扣西服

4.1.1 款式设计（图4-1-1）

正面款式设计

背面款式设计

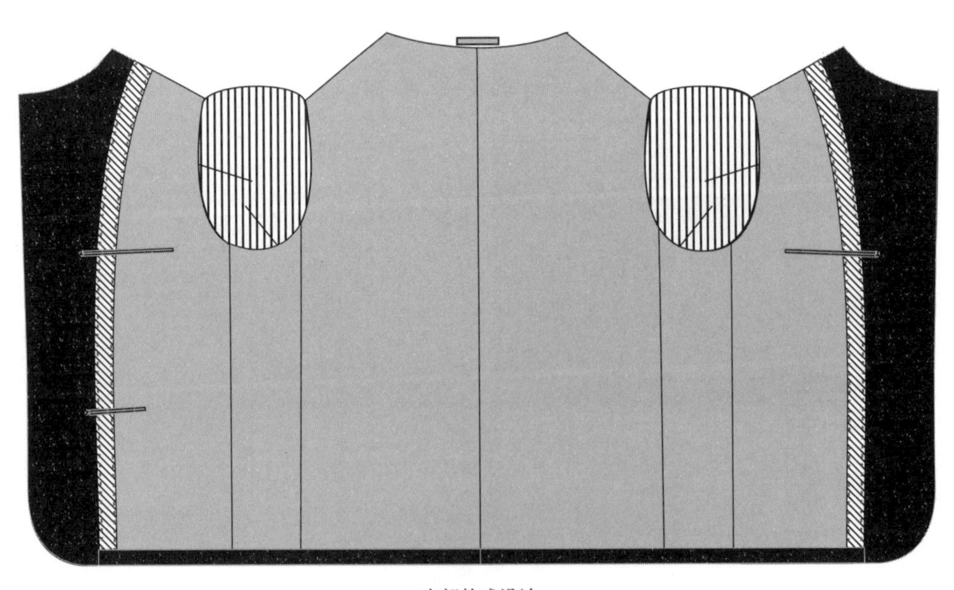

内部款式设计

图4-1-1 款式设计

4.1.2　工艺结构设计及工艺要求

（1）缝纫针距

①明线12～13针/3cm，暗线12～13针/3cm。

②缲边机缲缝每3cm不少于4针，手工缲缝每3cm不少于4～6针。

（2）外部工艺要求

①缉明线：领子、驳头、止口缉单明线0.6cm，肘部贴布明线0.1cm。

②钉扣要求：足球扣。每个扣眼必须8股线穿过3次钉扣。然后起柱绕线5圈，针线穿过面料进行第一次封结，穿出面料后第二封结，然后穿进面料断线。

③大身：前门襟2粒扣，左驳头插花眼与串口线平行，距串口线3cm，距止口1.2cm，切开0.5cm。

④腰双牙袋含袋牙：直袋袋盖16.5cm×5.5cm，袋口封结线颜色同面料色。

⑤袖子：袖肘部贴布18cm×11.5cm，贴布下端距袖口23cm。袖口活开衩勾角，3粒袖扣平钉。

⑥背缝：侧开衩。

（3）内部工艺要求

①里料配色：

大身里、外袋盖里及袋垫、领吊：深灰色提花；

袖里：白底黑灰条；

过面拼接45°斜裁：白底灰条。

②内袋牙用面料：内胸双牙袋13.5cm×1cm，右侧距内胸袋7cm处有双牙票袋9cm×1cm。袋两端打D形结，线颜色同里料色。

③过面牙：过面拼条宽3.5cm，两端边缘缉紫色明线，边缘明线同领底绒颜色。

④领吊：钉在后领座上，净尺寸0.6cm×6cm。

（4）裁剪工艺要求

拉毛面料每件衣服要求毛向一致裁剪。

4.1.3　面料特点及辅料需求（表4-1-1）

表4-1-1　面料特点及辅料需求　单位：cm

项目	品名	使用部位	数量	规格	颜色
面料	拉毛面料100%羊毛	直过面、肘部贴布、3个内袋牙及袋垫	185	门幅145	炭灰色
外部辅料	深灰色提花全涤斜纹里布	大身里、外袋盖里及袋垫、领吊	85	门幅135	深灰色
	白底灰条涤棉里布	过面拼接，45°斜裁	15	门幅145	白底灰条

续表

项目	品名	使用部位	数量	规格	颜色
外部辅料	白底黑灰条	袖里	65	门幅135	白底黑灰条
	领底绒	领子	10	门幅90	紫色
	黑色亚光“足球”大扣	门襟2粒	2粒	2.0	黑色
	黑色亚光“足球”中扣	袖口6粒	6粒	1.5	黑色
内部辅料	有纺衬	大身衬、领子	45	门幅150	黑色
	无纺衬	过面、下摆、袖口、袋牙、开衩	90	门幅100	黑色
	袖棉	袖山处	10	门幅100	黑色
	袖棉条衬	袖山处	10	门幅100	本色
	有胶专用领衬	领衬	10	门幅100	本色
	牵条	止口、前后肩缝、前后袖窿	4.0	2	黑色
	毛衬、肩衬	前胸处	45	门幅150	本色
	口袋布	外3袋、内3袋	50	门幅150	黑色
	垫肩	肩处	1付	15.5（38/40/42） 17.5（44/46/48）	灰色

4.1.4 测量部位及尺寸放码比例（表4-1-2）

表4-1-2 测量部位及尺寸放码比例 单位：cm

测量部位＼尺寸	38	40	42	44	46	48	档差	公差要求	
								−	+
后身长	71.4	72.0	72.6	73.2	73.8	74.4	0.6	1.0	1.0
胸围（腋下2.5）	52.0	54.5	57.0	59.5	62.0	64.5	2.5	0.6	0.5
腰围（腋下18）	48.5	51.0	53.5	56.0	58.5	61.0	2.5	0.6	0.5
坐围（腋下38）	53.5	56.0	58.5	61.0	63.5	66.0	2.5	0.6	0.5
下摆	54.5	57.0	59.5	62.0	64.5	67.0	2.5	0.6	0.5
背缝宽（背缝下13.5）	43.8	45.0	46.2	47.4	48.6	49.8	1.2	0.5	0.5
前胸宽（侧颈点下15）	41.8	43.0	44.2	45.4	46.6	47.8	1.2	0.5	0.5
肩宽	45.8	47.0	48.2	49.4	50.6	51.8	1.2	0.5	0.5
小肩	14.2	14.7	15.2	15.7	16.2	16.7	0.5	0.5	0.5

续表

测量部位＼尺寸	38	40	42	44	46	48	档差	公差要求	
								−	+
袖长	62.4	63.0	63.6	64.2	64.8	65.4	0.6	0.5	0.5
袖肥（腋下2.5）	19.4	20.0	20.6	21.2	21.8	22.4	0.6	0.3	0.3
袖口	13.7	14.0	14.3	14.6	14.9	15.2	0.3	0	0
翻驳线（破点）（侧颈点至首粒扣中间）	41.9	42.5	43.1	43.7	44.3	44.9	0.6	0.3	0.3
领嘴（领点）	2.8	2.8	2.8	2.8	2.8	2.8	0	0	0
翻领高（背缝线）	5.0	5.0	5.0	5.0	5.0	5.0	0	0	0
领座高（背缝线）	2.0	2.0	2.0	2.0	2.0	2.0	0	0	0
驳角（驳点）	3.2	3.2	3.2	3.2	3.2	3.2	0	0	0
驳头宽	7.0	7.0	7.0	7.0	7.0	7.0	0	0	0
侧开衩长	20.0	20.0	20.0	20.0	20.0	20.0	0	0.3	0.3

注　此数据适合中国普通人群。

4.1.5　成品效果展示（图4-1-2）

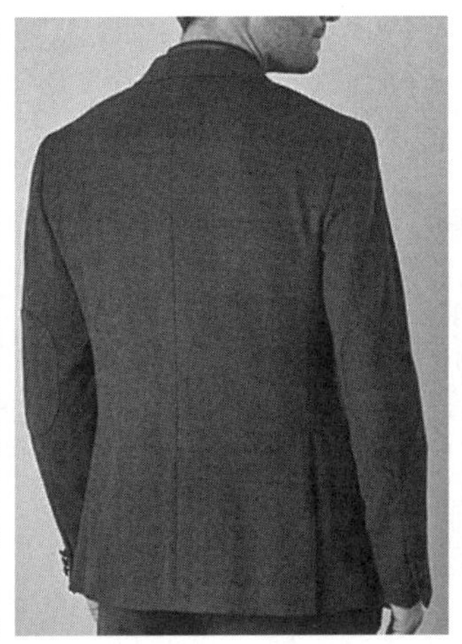
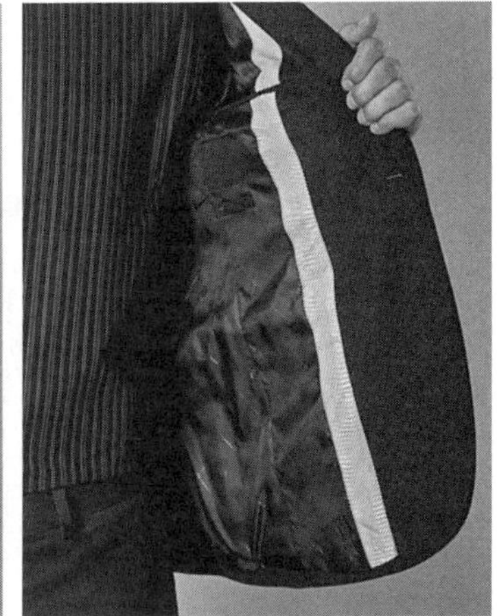

图4-1-2　成品效果展示

4.2 英伦传统西服

4.2.1 款式设计（图4-2-1）

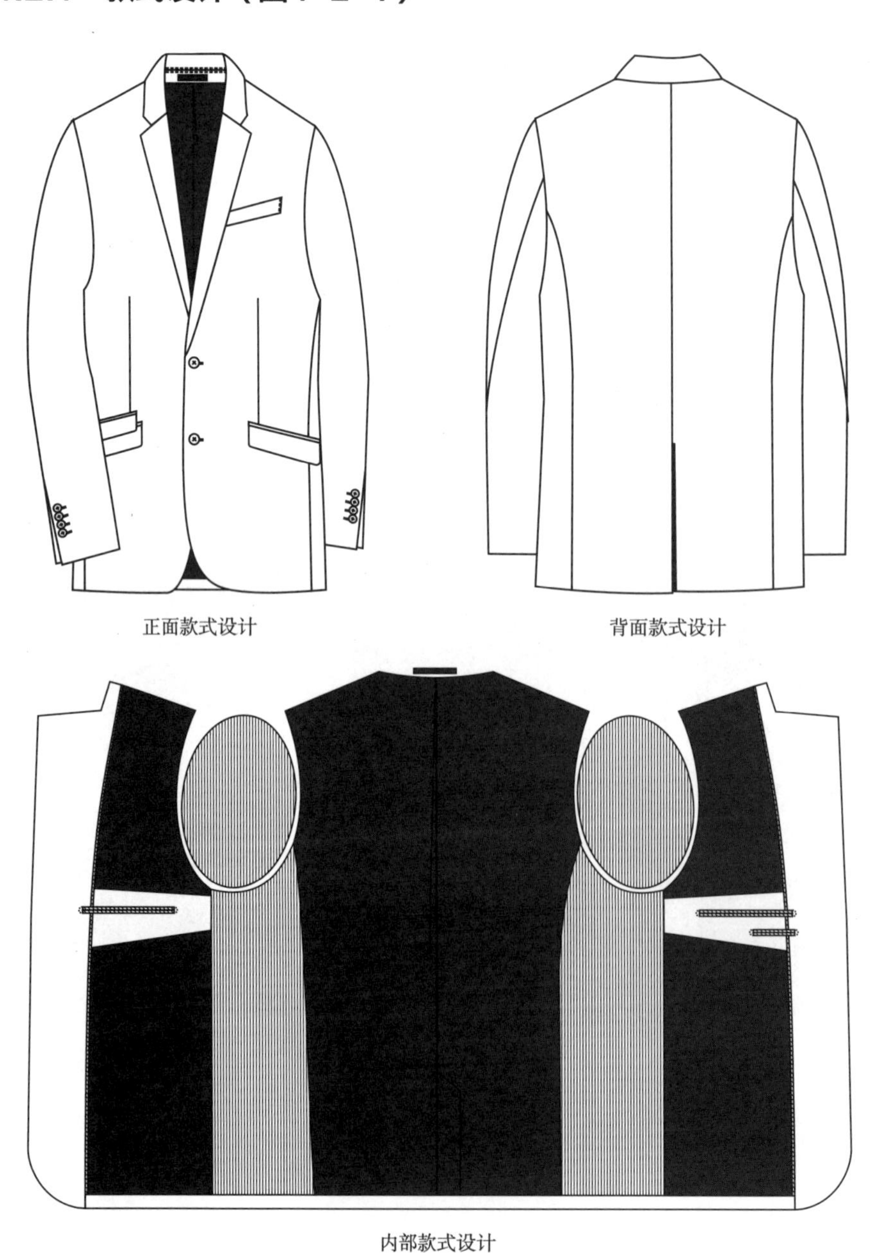

图4-2-1 款式设计

4.2.2　工艺结构设计及工艺要求（表4-2-1）

表4-2-1　工艺结构设计及工艺要求　　单位：cm

<table>
<tr><td colspan="2">对格对条规定</td><td>误差</td><td rowspan="5">（1）缝纫针距
①明线12～13针/3cm，暗线12～13针/3cm
②缲边机缲缝每3cm不少于4针，手工缲缝每3cm不少于4～6针
（2）裁剪工艺要求
每件衣服保证一个方向</td></tr>
<tr><td>前片</td><td>条格对称</td><td>±0.1</td></tr>
<tr><td>背中缝</td><td>条格对称</td><td>±0.1</td></tr>
<tr><td>摆缝</td><td>条格对称</td><td>±0.1</td></tr>
<tr><td>腋下缝</td><td>格料对横</td><td>±0.15</td></tr>
<tr><td>袖缝</td><td>条格对称</td><td>±0.1</td><td rowspan="12">（3）外部工艺要求
①钉扣要求：十字钉法
②前身：前门襟2粒扣，平驳头。驳头扣眼距领嘴点2cm，驳头插花眼缝线同面料色。领底绒之字缝线同领底绒颜色
③腰袋（不含袋牙）：斜度3.5cm，腰袋盖17cm×4.5cm，右侧腰票袋盖住腰袋1.5cm，票袋尺寸11.5cm×4.5cm，距大身袋边缘1cm
④胸袋：10.5cm×2.5cm，斜度2cm
⑤袖口：袖口4粒扣，活袖衩勾角，袖衩叠钉不可开合。肘部贴布18cm×11.5cm，贴布下端距袖口21cm
⑥背缝：背缝开衩22cm。同面料色缝线十字线粗缝固定</td></tr>
<tr><td>领</td><td>条格对称</td><td>±0.1</td></tr>
<tr><td>后领</td><td>条格对齐，对称</td><td>±0.1</td></tr>
<tr><td>后领围</td><td>条格对齐，对称</td><td>±0.1</td></tr>
<tr><td rowspan="8">内部其他工艺要求</td><td>30支丝线</td><td>纽眼，插花</td></tr>
<tr><td>50支丝线</td><td>里袋套结，纽扣套结</td></tr>
<tr><td>100支丝线</td><td>缲边</td></tr>
<tr><td>涤纶线</td><td>缝线</td></tr>
<tr><td>杂线</td><td>扎线</td></tr>
<tr><td>内部袖窿</td><td>牵条固定肩点及腋下</td></tr>
<tr><td>内部下摆</td><td>所有破缝处要固定</td></tr>
<tr><td>内部袖口</td><td>所有破缝处要固定</td></tr>
<tr><td colspan="4">（4）内部工艺要求
①里料配色：前身里、背缝里、外2袋盖里及袋垫、后领吊：暗红色；侧片里、袖里、过面牙、内袋三角及扣襻、内袋牙及袋垫、票袋牙及袋垫：白底黑米条；领底绒：暗红色
②大身内袋：左右各1个双牙内袋13.5cm×1cm，右侧内袋带三角、小襻和扣子，左侧内袋下有1个双牙笔袋6cm×1cm。所有内袋打D形结顺面料色
③过面牙：过面有0.3cm牙子
④领吊：净尺寸0.6cm×6cm，钉在后领座上</td></tr>
</table>

4.2.3　面料特点及辅料需求（表4-2-2）

表4-2-2　面料特点及辅料需求　　单位：cm

<table>
<tr><td>项目</td><td>品名</td><td>使用部位</td><td>数量</td><td>规格</td><td>颜色</td></tr>
<tr><td rowspan="2">面料</td><td>色织8大格毛呢面料A</td><td>耳朵皮拼接、商标托</td><td>210</td><td>门幅145</td><td>灰色或驼色</td></tr>
<tr><td>16条灯芯绒面料B</td><td>肘部贴补</td><td>10</td><td>门幅145</td><td>同面料色</td></tr>
<tr><td rowspan="4">外部辅料</td><td>全涤平纹</td><td>侧片里、袖里、过面牙、内袋三角及扣襻、内袋牙及袋垫、票袋牙及袋垫</td><td>90</td><td>门幅140</td><td>白底黑米条</td></tr>
<tr><td>全涤大斜纹</td><td>前身里、背缝里、外2袋盖里及袋垫、后领吊</td><td>80</td><td>门幅145</td><td>暗红色</td></tr>
<tr><td>领底绒</td><td>用在领子上</td><td>8</td><td>门幅90</td><td>暗红色</td></tr>
<tr><td>四眼大扣</td><td>门襟扣</td><td>2粒</td><td>2.0</td><td>棕色</td></tr>
</table>

续表

项目	品名	使用部位	数量	规格	颜色
外部辅料	四眼小扣	袖扣8粒、内袋扣1粒	9粒	1.5	棕色
内部辅料	有纺衬	黑色大身衬	60	门幅150	黑色
	垫肩（轻薄）	肩处	1付	不需要分号	灰色
	上衣袋布	外4袋、内3袋	60	门幅150	黑色
	无纺衬	下摆、腋下、后袖窿、过面、袖口、领条、袋牙、开衩	90	门幅100	黑色
	有胶领衬	用在领底绒上	6	门幅105	黑色
	毛衬和肩衬	前胸处	35	门幅145	本色
	袖棉条衬	袖山上	7	门幅110	本色
	袖棉	袖山上	7	门幅110	黑色
	棉带	前袖窿处	0.77	0.5	白色
	直条	翻驳线处	0.77	1.5	黑色
	端打	前袖窿处	1.10	1.5	黑色
	双面胶	用在领子串口处	1.11	1	白色

4.2.4 裁片图（图4-2-2）

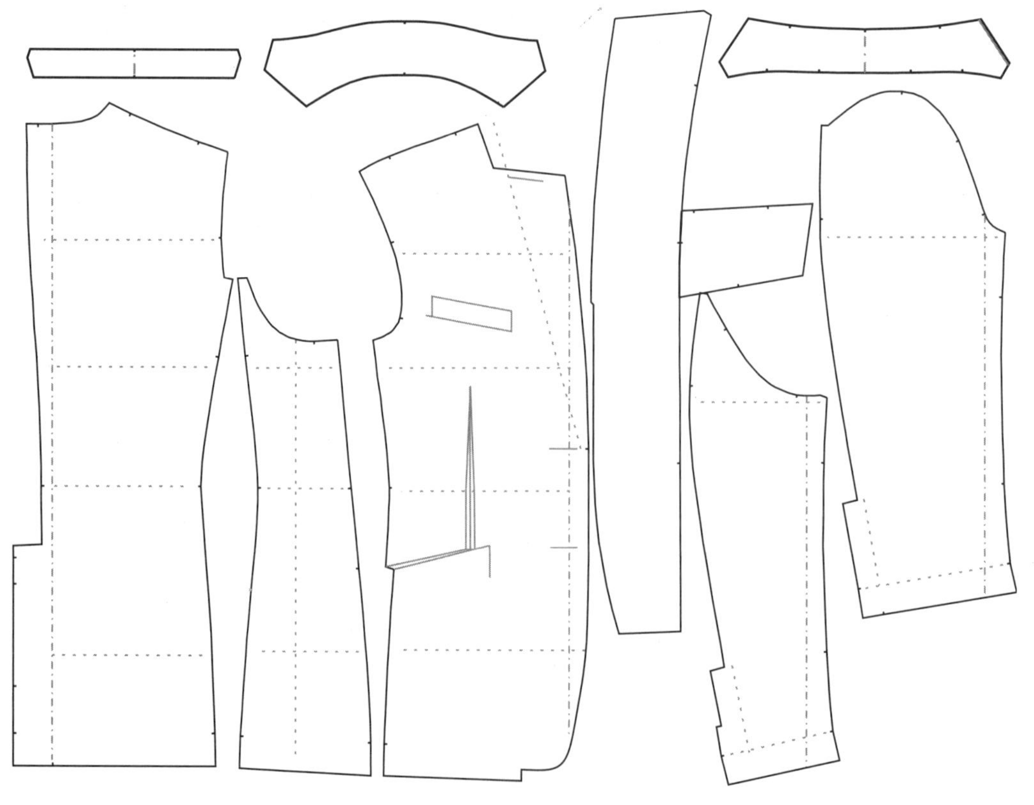

图4-2-2 裁片图

4.2.5 测量部位及尺寸放码比例（表4-2-3）

表4-2-3 测量部位及尺寸放码比例 单位：cm

测量部位 \ 尺寸	38	40	42	44	46	档差	公差要求	
							-	+
后身长	74.4	75.0	75.6	76.2	76.8	0.6	1.0	1.0
胸围（腋下2.5）	51.0	53.5	56.0	58.5	61.0	2.5	0.6	0.5
腰围（腋下18）	47.0	49.5	52.0	54.5	57.0	2.5	0.6	0.5
臀围（腋下38）	52.0	54.5	57.0	59.5	62.0	2.5	0.6	0.5
下摆	56.0	58.5	61.0	63.5	66.0	2.5	0.6	0.5
背缝宽（背缝下13.5）	43.8	45.0	46.2	47.4	48.6	1.2	0.5	0.5
前胸宽（侧颈点下15）	41.8	43.0	44.2	45.4	46.6	1.2	0.5	0.5
肩宽	45.3	46.5	47.7	48.9	50.1	1.2	0.5	0.5
小肩	14.2	14.5	14.8	15.1	15.4	0.3	0.5	0.5
袖长	64.4	65.0	65.6	66.2	66.8	0.6	0.5	0.5
袖肥	19.4	20.0	20.6	21.2	21.8	0.6	0.3	0.3
袖口	13.7	14.0	14.3	14.6	14.9	0.3	0	0
破点（侧颈点到首粒扣）	38.4	39.0	39.6	40.2	40.8	0.6	0.3	0.3
领嘴（领点）	2.1	2.1	2.1	2.1	2.1	0	0	0
翻领高（背缝线）	5.8	5.8	5.8	5.8	5.8	0	0	0
领座高（背缝线）	2.5	2.5	2.5	2.5	2.5	0	0	0
驳角（驳点）	2.0	2.0	2.0	2.0	2.0	0	0	0
驳头宽（按图示量法）	6.5	6.5	6.5	6.5	6.5	0	0	0
背缝开衩	22.0	22.0	22.0	22.0	22.0	0	0.3	0.3
SNP至前胸袋上口	20.8	21.0	21.2	21.4	21.6	0.2	0.3	0.3

注 此数据适合中国普通人群。

4.2.6 特殊工艺指导

（1）西服拉胸衬牵条工艺：

①用直布牵条从领口处起点*A*至止点*B*平拉10cm，*AB*之内牵条将面、衬吃进拉紧，其中四粒扣为0.5cm，三粒扣为0.7cm，二粒扣为0.9cm，*B*点以下拉平，如图4-2-3所示。

②*B*点位置处于前身袖窿水平线。

③*AB*之间吃势主要解决归拢胸部和增强驳头的翻驳力度。牵条距翻驳线0.2cm。

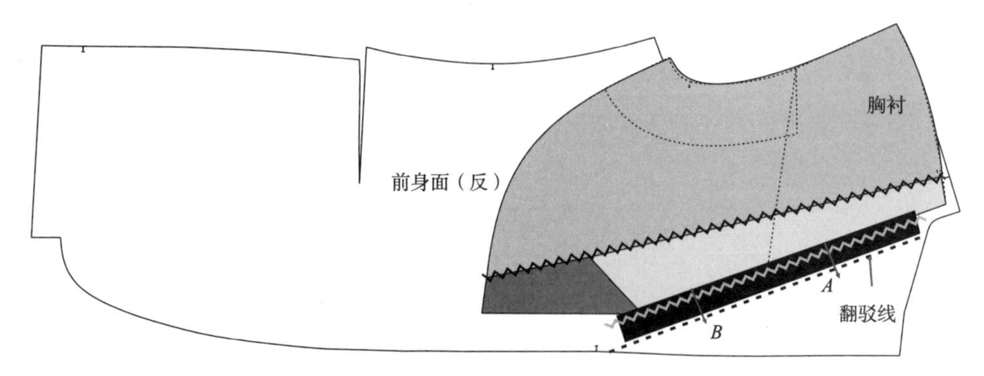

图4-2-3　西服拉胸衬牵条工艺

（2）分烫袖山头面布工艺：

①分烫袖山头面布工艺，在烫平袖山吃势的基础上，如图4-2-4所示剪开上袖缝剪口，剪口距上袖缝线0.2cm。

②将肩部、袖窿平套与模具上，掀开背缝、前身里，掀开胸衬和垫肩，将肩缝与装袖暴露，如图4-2-4所示，然后分开袖山缝份，烫平。

③在剪口处用小块黏合衬布烫平黏牢。

④要求分烫袖山无眼皮、烫平，袖山同圆。

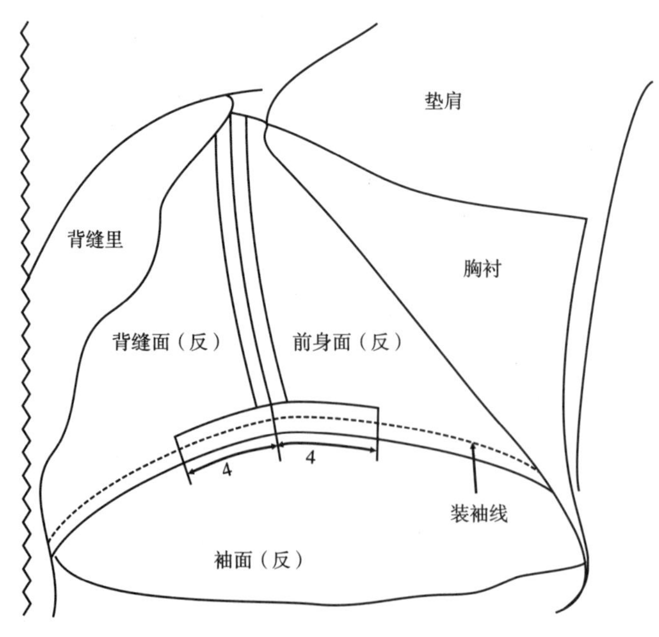

图4-2-4　分烫袖山头面布工艺

4.2.7 成品效果展示（图4-2-5）

图4-2-5 成品效果展示

4.3 平绒礼服西服

4.3.1 款式设计（图4-3-1）

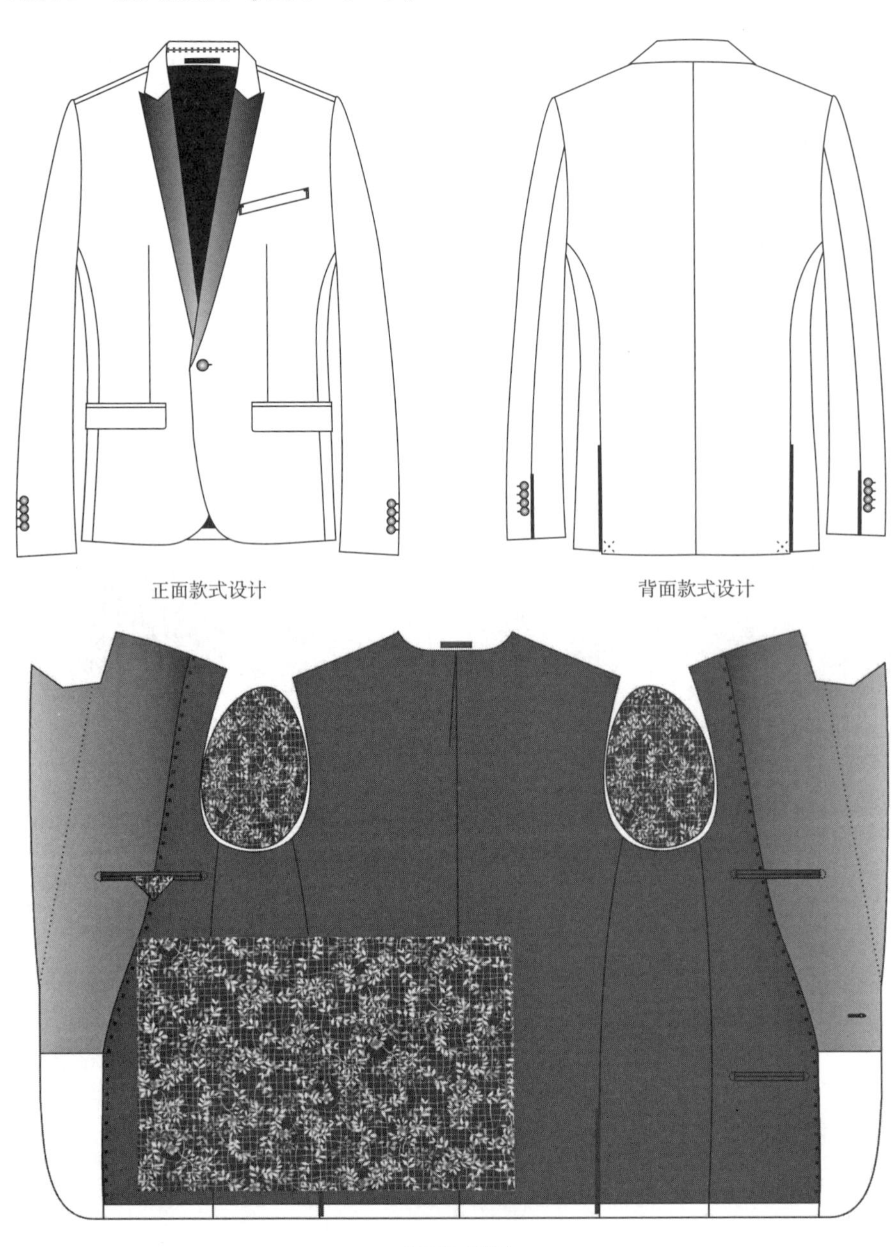

图4-3-1 款式设计

4.3.2 工艺结构设计及工艺要求

（1）缝纫针距

① 明线12～13针/3cm，暗线12～13针/3cm。

② 缲边机缲缝每3cm不少于4针，手工缲缝每3cm不少于4～6针。

（2）外部工艺要求

① 钉扣要求：蘑菇扣钉法。

② 前身：戗驳领1粒扣。

③ 腰袋盖含袋牙：袋盖尺寸为16.5cm×4cm。

④ 胸袋：胸板袋10.5cm×2.5cm，两端Z字车缝，顶端封结0.6cm。

⑤ 袖口：袖口活袖衩勾角，4粒袖扣不可开合，平钉扣锁假扣眼，袖扣距袖口4cm。

⑥ 背缝：背缝开衩。

（3）内部工艺要求

①里料配色：

大身里、外2袋盖里及袋垫、3个内袋牙及袋垫、领吊：深灰色；

袖里、内袋三角及扣襻：深灰色印花；

领底绒：黑色。

②大身内袋：内胸袋双牙袋13.5cm×1cm，票袋双牙袋8cm×1cm。所有内袋D形结同大身里料色。

③过面：0.3cm星星针同大身里色。

④领吊：定在后领座上净尺寸0.6cm×6cm。

（4）裁剪工艺要求

每件服装戗毛裁剪。

4.3.3 面料特点及辅料需求（表4-3-1）

表4-3-1 面料特点及辅料需求 单位：cm

项目	品名	使用部位	数量	规格	颜色
面料	全棉平绒面料A	异型直过面下拼接	185	门幅145	黑色
	黑色色丁面料B	异型直过面上拼接、包扣面料	20	门幅145	黑色
外部辅料	涤斜纹	大身里、外2袋盖里及袋垫、3个内袋牙及袋垫、领吊	60	门幅145	深灰色
	涤印花	袖里、内袋三角及扣襻	60	门幅145	深灰色印花

续表

项目	品名	使用部位	数量	规格	颜色
外部辅料	色丁包扣大扣	门襟扣1粒	1粒	直径2.0	黑色
	色丁包扣小扣	袖扣8粒	8粒	直径1.5	黑色
	刻标四眼小扣	内袋1粒	1粒	直径1.5	黑色
	领底绒	领子	10	门幅90	黑色
内部辅料	毛衬和肩衬	前身胸部	40	门幅145	本色
	胸绒	前身胸部	30	门幅90	黑色
	有纺衬	前身	50	门幅150	黑色
	垫肩	肩部	1付	13（36/38/40）15.5（42/44）	灰色
	上衣袋布	外3袋、内3袋	50	门幅150	黑色
	无纺衬	下摆、侧片腋下、后袖窿、过面、袖口、领条、袋牙、后开衩	60	门幅150	黑色
	袖棉条衬	袖山处	10	门幅100	本色
	袖棉	袖山处	10	门幅100	黑色
	棉带	白色棉带	0.80	宽0.5	白色
	直条	翻驳线位置	0.80	宽1.5	黑色
	端打	前袖窿处	1.20	宽1.5	黑色
	双面胶	领子串口处	1.20	宽1	白色

4.3.4 测量部位及尺寸放码比例（表4-3-2）

表4-3-2 测量部位及尺寸放码比例 单位：cm

部位＼尺寸	36	38	40	42	44	档差	公差要求	
							−	+
后身长	70.0	71.0	72.0	73.0	74.0	1.0	0.5	0.5
胸围（腋下2.5）	48.0	50.5	53.0	55.5	58.0	2.5	1.0	1.0

续表

部位 \ 尺寸	36	38	40	42	44	档差	公差要求	
							-	+
腰围（腋下20.5）	44.0	46.5	49.0	51.5	54.0	2.5	1.0	1.0
臀围（腋下38）	49.0	51.5	54.0	56.5	59.0	2.5	1.0	1.0
小肩	13.4	13.7	14.0	14.3	14.6	0.3	0	0
肩宽	42.2	43.4	44.6	45.8	47.0	1.2	0.5	0.5
背缝宽（背缝下20）	40.0	40.5	41.0	41.5	42.0	0.5	0.5	0.5
袖长	63.0	63.5	64.0	64.5	65.0	0.5	0.5	0.5
袖肥（腋下2.5）	18.0	18.5	19.0	19.5	20.0	0.5	0.5	0.5
袖口	12.9	13.2	13.5	13.8	14.1	0.3	0.5	0.5
领嘴（领点）	2.5	2.5	2.5	2.7	2.7	0.2	0	0
驳角（驳点）	2.5	2.5	2.5	2.7	2.7	0.2	0	0
领豁嘴	3.0	3.0	3.0	3.2	3.2	0.2	0	0
驳头宽	5.5	5.5	5.5	5.8	5.8	0.3	0	0
翻驳线（破点）（侧颈点到首粒扣）	45.0	45.5	46.0	46.5	47.0	0.5	0.5	0.5
开衩长	20.5	20.5	20.5	21.0	21.0	0.5	0.5	0.5

注　此数据适合中国偏瘦人群。

4.3.5　特殊工艺指导

西服圆摆工艺处理（图4-3-2）：

①手工制作，用带胶的牵条通过手工吃进圆下摆的量，来保证下摆的自然窝势。

②通过缝纫机自然抽褶、烫平，然后再对下摆后翻烫达到的自然窝势。

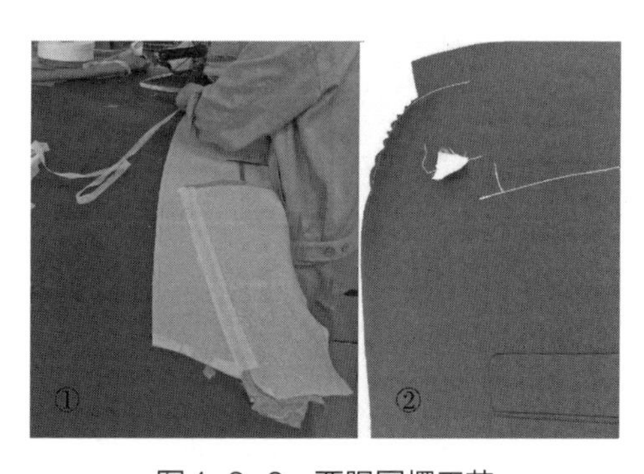

图4-3-2　西服圆摆工艺

4.3.6 成品效果展示（图4-3-3）

图4-3-3 成品效果展示

4.4　肘部装饰羊皮补丁西服

4.4.1　款式设计（图4-4-1）

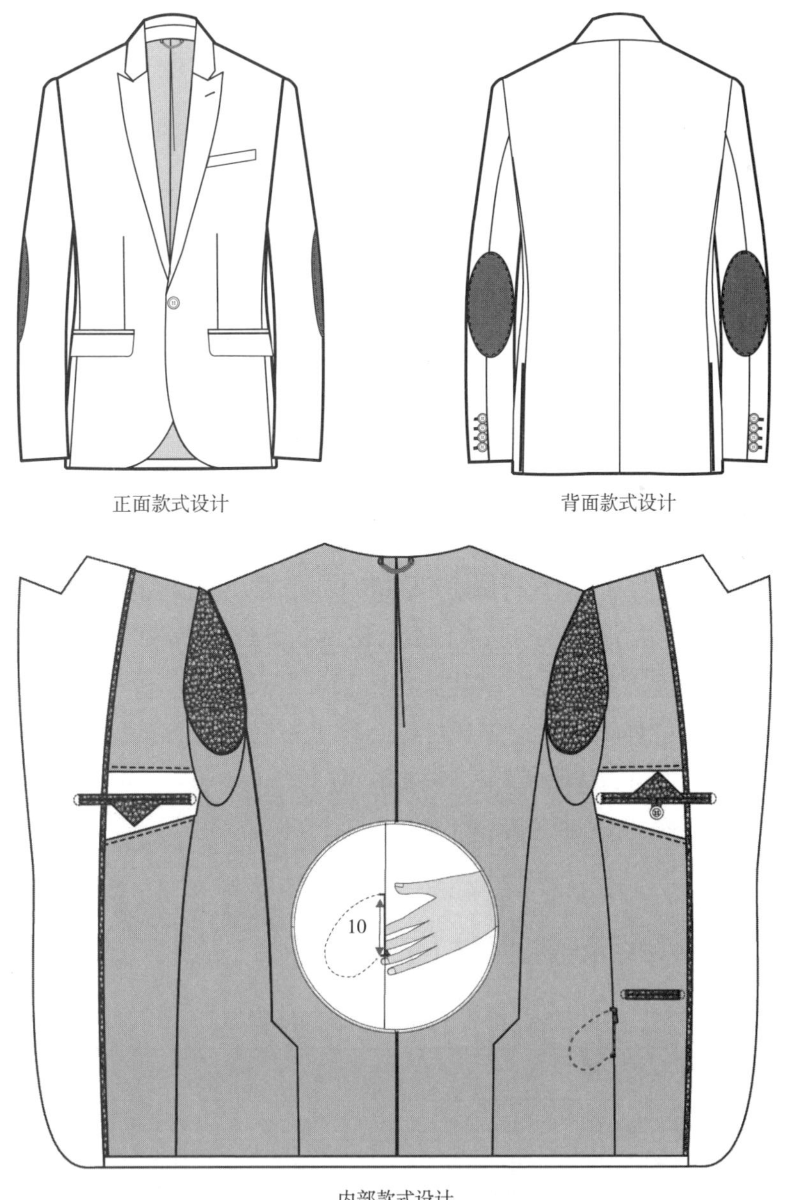

图4-4-1　款式设计

4.4.2 工艺结构设计及工艺要求

（1）缝纫针距

①明线12～13针/3cm，暗线12～13针/3cm。

②缲边机缲缝每3cm不少于4针，手工缲缝每3cm不少于4～6针。

（2）外部工艺要求

①明线：无明线及珠边要求。

②钉扣要求：十字钉法。

③前身：戗驳头单排1粒扣。左驳头真插花眼与串口线平行，距串口线3cm，距止口1.2cm，不切开。扣子要用热熔线封结。

④肩部：挺实自然。

⑤腰袋不含袋牙：直袋袋盖16.5cm×4.5cm。

⑥胸袋：袋板10.5cm×2.3cm，斜度2cm，两端Z字缝，上口Z字封口0.5cm。

⑦袖口：真袖衩可以开合，4粒袖扣平钉，袖扣直扣眼。扣子要用热熔线封结。

⑧背缝：侧开衩。

（3）内部工艺要求

①里料配色：

大身里料、2个外袋盖里及袋垫、半圆汗垫、隐形拉链袋布、2个领吊环：黑色。袖里、内袋牙及三角、扣襻、过面牙：红色。领底绒：黑色。

②大身内袋：左右各1双牙内胸袋14cm×1cm，带三角及扣襻。穿着左胸袋下有10cm×1cm双牙小票袋，小票袋旁边有隐藏的长10cm插袋，插袋带隐形拉链。所有内袋两端均打D形结，缝线颜色同大身里料色。

③过面星星针：过面带红色过面牙0.3cm及0.1cm星星针，缝线颜色同大身里料色。耳朵皮上下0.1cm星星针，缝线颜色同大身里料色。

④领吊：金属链领吊，两个领吊环内间距8cm。

4.4.3 面料特点及辅料需求（表4-4-1）

表4-4-1 面料特点及辅料需求 单位：cm

项目	品名	使用部位	数量	规格	颜色
面料	100%羊毛人字纹面料	耳朵皮拼接	190	门幅150	灰色
	真羊皮翻毛面为正面	肘部贴补	1付	19.5×11.5	黑色

续表

项目	品名	使用部位	数量	规格	颜色
外部辅料	全涤印花	袖里、内袋牙、袋垫及三角、扣襻、过面牙	65	门幅135	红底印蓝黄花
	轻薄色丁	大身里料、2个外袋盖里及袋垫、半圆汗垫、隐形拉链袋布、2个领吊环	100	门幅140	黑色
	领底绒	用在领子处	10	门幅90	黑色
	半全光四眼大扣	门襟1粒	1粒	2.0	黑色
	半全光四眼小扣	袖扣8粒、内袋2粒	10粒	1.5	黑色
	3#普通尼龙隐形拉链	净尺寸10cm，用在内里侧缝处里袋	1条	15	黑色
	铜磨链0.15cm × 1.1cm加铜圈	金属领吊	个	11.5	深灰沥色
内部辅料	垫肩	肩部	1付	15.5（36/38/40）/17.5（42/44/46）	灰色
	有纺衬	前身处	50	门幅150	黑色
	胸绒	前胸处	20	门幅100	黑色
	毛衬	前胸处	45	门幅160	本色
	挺胸衬	前胸处	15	门幅160	本色
	肩衬（马尾衬）	前胸处	10	门幅160	本色
	无纺衬	过面、袖口、袋牙、下摆、开衩	60	门幅90	灰色
	袖棉条	袖山处	10	门幅90	黑色
	本色袖棉条衬	袖山处	10	门幅90	黑色
	有胶领衬	用在领底绒上	5	门幅105	本色
	上衣袋布	外3袋、内3袋	60	门幅150	黑色
	止口牵条	门襟止口处	0.02	1.5/45°	黑色
	前袖窿牵条	前袖窿处	0.01	1.5/8°	黑色
	棉条	前袖窿处	1.2	0.3	白色
	后袖窿牵条	后袖窿牵条	0.4	1.3横丝	黑色
	开衩牵条	黑色开衩处	0.5	2横丝	黑色
	双面胶	用在领子串口处	0.3	1	白色
	无胶衬	内袋牙	2	门幅100	灰色
	背缝开衩里布牵条	背缝开衩处	0.01	15°斜丝宽2	黑色
	拉驳头牵条	翻驳线位置	0.05	横丝宽2	黑色
	手巾袋衬	手巾袋	2	门幅90	黑色
	肩缝里布牵条	后肩肩缝处	0.01	15°斜丝宽2	黑色

4.4.4 测量部位及尺寸放码比例（表4-4-2）

表4-4-2 测量部位及尺寸放码比例

单位：cm

部位＼尺寸	36	38	40	42	44	46	档差	公差要求	
								−	+
后身长	72.5	73.5	74.5	75.5	76.5	77.5	1.0	1.0	1.0
胸围（腋下2.5）	46.0	48.5	51.0	53.5	56.0	58.5	2.5	1.0	1.0
腰围（腋下20.5）	42.0	44.5	47.0	49.5	52.0	54.5	2.5	1.0	1.0
臀围（腋下38）	50.0	52.5	55.0	57.5	60.0	62.5	2.5	1.0	1.0
背缝	20.0	20.5	21.0	21.5	22.0	22.5	0.5	0.5	0.5
整肩宽	43.6	44.8	46.0	47.2	48.4	49.6	1.2	0.5	0.5
小肩	14.1	14.4	14.7	15.0	15.3	15.6	0.3	0.3	0.3
袖长	64.3	64.9	65.5	66.1	66.7	67.3	0.6	1.0	1.0
袖肥	17.6	18.3	19.0	19.7	20.4	21.1	0.7	0.3	0.3
肘围	16.0	16.5	17.0	17.5	18.0	18.5	0.5	0.3	0.3
袖口尺寸	13.4	13.7	14.0	14.3	14.6	14.9	0.3	0.3	0.3
翻驳线（破点）	43.0	44.0	45.0	46.0	47.0	48.0	1.0	0.3	0.3
驳头宽	7.0	7.0	7.0	7.0	7.0	7.0	0	0	0.3
领嘴（领点长）	2.5	2.5	2.5	2.5	2.5	2.5	0	0	0
驳角（驳点长）	3.5	3.5	3.5	3.5	3.5	3.5	0	0	0
领点到驳头距离	1.0	1.0	1.0	1.0	1.0	1.0	0	0	0
翻领深（背缝线）	4.7	4.7	4.7	4.7	4.7	4.7	0	0	0
领座高（背缝线）	1.8	1.8	1.8	1.8	1.8	1.8	0	0	0
侧开衩	24.0	24.5	25.5	25.5	26.0	26.5	0.5	1.0	0
领外口长	37.0	38.0	39.0	40.0	41.0	42.0	1.0	0	0
腰袋宽	16.5	16.5	16.5	16.5	16.5	16.5	0	0	0
腰袋盖高（包括牙子）	5.0	5.0	5.0	5.0	5.0	5.0	0	0	0
腰袋盖高（不包括牙子）	4.5	4.5	4.5	4.5	4.5	4.5	0	0	0
胸袋长×高	10×2.5	10.5×2.3	10.5×2.3	10.5×2.3	10.5×2.3	10.5×2.3	0	0	0
侧颈点到腰袋距离	46.0	47.0	48.0	49.0	50.0	51.0	1.0	0	0

注 此数据适合中国偏瘦人群。

4.4.5 特殊工艺指导

男式西装肘部装饰真皮补丁工艺指导（图4-4-2）：

图①是原始设计肘部贴布，要求磨毛羊皮。

图②是工厂生产用肘部贴布净板。净板上有上下位置对位剪口、剪裁方向等。

图③是辅料供应商最后的成品，应该是一对裁剪，分左右袖，因为猪皮不能打剪口，整个形状是用模具直接定性出来的，剪口也只能有一个压痕来区分左右袖，见用线圈出来的压痕效果。

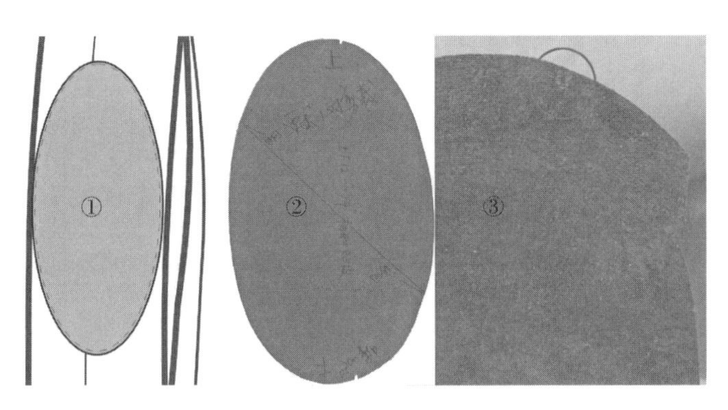

图4-4-2 肘部装饰真皮补丁

4.4.6 成品效果展示（图4-4-3）

图4-4-3 成品效果展示

4.5 时尚西服

4.5.1 款式设计（图4-5-1）

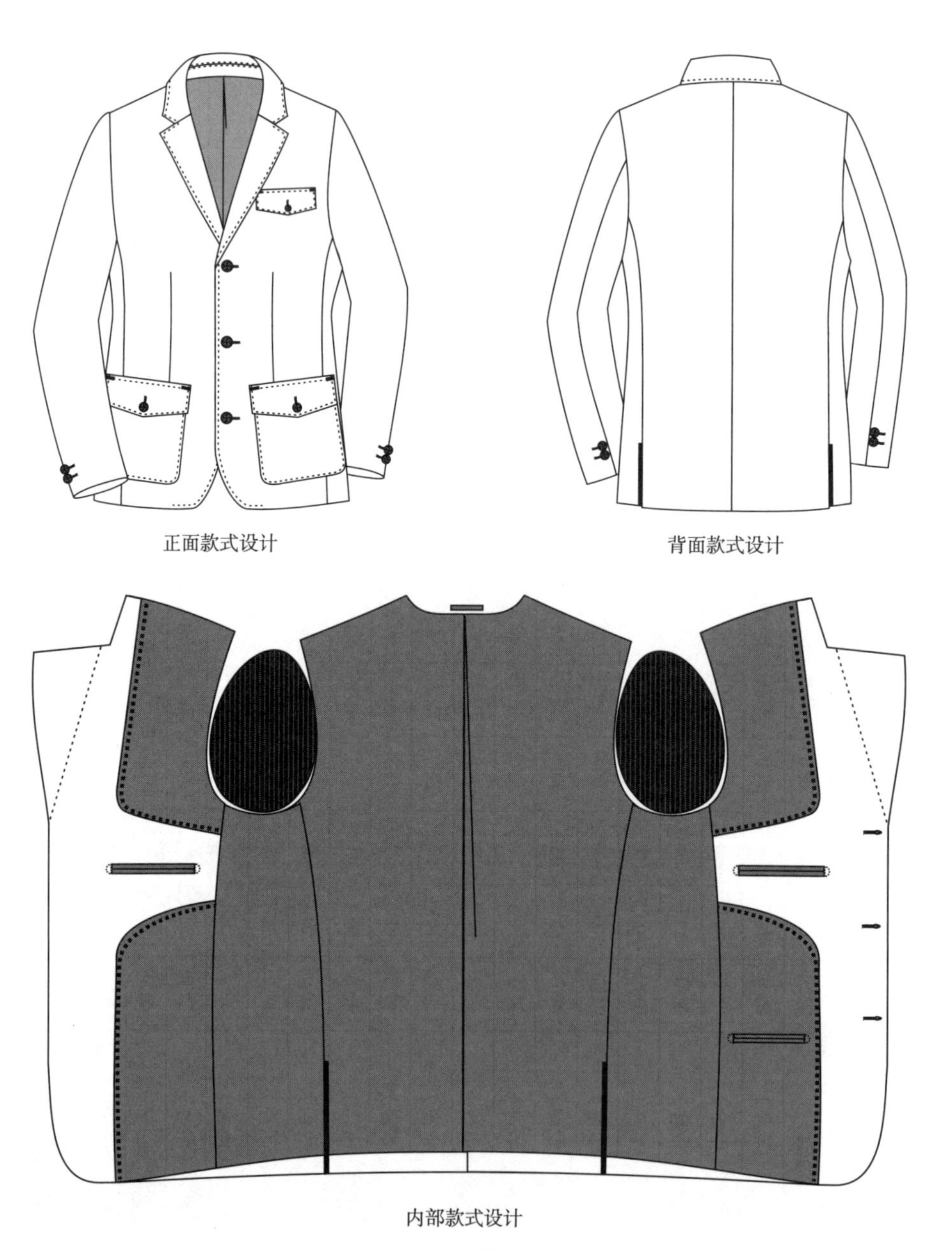

图4-5-1 款式设计

4.5.2　工艺结构设计及工艺要求

（1）缝纫针距

①150旦/3股粗明线12～13针/3cm，暗线12～13针/3cm。

②缲边机缲缝每3cm不少于4针，手工缲缝每3cm不少于4～6针。

（2）外部工艺要求

①缉明线：领子、驳头、止口、外袋盖单明线0.6cm，外腰贴袋明线0.3cm。

②钉扣要求：蘑菇扣每个扣眼必须用8股线穿过3次钉扣线，第一次一定穿过面料，后两次出面料后两次封结，然后缝线穿进面料再断线。

③前身：平驳头3粒扣。

④肩部：轻柔。

⑤腰袋：腰袋盖17cm×5cm×3cm，腰贴袋含袋盖19cm。腰贴袋底边距下摆4.5cm。

⑥胸袋：胸袋盖10.5cm×4cm×2.5cm，有袋盖挖单牙袋。

⑦袖口：袖口活袖衩勾角，2粒袖扣不可开合，袖扣距袖口4cm。

⑧背缝：侧开衩长13cm。

（3）内部工艺要求

①里料配色：

大身里、外3个贴袋里、3个内袋牙及袋垫、领吊：深棕色；

袖里：咖色条纹；

领底绒：棕色。

②大身内袋：胸内双牙袋14cm×1cm，双牙票袋8cm×1cm。

③过面明线：过面星星针0.3cm缝线颜色同面料色。

④领吊：钉在后领座上，净尺寸0.6cm×6cm。

4.5.3　面料特点及辅料需求（表4-5-1）

表4-5-1　面料特点及辅料需求　单位：cm

项目	品名	使用部位	数量	规格	颜色
面料	100%羊毛花呢带彩点	大耳朵皮	185	门幅145	棕色
外部辅料	T/C里布	大身里、外3个贴袋里、3个内袋牙及袋垫、领吊	110	门幅145	深棕色
	袖里	袖里	65	门幅145	咖色条纹
	领底绒	用在领子处	10	门幅100	棕色
	“足球”大扣	门襟3粒、外腰袋2粒	5粒	2.0	深棕色
	“足球”小扣	袖扣4粒、外胸袋1粒	5粒	1.5	深棕色

续表

项目	品名	使用部位	数量	规格	颜色
内部辅料	有纺衬	大身衬、领衬	60	门幅150	黑色
	无纺衬	过面、下摆、袖口、袋牙、开衩	90	门幅150	黑色
	垫肩	肩部	1付	17.5	灰色
	牵条	止口、前后肩缝、前后袖窿	4.00	1.5	黑色
	上衣袋布	内3袋、外1袋	40	门幅150	黑色

4.5.4 测量部位及尺寸放码比例（表4-5-2）

表4-5-2 测量部位及尺寸放码比例　　单位：cm

部位 \ 尺寸	38	40	42	44	46	档差	公差要求	
							−	+
后身长	70.4	71.0	71.6	72.2	72.8	0.6	1.0	1.0
胸围（腋下2.5）	51.0	53.5	56.0	58.5	61.0	2.5	0.6	0.5
腰围（腋下18）	46.3	48.8	51.3	53.8	56.3	2.5	0.6	0.5
臀围（腋下38）	53.8	56.3	58.8	61.3	63.8	2.5	0.6	0.5
下摆尺寸	54.5	57.0	59.5	62.0	64.5	2.5	0.6	0.5
背缝宽（背缝下13.5）	43.8	45.0	46.2	47.4	48.6	1.2	0.5	0.5
前胸宽（侧颈点下15）	41.8	43.0	44.2	45.4	46.6	1.2	0.5	0.5
肩宽	45.8	47.0	48.2	49.4	50.6	1.2	0.5	0.5
小肩	15.2	15.5	15.8	16.1	16.4	0.3	0.5	0.5
袖长	63.4	64.0	64.6	65.2	65.8	0.6	0.5	0.5
袖肥	19.4	20.0	20.6	21.2	21.8	0.6	0.3	0.3
袖口	13.7	14.0	14.3	14.6	14.9	0.3	0	0
翻驳线（破点）（侧颈点至首粒扣斜量）	41.4	42.0	42.6	43.2	43.8	0.6	0.3	0.3
领嘴（领点）	2.0	2.0	2.0	2.0	2.0	0	0	0
翻领高（背缝线）	5.5	5.5	5.5	5.5	5.5	0	0	0
领座高（背缝线）	2.5	2.5	2.5	2.5	2.5	0	0	0
驳角（驳点）	2.0	2.0	2.0	2.0	2.0	0	0	0
驳头宽	6.0	6.0	6.0	6.0	6.0	0	0	0
后开衩	20.0	20.0	20.0	20.0	20.0	0	0.3	0.3

注　此数据适合中国普通人群。

4.5.5　特殊工艺指导

翻领里结构工艺（图4-5-2）：

①用衬衫面料做领里，衬衫面料太薄了，里还必须黏一层稍厚的有纺衬。

②用色丁面料做0.3cm的牙子，色丁布中要埋绳，牙子才能饱满、立体。

③领座用起绒面料，类似领底绒的感觉。

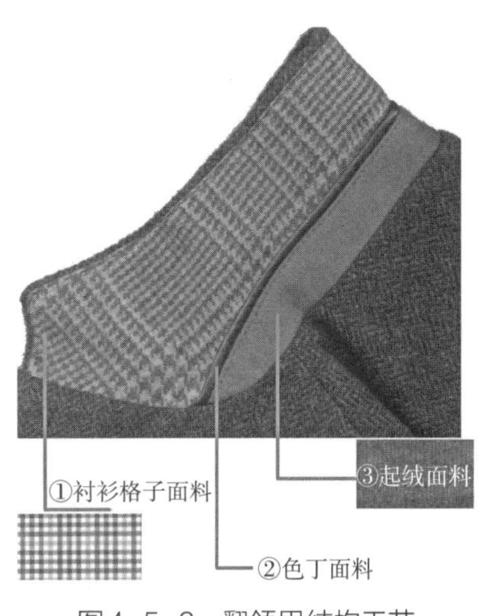

图4-5-2　翻领里结构工艺

4.5.6　成品效果展示（图4-5-3）

图4-5-3　成品效果展示

4.6 暗裥袋西服

4.6.1 款式设计（图4-6-1）

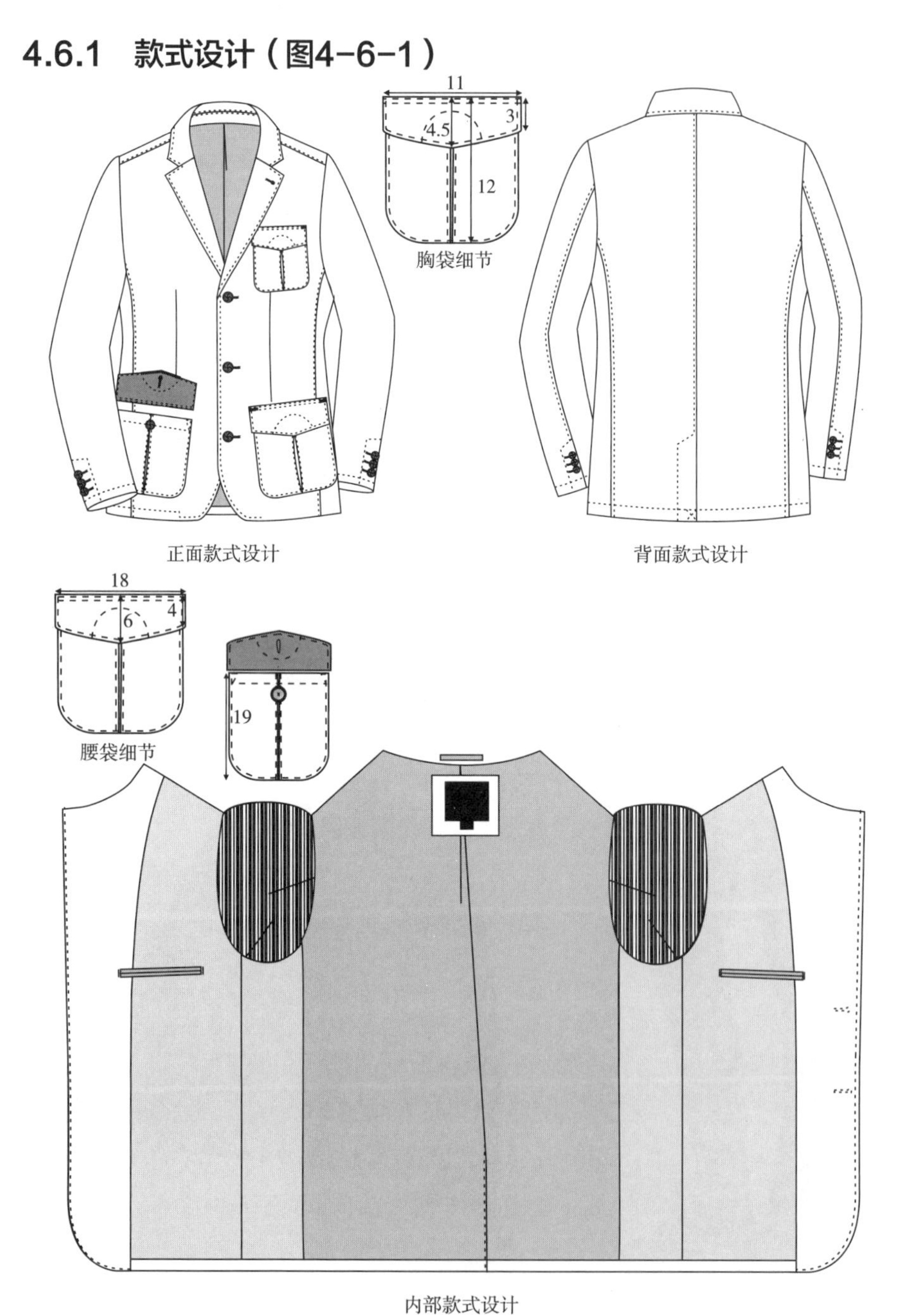

图4-6-1 款式设计

4.6.2 工艺结构设计及工艺要求

（1）缝纫针距

①缉明线12～13针/3cm，暗线12～13针/3cm。

②缲边机缲缝每3cm不少于4针，手工缲缝每3cm不少于4～6针。

（2）外部工艺要求：后领和袋盖里用灯芯绒

①明线：领子、驳头、止口、背缝、前侧缝、后侧缝、肩缝、袋盖缉0.6cm明线；贴袋缉单明线0.2cm；下摆、袖口缉明线2.5cm。

②钉扣要求：足球扣，每个扣眼必须8股线穿过3次钉扣，然后起柱绕线5圈，穿过面料第一次封结，再穿过面料第二封结，然后穿进面料，断线。

③前身：平驳头3粒扣。左驳头真插花眼与串口线平行，距串口线3cm，距止口1.2cm，切开0.5cm。

④肩部：肩缝线走前1.5cm。

⑤腰袋：贴袋宽18cm×高19cm，袋口向内翻折2.5cm两端封三角结。腰袋底边距下摆边5cm。腰袋盖18cm×6cm。

⑥胸袋：胸贴袋宽11cm×高12cm，袋口向内翻折2cm两端封三角结。袋盖11cm×4.5cm。

⑦袖口：袖口假袖衩45°斜假扣眼，3粒袖扣平钉。

⑧背缝：背缝衩18cm，用顺色线暗码衩。

（3）内部工艺要求

①里料配色：

前身里、外3个贴袋里：深蓝色；

后身里、2个内袋牙及袋垫、领吊：全棉青年布灰蓝色；

袖里：白底黑条。

②内胸双袋牙袋45°斜裁：13.5cm×1cm，两端打平结。内袋垫直裁。

③过面牙、星星针：过面牙0.3cm，星星针缝线同里料色。

④领吊：净尺寸0.8cm×6cm钉在后领座上。

4.6.3 面料特点及辅料需求（表4-6-1）

表4-6-1 面料特点及辅料需求 单位：cm

项目	品名	使用部位	数量	规格	颜色
面料	人字纹100%羊毛面料A	直过面、3个袋盖面	200	门幅145	灰色
	灯芯绒面料B	领座、外三袋盖里	15	门幅145	灰色
	全棉青年布	后身里、2个内袋牙及袋垫、领吊	45	门幅145	灰蓝色
外部辅料	全涤平纹里料	袖里	60	门幅145	白底黑条
	全涤平纹里料	前身里、外3个贴袋里、侧片	100	门幅140	深蓝色
	“足球”大扣	门襟3粒、腰袋2粒	5粒	2.5	深棕色
	“足球”中扣	袖口6粒、胸袋1粒	7粒	1.5	深棕色
内部辅料	有纺衬	大身衬、领底衬	50	门幅145	黑色
	无纺衬	过面、下摆、袖口、侧片腋下、袋牙、领角	90	门幅100	黑色
	袖棉	袖山处	10	门幅100	黑色
	上衣袋布	内2袋	20	门幅150	黑色
	垫肩	肩部	1付	17.5	灰色
	棉带	前袖窿处	1.20	0.5	白色
	直条	翻驳线处	70	门幅150	黑色
	牵条	前袖窿处	120	门幅150	黑色
	双面胶	领子串口处	120	1	白色

4.6.4 测量部位及尺寸放码比例（表4-6-2）

表4-6-2 测量部位及尺寸放码比例 单位：cm

部位 \ 尺寸	38	40	42	44	46	档差	公差要求	
							−	+
后身长	71.4	72.00	72.6	73.2	73.8	0.6	1.0	1.0
胸围（腋下2.5）	52.0	54.5	57.0	59.5	62.0	2.5	0.6	0.5
腰围（后领中下45）	47.0	49.5	52.0	54.5	57.0	2.5	0.6	0.5
臀围（腋下38）	52.0	54.5	57.0	59.5	62.0	2.5	0.6	0.5
下摆尺寸	54.5	57.0	59.5	62.0	64.5	2.5	0.6	0.5
背缝宽（侧颈点下18）	43.8	45.0	46.2	47.4	48.6	1.2	0.5	0.5
前胸宽（侧颈点下15）	40.8	42.0	43.2	44.4	45.6	1.2	0.5	0.5
整肩	45.8	47.0	48.2	49.4	50.6	1.2	0.5	0.5
小肩	14.2	14.5	14.8	15.1	15.4	0.3	0.5	0.5

续表

部位＼尺寸	38	40	42	44	46	档差	公差要求	
							−	+
袖长	64.4	65.0	65.6	66.2	66.8	0.6	0.5	0.5
袖肥	18.9	19.5	20.1	20.7	21.3	0.6	0.3	0.3
袖口	13.7	14.0	14.3	14.6	14.9	0.3	0	0
翻驳线（破点）	37.4	38.0	38.6	39.2	39.8	0.6	0.3	0.3
领嘴（领点）	2.3	2.3	2.3	2.3	2.3	0	0	0
翻领高（背缝线）	4.6	4.6	4.6	4.6	4.6	0	0	0
领座（背缝线）	1.5	1.5	1.5	1.5	1.5	0	0	0
驳角（驳点）	3.0	3.0	3.0	3.0	3.0	0	0	0
驳头宽	7.0	7.0	7.0	7.0	7.0	0	0	0
侧颈点到胸袋	20.8	21.0	21.2	21.4	21.6	0.2	0	0

注　此数据适合中国普通人群。

4.6.5　成品效果展示（图4-6-2）

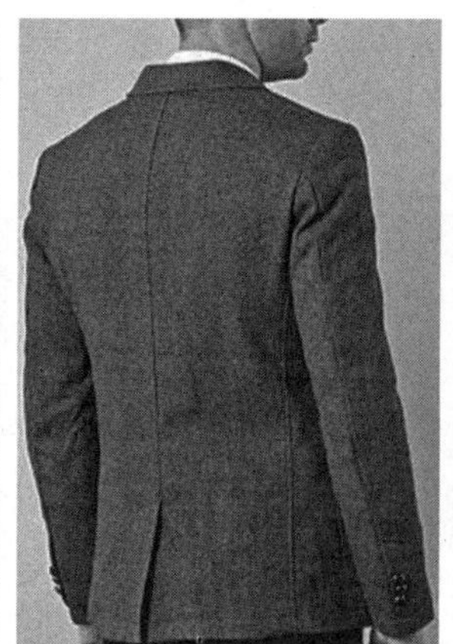

图4-6-2　成品效果展示

4.7 亚麻面料休闲西服

4.7.1 款式设计（图4-7-1）

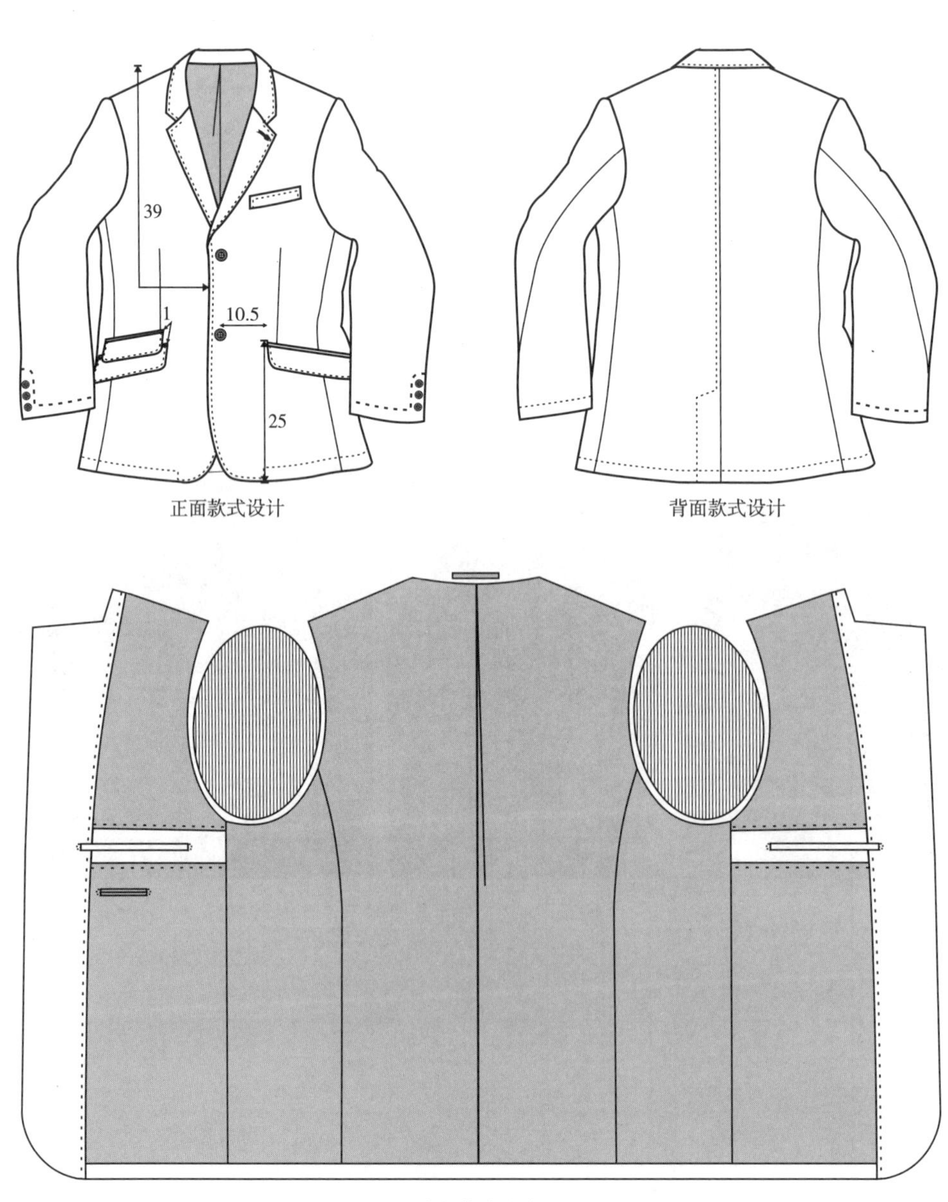

图4-7-1 款式设计

4.7.2 工艺结构设计及工艺要求

（1）缝纫针距

①粗明线203棉线8～9针/3cm，暗线11～12针/3cm。

②缲边机缲缝每3cm不少于4针，手工缲缝每3cm不少于4～6针。

（2）外部工艺要求：整件衣服均不用整烫

①缉明线：领子、止口、门襟、袋盖、背缝缉明线0.5cm。袖口、下摆边缉明线2.5cm。

②钉扣要求：十字钉法。插花眼距止口1.2cm，距串口线2cm。

③腰袋：袋盖17cm×4.5cm。右侧带小票袋，票袋袋盖11.5cm×4.5cm，压住大身袋盖1.5cm。

④胸袋：10.5cm×2.5cm板袋，上口封0.6cm竖结。

⑤袖口：袖口3粒扣，活袖衩勾角，袖扣平钉，间距0.5cm，袖开衩10cm。

⑥背缝：背缝衩18cm，同与面料色相同的缝线暗针固定背缝衩。

（3）内部工艺要求

①里料配色：

大身里、外3个袋里、内票袋牙及袋垫、领吊：米白色；

袖里：白底黑米条。

②大身内袋：穿着左右各1个单牙内袋13.5cm×1cm。穿着右侧内袋下有1个双牙笔袋5.5cm×1cm。所有内袋打D形结同面料色。

③过面明线：过面缉0.8cm明线同面料色，耳朵皮拼接缉0.8cm 明线同大身里料色。

④领吊：定在后领坐上净尺寸0.6cm×6cm。

4.7.3 面料特点及辅料需求（表4-7-1）

表4-7-1 面料特点及辅料需求

单位：cm

项目	品名	使用部位	数量	规格	颜色
面料	亚麻55%/棉45%细条纹面料	直过面、2个内袋牙及袋垫、耳朵皮拼接、领座	190	门幅140	藏蓝色或米色
外部辅料	全涤平纹	袖里	65	门幅140	白底黑米条
	T/C里布	大身里、内票袋牙及袋垫、领吊	95	门幅140	米白色
	四眼大扣	门襟	2粒	2.0	深棕色
	四眼中扣	袖口	6粒	1.5	深棕色

续表

项目	品名	使用部位	数量	规格	颜色
内部辅料	上衣袋布	内3袋、外4袋	60	门幅150	白色
	有纺衬	大身、领子	70	门幅150	白色
	无纺衬	过面、下摆、袖口、袋牙、开衩	90	门幅100	白色
	袖棉	袖山处	10	门幅100	白色
	牵条	止口、前后肩缝、前后袖窿	4.00	1.5	白色

4.7.4 裁片图（图4-7-2）

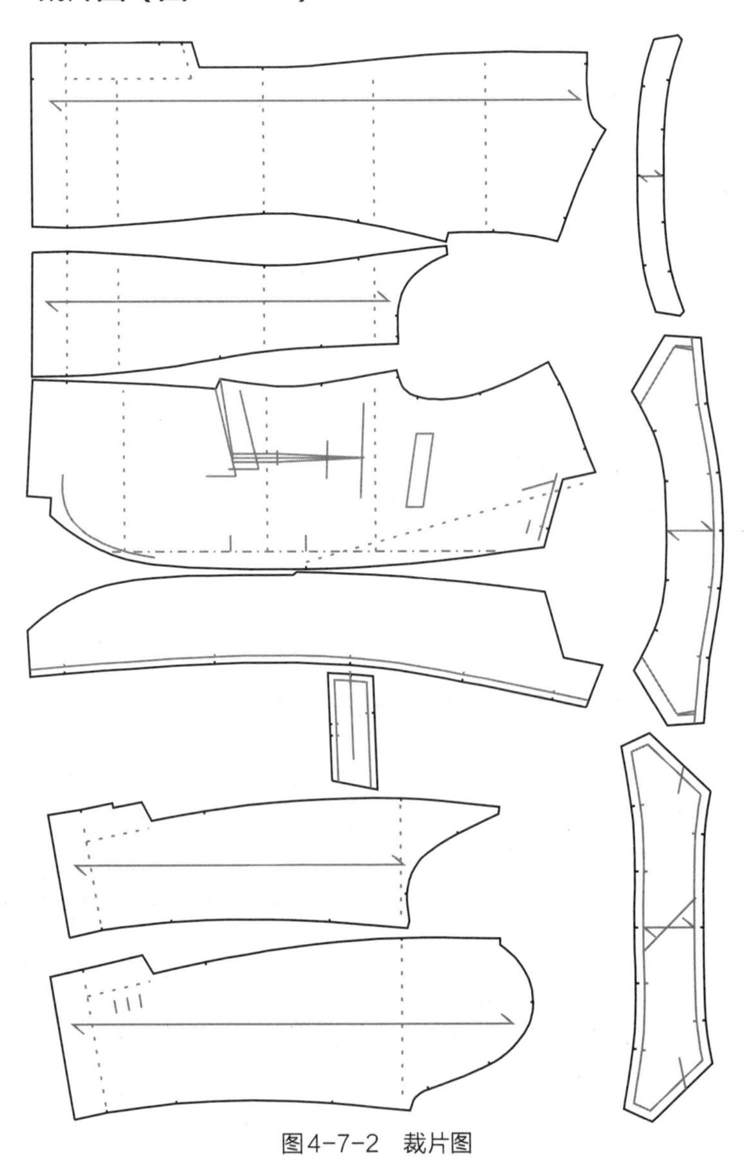

图4-7-2 裁片图

4.7.5　测量部位及尺寸放码比例（表4-7-2）

表4-7-2　测量部位及尺寸放码比例　　单位：cm

测量部位 \ 尺寸	38	40	42	44	46	档差	公差要求	
							-	+
后身长	72.4	73.0	73.6	74.2	74.8	0.6	1.0	1.0
胸围（腋下2.5）	51.0	53.5	56.0	58.5	61.0	2.5	0.6	0.5
腰围（腋下18）	46.3	48.8	51.3	53.8	56.3	2.5	0.6	0.5
臀围（腋下38）	53.8	56.3	58.8	61.3	63.8	2.5	0.6	0.5
下摆尺寸	54.5	57.0	59.5	62.0	64.5	2.5	0.6	0.5
背缝宽（背缝下13.5）	43.8	45.0	46.2	47.4	48.6	1.2	0.5	0.5
前胸宽（侧颈点下15）	41.8	43.0	44.2	45.4	46.6	1.2	0.5	0.5
肩宽	45.8	47.0	48.2	49.4	50.6	1.2	0.5	0.5
小肩	15.2	15.5	15.8	16.1	16.4	0.3	0.5	0.5
袖长	64.9	65.5	66.1	66.7	67.3	0.6	0.5	0.5
袖窿（直量）	24.4	25.0	25.6	26.2	26.8	0.6	0.5	0.5
袖肥	19.4	20.0	20.6	21.2	21.8	0.6	0.3	0.3
袖口	13.7	14.0	14.3	14.6	14.9	0.3	0	0
翻驳线（破点）	41.4	42.0	42.6	43.2	43.8	0.6	0.3	0.3
翻领高（背缝线）	5.5	5.5	5.5	5.5	5.5	0	0	0
领座高（背缝线）	2.5	2.5	2.5	2.5	2.5	0	0	0
领嘴（领点）	2.0	2.0	2.0	2.0	2.0	0	0	0
驳角（驳点）	2.0	2.0	2.0	2.0	2.0	0	0	0
驳头宽	6.0	6.0	6.0	6.0	6.0	0	0	0
后开衩	18.0	18.0	18.0	18.0	18.0	0	0.3	0.3

注　此数据适合中国普通人群。

4.7.6 成品效果展示

（1）米色面料（图4-7-3）

图4-7-3 成品效果展示一

（2）蓝色面料（图4-7-4）

图4-7-4　成品效果展示二

4.8 针织面料西服

4.8.1 款式设计（图4-8-1）

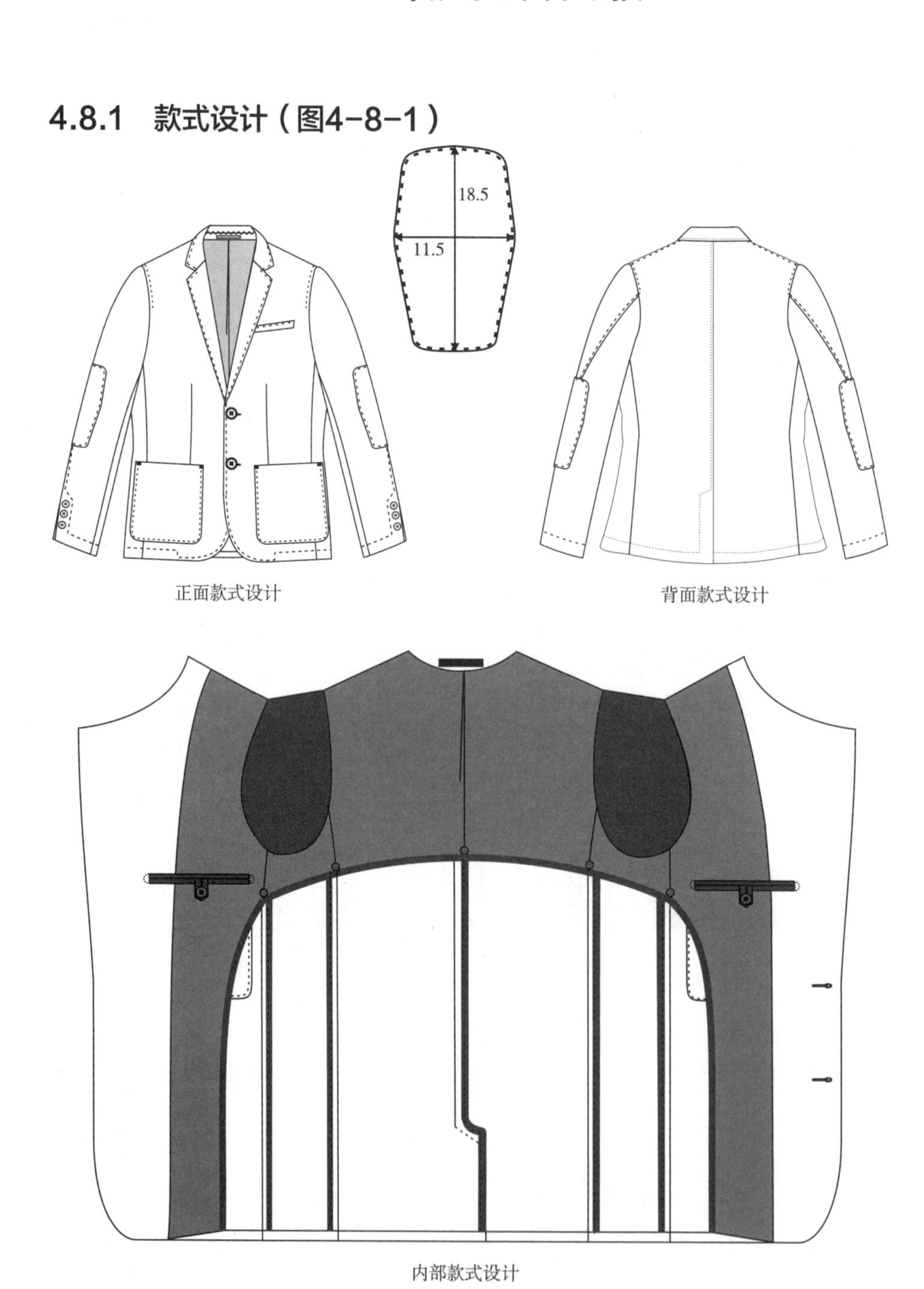

图4-8-1 款式设计

4.8.2　工艺结构设计及工艺要求

（1）缝纫针距

①明线12～13针/3cm，暗线12～13针/3cm。

②缲边机缲缝每3cm不少于4针，手工缲缝每3cm不少于4～6针。

（2）外部工艺要求：肩部无垫肩

①缉明线：贴袋缉0.7cm单明线。下摆边、袖口缉明线2.7cm。

②钉扣要求：二字钉法。

③大身：前身2粒扣。

④肩部：前后袖窿有0.7cm明线。

⑤腰袋：明贴袋宽17cm×18cm，袋口有0.6cm竖结加固。

⑥胸板袋：11cm×2.6cm，袋口缉0.7cm明线。

⑦袖口：袖口3粒扣平钉，活袖衩不可开合，锁装饰扣眼。

⑧背缝：背缝衩20cm。

（3）内部工艺要求

①里料配色：

前身半里、后身半里：灰色。

袖里、内部滚边、2个内袋牙及袋垫、扣襻：藏蓝色。

②内袋：内胸双牙袋13.5cm×1cm，两端均打D形结。

③过面：图示中的红点为线襻位置。

④领吊：织标做领吊，用手工针固定结实。

⑤其他：胸衬（连至后肩）；胸绒（连至后肩，垫肩）如图4-8-2所示。

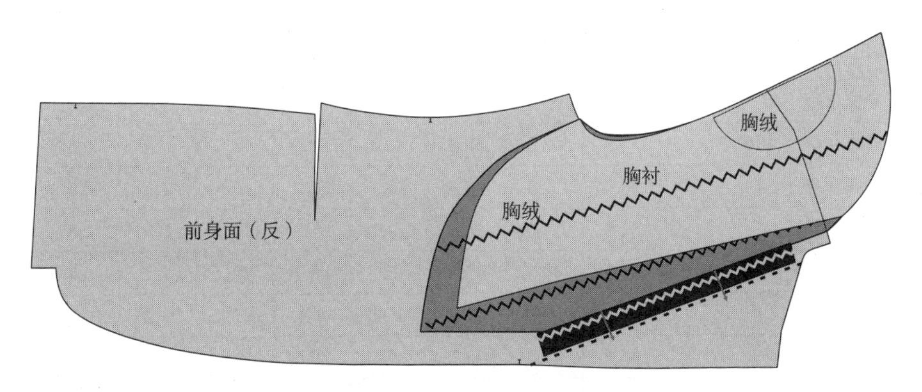

图4-8-2　胸衬、胸绒样板

4.8.3 面料特点及辅料需求（表4-8-1）

表4-8-1 面料特点及辅料需求 单位：cm

项目	品名	使用部位	数量	规格	颜色
面料	针织面料	直过面、外腰贴袋、肘部贴布	220	门幅150	藏蓝色
外部辅料	全涤平纹里料	袖里、内部滚边+2个内袋牙及袋垫、扣襻	90	门幅140	深蓝色
	全涤平纹里料	前身半里、后身半里	50	门幅145	灰色
	四眼大扣	门襟2粒	2粒	2.0	藏蓝色
	四眼中扣	袖口6粒+内袋2粒	8粒	1.5	藏蓝色
	皮领吊	钉在后领中缝处	1个	6	黑色
内部辅料	上衣袋布	外1个袋、内2袋、外腰贴袋里	50	门幅150	黑色
	有纺衬	大身衬、领子	50	门幅150	黑色
	胸衬	胸衬（连至后肩）	60	门幅150	本色
	胸绒	胸绒（连至后肩、垫肩）	60	门幅95	黑色
	无纺衬	过面、下摆、袖口、袋牙、开衩	90	门幅100	黑色
	袖棉	袖山处	10	门幅100	黑色
	袖棉条衬	袖山处	10	门幅100	本色
	棉带	前袖窿处	1.2	0.5	白色
	直条	翻驳线处	0.8	1.5	黑色
	端打	前袖窿处	1.3	1.5	黑色

4.8.4 测量部位及尺寸放码比例（表4-8-2）

表4-8-2 测量部位及尺寸放码比例 单位：cm

部位＼尺寸	38	40	42	44	46	48	档差	公差要求	
								−	+
后身长	71.9	72.5	73.1	73.7	74.3	74.9	0.6	1.0	1.0
胸围（腋下2.5）	51.0	53.5	56.0	58.5	61.0	63.5	2.5	0.6	0.5
腰围（腋下18）	45.5	48.0	50.5	53.0	55.5	58.0	2.5	0.6	0.5
臀围（腋下38）	50.0	52.5	55.0	57.5	60.0	62.5	2.5	0.6	0.5
下摆尺寸	51.5	54.0	56.5	59.0	61.5	64.0	2.5	0.6	0.5
背缝宽（背缝下13.5）	43.3	44.5	45.7	46.9	48.1	49.3	1.2	0.5	0.5
前胸宽（侧颈点下15）	41.8	43.0	44.2	45.4	46.6	47.8	1.2	0.5	0.5
肩宽	45.8	47.0	48.2	49.4	50.6	51.8	1.2	0.5	0.5
小肩	15.2	15.5	15.8	16.1	16.4	16.7	0.3	0.5	0.5
袖长	63.4	64.0	64.6	65.2	65.8	66.4	0.6	0.5	0.5

续表

部位＼尺寸	38	40	42	44	46	48	档差	公差要求	
								-	+
袖肥（腋下2.5）	19.4	20.0	20.6	21.2	21.8	22.4	0.6	0.3	0.3
袖口	14.7	15.0	15.3	15.6	15.9	16.2	0.3	0	0
翻折点（肩颈点至首粒扣中间）	42.4	43.0	43.6	44.2	44.8	45.4	0.6	0.3	0.3
领嘴（领点）	2.4	2.4	2.4	2.4	2.4	2.4	0	0	0
翻领高（背缝线）	5.0	5.0	5.0	5.0	5.0	5.0	0	0	0
领座高（背缝线）	2.0	2.0	2.0	2.0	2.0	2.0	0	0	0
驳角（驳点）	2.6	2.6	2.6	2.6	2.6	2.6	0	0	0
驳头宽	7.0	7.0	7.0	7.0	7.0	7.0	0	0	0
开衩长	20.0	20.0	20.0	20.5	20.5	20.5	0.5	0.3	0.3
门襟扣间距	10.5	10.5	10.5	10.5	10.5	10.5	0	0.3	0.3

注 此数据适合中国普通人群。

4.8.5 成品效果展示（图4-8-3）

图4-8-3 成品效果展示

4.9 中腰缝拼接西服

4.9.1 款式设计（图4-9-1）

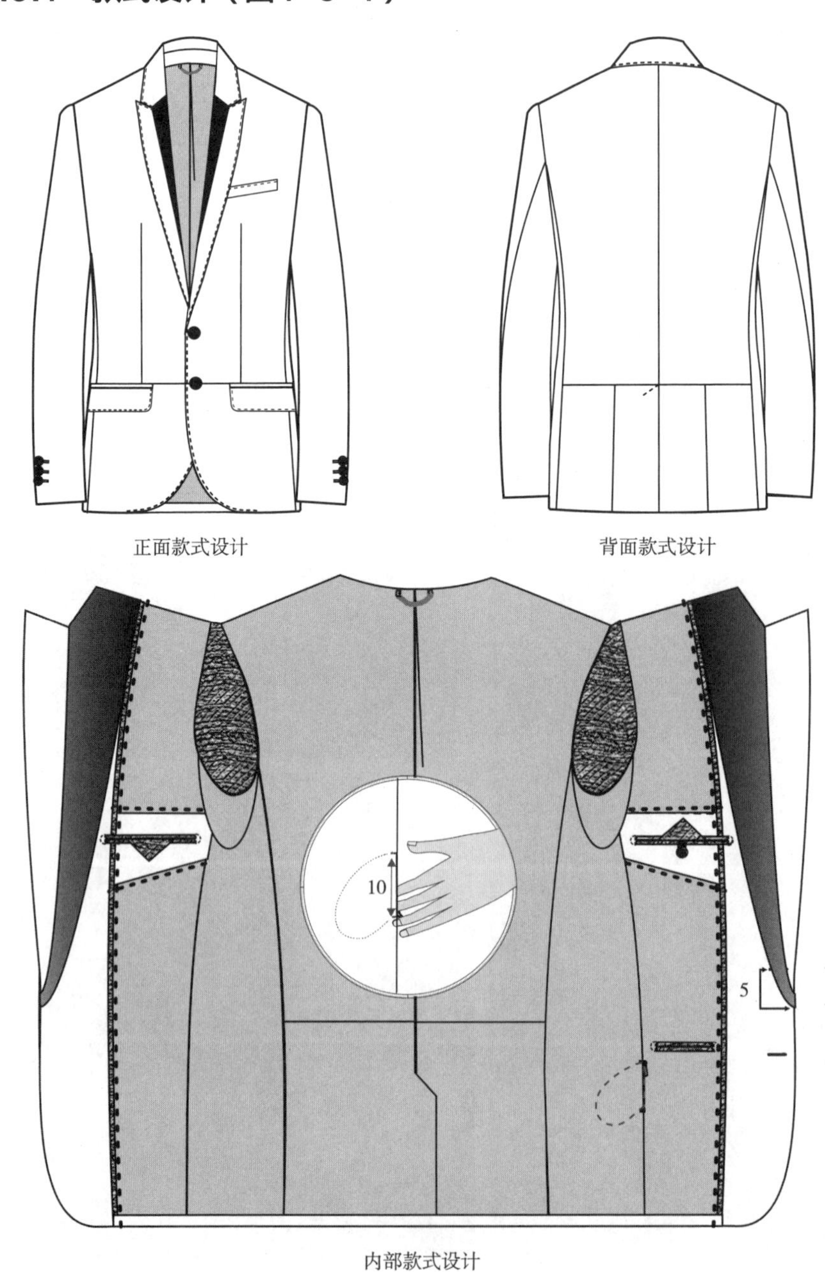

图4-9-1 款式设计

4.9.2 工艺结构设计及工艺要求

（1）缝纫针距

①明线12～13针/3cm，暗线12～13针/3cm。

②缲边机缲缝每3cm不少于4针，手工缲缝每3cm不少于4～6针。

（2）外部工艺要求

①珠边：领子、驳头、止口、前门襟、胸袋板、腰袋盖上缝0.2cm珠边。

②钉扣要求：包扣。每个扣眼必须用8股线穿过3次钉扣，然后起柱绕线5圈，穿过面料第一次封结，穿出面料后第二封结，最后穿进面料，断线。扣子要用热熔线封结。

③前身：戗驳头，驳头用黑色横纹布拼接。单排2粒扣。所有扣子均为黑色横纹布包扣。中腰部有拼接缝。

④腰双牙袋：直袋双牙袋加袋盖。

⑤胸袋：袋板10.5cm×2.5cm，斜度2cm，两端Z字缝，上口Z字缝封口0.5cm。

⑥袖口：真袖衩可以开合，3粒袖扣平钉，袖扣直扣眼。扣子要用热熔线封结。

⑦背缝：背缝衩24.5cm。背缝腰下拼有2个对褶1cm。

（3）内部工艺要求

①大身里料、2个外袋盖里及袋垫、半圆汗垫、隐形拉链袋布、2个领吊环：黑色。

袖里、内袋牙及三角、扣襻、过面牙：黑白犬牙格。

领底绒：黑色。

②大身内袋：左右各1双牙内胸袋14cm×1cm，带三角及扣襻。左胸袋下有10cm×1cm双牙小票袋。小票袋旁边隐藏的长10cm插袋，插袋带隐形拉链。所有内袋两端均打D形结，用线颜色同大身里料色。

③过面星星针：过面装饰黑白犬牙格过面牙0.3cm以及0.1cm星星针，缝线颜色同大身里料色。耳朵皮上下0.1cm星星针，缝线颜色同大身里料色。

④领吊：金属链领吊。

⑤过面用黑色横纹布拼接，拼接至首粒扣眼下5cm为止。

4.9.3 面料特点及辅料需求（表4-9-1）

表4-9-1　面料特点及辅料需求　　单位：cm

项目	品名	使用部位	数量	规格	颜色
面料	毛涤面料A	耳朵皮拼接	190	门幅150	藏蓝色
	全涤面料B	驳头上半部拼接和包扣	15	门幅150	黑色

续表

项目	品名	使用部位	数量	规格	颜色
外部辅料	全涤提花里布	袖里、三角及扣襻、过面牙	62	门幅135	黑白犬牙格
	轻薄色丁	大身里料、2个外袋盖及袋垫、半圆汗垫、隐形拉链袋布、2个领吊环、3个内袋牙及袋垫	90	门幅140	黑色
	领底绒	用在领子处	10	门幅90	黑色
	3#普通尼龙隐形拉链，净尺寸10cm	用在衣里侧缝袋上	1.00	15	黑色
	面料包扣大扣	门襟2粒	2粒	2.0	黑色
	面料包扣小扣	袖口6粒	6粒	1.5	黑色
	黑色半全光扣	内袋扣2粒	2粒	1.5	黑色
	铜磨链0.15cm × 1.1cm铜圈	金属领吊	个	11.5	深灰沥色
内部辅料	垫肩	肩部	1付	15.5（36/38/40）/ 17.5（42/44/46）	灰色
	有纺衬	前身处	50	门幅150	黑色
	胸绒	前胸处	20	门幅100	黑色
	毛衬	前胸处	45	门幅160	本色
	挺胸衬	前胸处	15	门幅160	本色
	肩衬（马尾衬）	前胸处	10	门幅160	本色
	无纺衬	过面、袖口、袋牙、下摆、开衩	60	门幅90	灰色
	袖棉条	袖山处	10	门幅90	黑色
	本色袖棉条衬	袖山处	10	门幅90	黑色
	有胶领衬	用在领底绒上	5	门幅105	本色
	上衣袋布	外3袋、内3袋	60	门幅150	黑色
	止口牵条	门襟止口外	0.02	1.5/45°	黑色
	前袖窿牵条	前袖窿外	0.01	1.5/8°	黑色
	棉条	前袖山处	1.2	0.3	白色
	后袖窿牵条	后袖窿牵条	0.4	横丝宽1.3	黑色
	开衩牵条	开衩处	0.5	横丝宽2	黑色
	双面胶	用在领子串口处	0.3	1	白色
	无胶衬	内袋牙	2	门幅100	灰色
	背缝开衩里布牵条	背缝开衩处	0.01	15°斜丝宽2	黑色
	拉驳头牵条	翻驳线位置	0.05	横丝宽2	黑色
	手巾袋衬	手巾袋	2	门幅90	黑色
	肩缝里布牵条	后肩肩缝处	0.01	15°斜丝宽2	黑色

4.9.4 测量部位及尺寸放码比例（表4-9-2）

表4-9-2 测量部位及尺寸放码比例

单位：cm

部位＼尺寸	36	38	40	42	44	46	档差	公差要求	
								-	+
后身长	72.5	73.5	74.5	75.5	76.5	77.5	1.0	1.0	1.0
胸围（腋下2.5）	46.0	48.5	51.0	53.5	56.0	58.5	2.5	1.0	1.0
腰围（腋下20.5）	42.0	44.5	47.0	49.5	52.0	54.5	2.5	1.0	1.0
臀围（腋下38）	50.0	52.5	55.0	57.5	60.0	62.5	2.5	1.0	1.0
背缝	20.0	20.5	21.0	21.5	22.0	22.5	0.5	0.5	0.5
肩宽	43.6	44.8	46.0	47.2	48.4	49.6	1.2	0.5	0.5
小肩	14.1	14.4	14.7	15.0	15.3	15.6	0.3	0.3	0.3
袖长	62.8	63.4	64.0	64.6	65.2	65.8	0.6	1.0	1.0
袖肥	17.6	18.3	19.0	19.7	20.4	21.1	0.7	0.5	0.5
肘围	16.0	16.5	17.0	17.5	18.0	18.5	0.5	0.5	0.5
袖口	13.4	13.7	14.0	14.3	14.6	14.9	0.3	0.3	0.3
翻驳点（破点）	40.0	41.0	42.0	43.0	44.0	45.0	1.0	0.5	0.5
驳头宽	6.0	6.0	6.0	6.0	6.0	6.0	0	0	0.3
领嘴（领点长）	2.5	2.5	2.5	2.5	2.5	2.5	0	0	0
驳角（驳点长）	3.5	3.5	3.5	3.5	3.5	3.5	0	0	0
翻领高（背缝线）	4.5	4.5	4.5	4.5	4.5	4.5	0	0	0
领座高（背缝线）	2.0	2.0	2.0	2.0	2.0	2.0	0	0	0
后开衩	23.5	24.0	24.5	25.0	25.5	26.0	0.5	0	0
领外口长	34.0	35.0	36.0	37.0	38.0	38.0	1.0	0	0
腰袋宽	15.5	16.0	16.0	16.0	16.5	16.5	0.5	0	0
腰袋盖高（包括牙子）	5.0	5.0	5.0	5.0	5.0	5.0	0	0	0
后领深	2.3	2.3	2.3	2.3	2.3	2.3	0	0.3	0.3
胸袋长 × 高	10 × 2.5	10 × 2.5	10.5 × 2.5	10.5 × 2.5	11 × 2.5	11 × 2.5	0	0	0
侧颈点到腰袋距离	50.0	50.5	51.0	51.5	52.0	52.5	0.5	0	0

注 此数据适合中国偏瘦人群。

4.9.5 成品效果展示（图4-9-2）

图4-9-2 成品效果展示

第 5 章

马甲篇

5.1 彩色马甲

5.1.1 款式设计（图5-1-1）

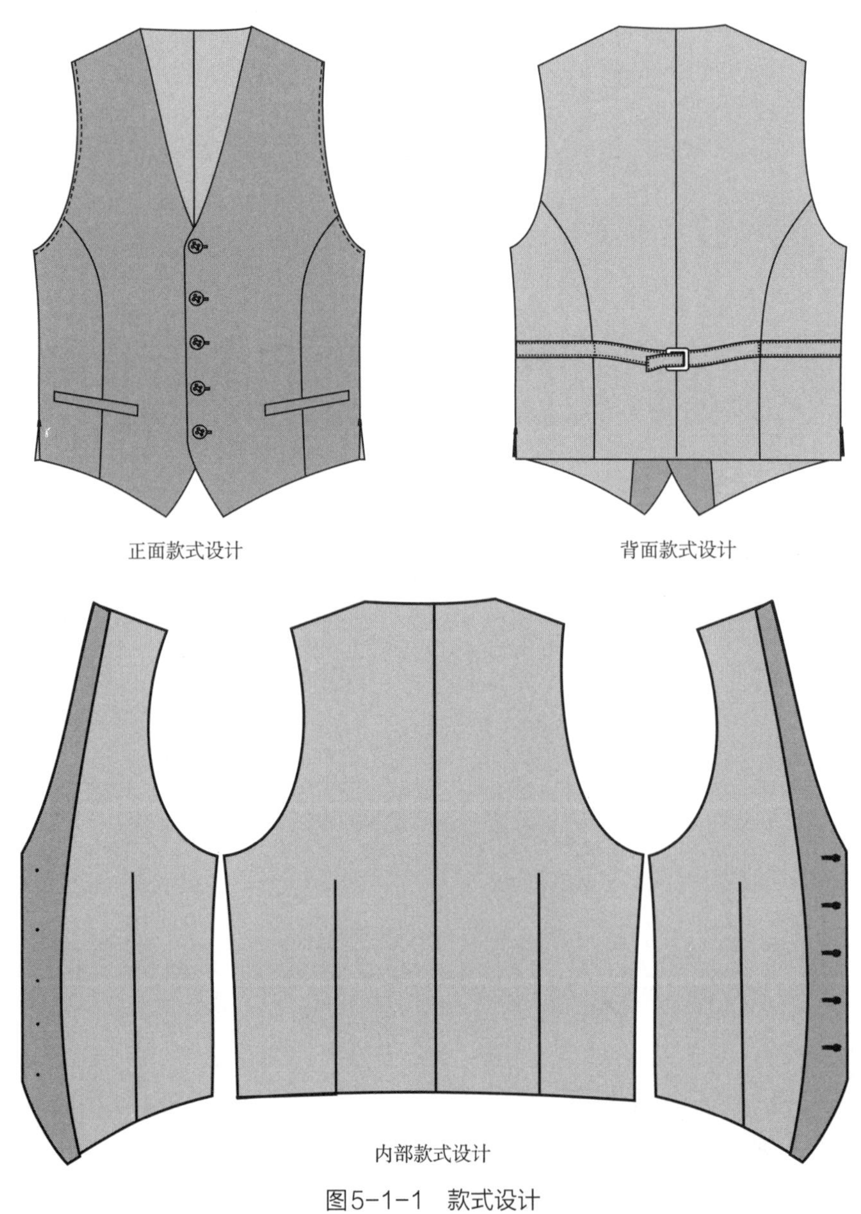

图5-1-1 款式设计

5.1.2　工艺结构设计及工艺要求

（1）缝纫针距

①明线12～13针/3cm，暗线12～13针/3cm。

②缲边机缲缝每3cm不少于4针，手工缲缝每3cm不少于4～6针。

（2）外部工艺要求

①缉明线：前袖窿及后腰带缉0.1cm明线。

②钉扣要求：二字钉法。侧缝有开衩3cm。

③前身：门襟5粒扣。

④肩部：肩缝走前1cm。

⑤腰袋：左右各1个单牙袋11cm×1cm，袋垫同袋牙。

⑥背缝：背缝腰带宽2.5cm。腰带在背缝省两侧缉死。腰带长32cm。

⑦里料配色：后身、大身里、后腰带、外袋垫、袋布：粉色。

5.1.3　面料特点及辅料需求（表5-1-1）

表5-1-1　面料特点及辅料需求　　单位：cm

项目	品名	使用部位	数量	规格	颜色
面料	亚麻面料	前身、腰袋牙及袋垫、过面	70	门幅135	粉色
外部辅料	全涤平纹	外后身、大身里、后腰带+袋布	110	门幅145	粉色
	四眼小扣	门襟5粒	5粒	1.5	粉色
	划子	腰带用	1个	2.5	灰沥色
内部辅料	无纺衬	过面、袋牙	20	门幅100	白色
	有纺衬	大身用	35	门幅150	白色

5.1.4　测量部位及号型放码比例（图5-1-2、表5-1-2）

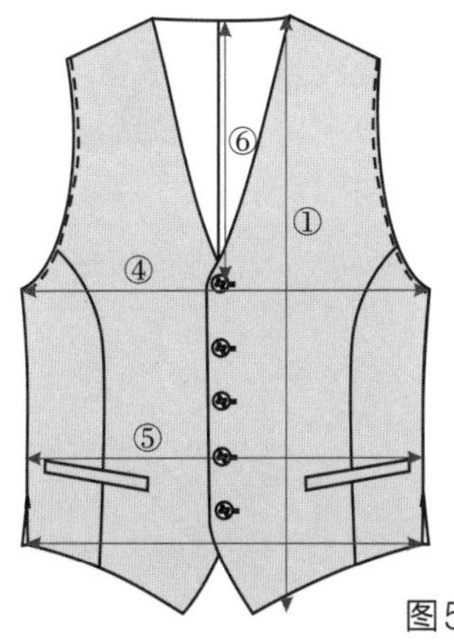

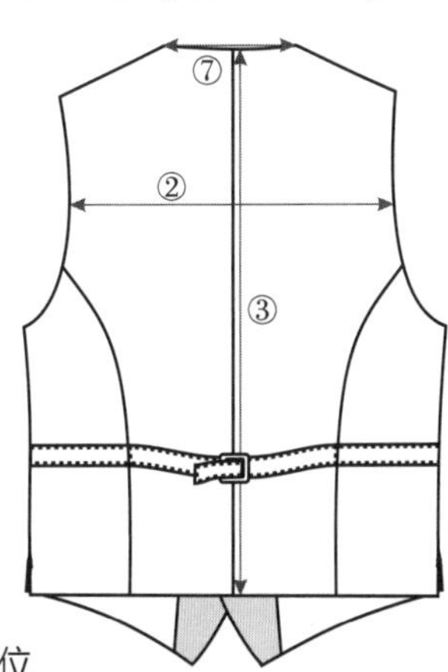

图5-1-2　测量部位

表5-1-2　测量部位及号型放码比例　　单位：cm

测量部位 \ 号型		S/37	M/40	L/43	XL/46	2XL/49	档差	公差要求	
								-	+
胸围（穿着）		36～37	38～40	41～43	44～46	47～50			
①	前身长（肩颈点处量）	62.0	63.5	65.0	66.5	68.0	1.5	0.5	0.5
②	背缝宽（1/2袖窿处）	33.6	34.8	36.0	37.2	38.4	1.2	0.5	0.5
③	后身长	57.0	58.5	60.0	61.5	63.0	1.5	0.5	0.5
④	胸围	49.75	53.5	57.25	61.0	64.8	3.75	0.5	1.0
⑤	腰围（背缝45）	46.25	50	53.75	57.5	61.3	3.75	0.5	1.0
⑥	破点（背缝至前中）	31.30	32.5	33.7	34.9	36.1	1.2	0.5	0.5
⑦	后领宽（弯量）	20.8	21.7	22.6	23.5	24.4	0.9	0.5	0.5
	袋口宽	11.0	11.0	11.0	11.0	11.0	0	0.5	0.5
	后腰带宽	2.5	2.5	2.5	2.5	2.5	0	0.3	0.3
	后开衩长	3.0	3.0	3.0	3.0	3.0	0	0	0
	前开衩长	2.50	2.5	2.50	2.50	2.5	0	0	0

注　此数据适合中国普通各类人群。

5.1.5　成品效果展示（图5-1-3）

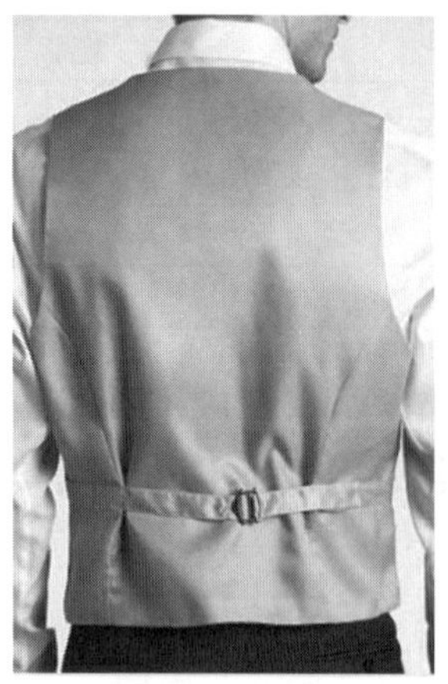

图5-1-3　成品效果展示

5.2　足球扣马甲

5.2.1　款式设计（图5-2-1）

正面款式设计

背面款式设计

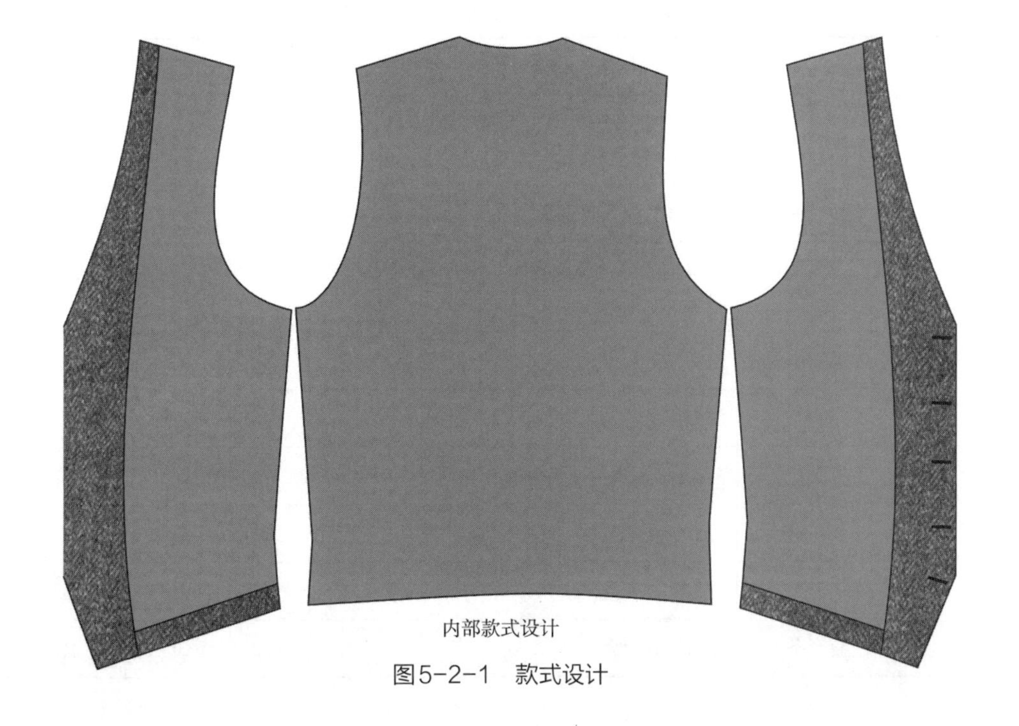

内部款式设计

图5-2-1　款式设计

5.2.2 工艺结构设计及工艺要求

（1）缝纫针距

①明线12～13针/3cm，暗线12～13针/3cm。

②缲边机缲缝每3cm不少于4针，手工缲缝每3cm不少于4～6针。

（2）外部工艺要求

①缉明线：下摆明线宽4cm。

②钉扣要求：黑色亚光足球扣，每个扣眼必须用8股线穿过3次钉扣。然后起柱绕线5圈，后针线穿过面料第一次封结，穿出面料后第二封结，最后穿进面料，断线。

③大身：前门5粒扣。

④腰双牙袋：腰袋盖（不含袋牙）11cm×3.5cm。

⑤胸袋：胸板袋2cm×9cm。

⑥后身：后腰带襻和划子。后腰带襻按图示增加2个0.6cm平结。后身领窝和后袖窿有面料贴条，宽2.5cm。

（3）裁剪要求

顺毛裁剪。

5.2.3 面料特点及辅料需求（表5-2-1）

表5-2-1　面料特点及辅料需求　　单位：cm

项目	品名	使用部位	数量	规格	颜色
面料	仿羊绒面料	马甲前身、过面、外2个腰袋盖面、后领窝、后袖窿贴条	65	门幅145	灰色
外部辅料	大斜纹面料	马甲外后身、后腰襻	40	门幅135	深灰色
	提花平纹面料	马甲里前身及后身全里、外2个腰袋盖里及袋垫	65	门幅135	深灰色
	足球扣小扣	门襟5粒	5粒	1.5	黑色亚光
	划子	腰襻用	1个	2.5	深青色
内部辅料	有纺衬	前身、后领贴条、后袖窿贴条	40	门幅150	黑色
	无纺衬	过面、袋牙	30	门幅100	黑色
	袋布	外3袋	20	门幅150	黑色
	直牵条	止口、后领窝	2.00	1	黑色

5.2.4　测量部位及号型放码比例（表5-2-2）

表5-2-2　测量部位及号型放码比例　　单位：cm

测量部位＼号型	38	40	42	44	46	48	档差	公差要求	
								-	+
后身长	59.4	60.0	60.6	61.2	61.8	62.4	0.6	1.0	1.0
前身长（侧颈点至下摆尖）	63.9	64.5	65.1	65.7	66.3	66.9	0.6	1.0	1.0
胸围（腋下2.5）	50.0	52.5	55.0	57.5	60.0	62.5	2.5	0.6	0.5
背缝宽（背缝缝颈椎点向下13.5）	34.8	36.0	37.2	38.4	39.6	40.8	1.2	0.5	0.5
前胸宽（侧颈点下15）	33.8	35.0	36.2	37.4	38.6	39.8	1.2	0.5	0.5
腰围（腋下18）	47.0	49.5	52.0	54.5	57.0	59.5	2.5	0.6	0.5
下摆尺寸	49.5	52.0	54.5	57.0	59.5	62.0	2.5	0.6	0.5
肩宽	40.3	41.5	42.7	43.9	45.1	46.3	1.2	1.0	1.0
小肩	12.2	12.5	12.8	13.1	13.4	13.7	0.3	0.5	0.5
袖窿（直量）	24.3	25.0	25.7	26.4	27.1	27.8	0.7	0.5	0
翻驳线（破点）（肩颈点至首粒扣中间）	25.4	26.0	26.6	27.2	27.8	28.4	0.6	0.3	0.3
后领深（自虚线量）	2.0	2.0	2.0	2.0	2.0	2.0	0	0.3	0.3

注　此数据适合中国普通各类人群。

5.2.5　成品效果展示（图5-2-2）

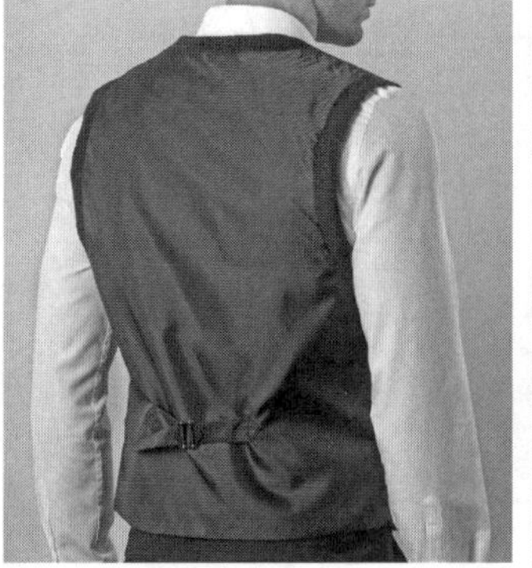

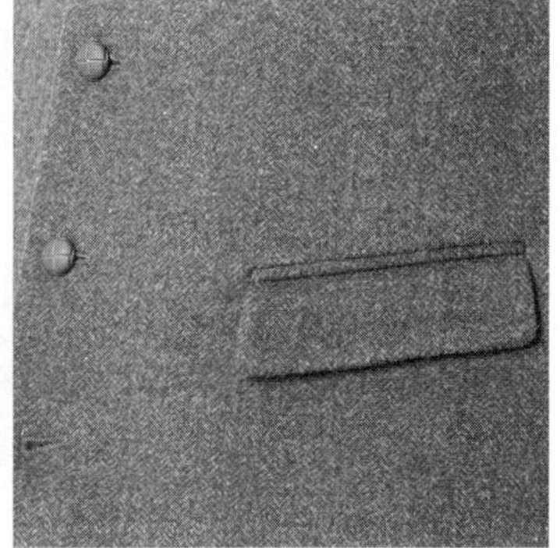

图5-2-2　成品效果展示

5.3 领内藏帽马甲

5.3.1 款式设计（图5-3-1）

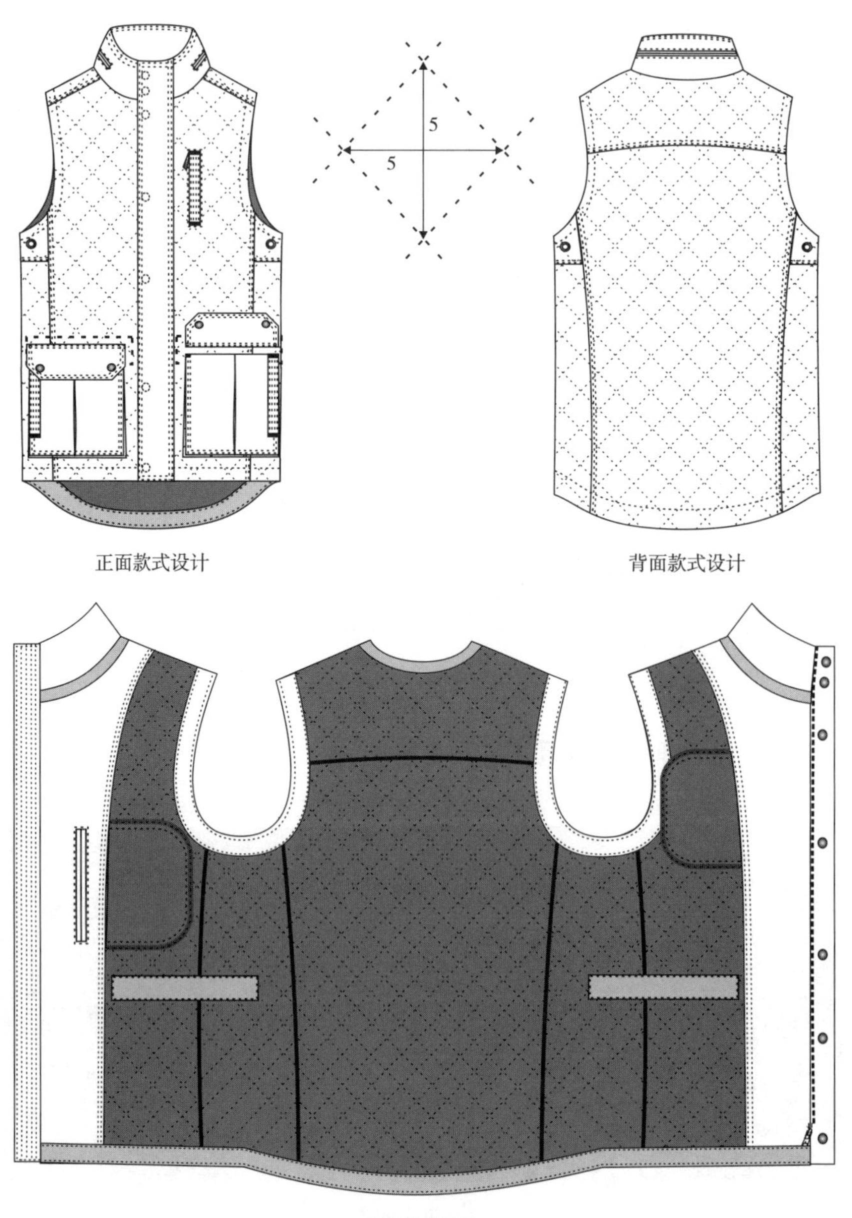

图5-3-1 款式设计

5.3.2 工艺结构设计及工艺要求

（1）缝纫针距

①150旦/3股粗棉线，明线9～11针/3cm，暗线12～13针/3cm。

②缲边机缲缝每3cm不少于4针，手工缲缝每3cm不少于4～6针。

（2）外部工艺要求

①缉明线：门襟双明线0.1～0.7cm，下摆明线2cm，袖窿明线2.5cm。

②钉扣要求：钉四合扣。

③大身：面料、腈纶棉同里料绗缝菱形线迹3.5cm×3.5cm。袋盖、贴袋、门襟、领子有腈纶棉无绗缝线，门襟宽7cm装5粒四合扣，领头装2粒四合扣。底襟贴边宽3cm，缉多趟明线间距0.6cm。腋下有2个气眼。

④腰袋：腰袋盖18cm×6.5cm，腰贴袋含袋盖18cm×22cm，侧袋口2.5cm×15cm袋口封结2.5cm，袋口缉多趟明线间距0.6cm，袋盖上钉2个明四合扣。贴袋风琴褶宽3cm，贴袋上对折宽4cm。袋盖四周缉装饰明线。

⑤胸袋：胸袋15cm×2.5cm内装拉链四周缉明线0.1cm，板袋上缉多趟明线间距0.6cm。

⑥背缝：后育克长13cm。

⑦领子：领子双牙拉链内有内藏帽，四周缉明线。

（3）外部工艺要求

①里料配色：

大身里、内藏帽、袋布面、袋布滚边、内部滚边：黑色。

②大身内部：下摆内贴边用织带。袖窿内贴边2.7cm缉2.5cm明线。内部滚边1cm。

③内袋：穿着右双牙牙袋15cm×1cm，四周缉明线。

④过面：先锁边然后里折0.8cm缉双趟明线间距0.6cm。

⑤领吊：面料制作，6.5cm×0.8cm。

5.3.3 面料特点及辅料需求（表5-3-1）

表5-3-1 面料特点及辅料需求 单位：cm

项目	品名	使用部位	数量	规格	颜色
面料	涤纶尼丝纺发亮面料	直过面、外贴袋及袋盖	120	门幅145	藏蓝色
外部辅料	全涤里料	大身里、内藏帽、袋布面、袋布滚边、内部滚边	150	门幅145	黑色
	细绳	腰袋盖、内袋牙、内藏帽牙、外胸袋	3.0	0.25	白色

续表

项目	品名	使用部位	数量	规格	颜色
外部辅料	气眼	腋下4个、内藏帽4个	8个	0.5	无沥浅克沥
	明四合扣	腰袋4套	4套	1.5	无沥浅克沥
	暗四合扣	门襟5套、领头2套、内藏帽2套	9套	1.25	无沥浅克沥
	帽绳	内藏帽用	1.2	0.5	黑色
	7#黑色尼龙闭尾拉链	后领中用	1条	34	黑色
	7#黑色尼龙闭尾拉链	外胸袋	1条	15	黑色
	3#黑色尼龙闭尾拉链	内胸袋	1条	16	黑色
	TC布黑色人字纹织带	下摆	1.4	2	黑色
	TC布黑色人字纹织带	领结合缝	0.8	1.5	黑色
	TC布黑色人字纹织带	腰贴袋垫布	0.8	4	黑色
	5#开尾普通头拉链	门襟用	1条	60/61/62/63/54/65（XS/S/M/L/XL/XXL）	浅克镍
内部辅料	袋布	袋布里、外贴袋里	40	门幅150	黑色
	防透棉无纺衬	大身面、大身里	180	门幅150	黑色
	牵条	止口、后领窝	200	1.5	黑色
	80g腈纶棉	大身（有绗缝线）	80	门幅150	白色
	80g腈纶棉	腰贴袋及袋盖、领面	40	门幅150	白色

5.3.4 裁片图（图5-3-2）

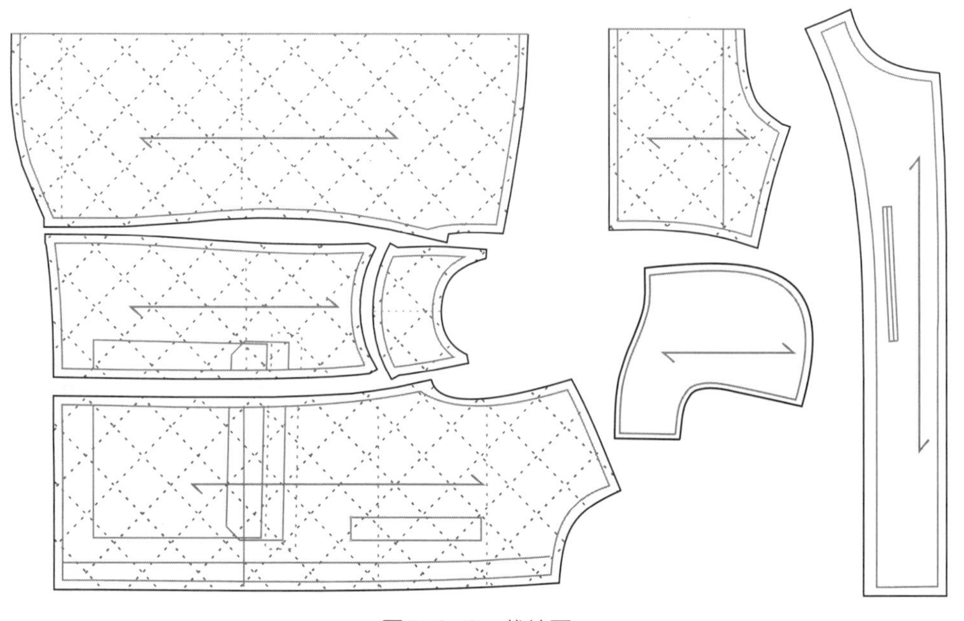

图5-3-2 裁片图

5.3.5　测量部位及号型放码比例（表5-3-2）

表5-3-2　测量部位及号型放码比例　　单位：cm

测量部位＼号型	XS	S	M	L	XL	XXL	档差	公差要求	
								−	+
背缝长（背缝至下摆）	68.0	69.0	70.0	71.0	72.0	73.0	1.0	1.0	1.0
后身长（侧颈点至后下摆）	70.0	71.0	72.0	73.0	74.0	75.0	1.0	1.0	1.0
前身长（侧颈点至前下摆）	63.0	64.0	65.0	66.0	67.0	68.0	1.0	1.0	1.0
胸围（腋下2.5）	48.0	50.5	53.0	55.5	58.0	60.5	2.5	1.0	1.0
腰围（腋下18）	47.0	49.5	52.0	54.5	57.0	59.5	2.5	1.0	1.0
下摆尺寸	49.0	51.5	54.0	56.5	59.0	61.5	2.5	1.0	1.0
整肩	43.0	44.0	45.0	46.0	47.0	48.0	1.0	1.0	1.0
小肩（自然折点量）	11.4	11.7	12.0	12.3	12.6	12.9	0.3	1.0	1.0
前胸宽（侧颈点下17）	37.6	38.8	40.0	41.2	42.4	43.6	1.2	0.5	0.5
背缝宽（侧颈点下17）	41.1	42.3	43.5	44.7	45.9	47.1	1.2	0.5	0.5
袖窿（直量）	21.1	21.8	22.5	23.2	23.9	24.6	0.7	1.0	1.0
前领深	9.1	9.3	9.5	9.7	9.9	10.1	0.2	0	0
后领深	2.0	2.0	2.0	2.0	2.0	2.0	0	0	0
后领宽（直量）	18.0	19.0	20.0	21.0	22.0	23.0	1.0	0.5	0.5
1/2领上口	24.4	25.7	27.0	28.3	29.6	30.9	1.3	0.5	0.5
后领高	7.0	7.0	7.0	7.0	7.0	7.0	0	0.3	0.3
内藏帽高	32.5	33.0	33.0	33.5	34.0	34.5	0.5	1.0	1.0
内藏帽宽	21.0	22.5	22.5	24.0	25.5	27.0	1.5	1.0	1.0
内藏帽大延后领中量	24.0	25.0	25.0	26.0	27.0	28.0	1.0	1.0	1.0

注　此数据适合中国普通各类人群。

5.4 古董马甲

5.4.1 款式设计（图5-4-1）

图5-4-1 款式设计

5.4.2　工艺结构设计及工艺要求

（1）缝纫针距

①明线12～13针/3cm，暗线12～13针/3cm。

②缲边机缲缝每3cm不少于4针，手工缲缝每3cm不少于4～6针。

（2）外部工艺要求

①缉明线：领子、止口、下摆明线3cm，前袖窿、明贴袋双明线0.1～0.7cm。

②钉扣要求：二字钉扣。

③大身：前门4粒扣，扣子和扣眼位置在前中明线处居中。

④肩部：肩线走前2cm。

⑤腰袋、胸袋：腰、胸袋均为明贴袋，腰袋加袋盖。胸袋宽10cm。腰袋袋盖中间高7cm，两侧4cm，为斜袋，腰袋袋口靠近前中端位置不变，靠近侧缝端距下摆19.5cm。腰袋袋口顶端加0.6cm平结固定。

⑥后身：后腰带带襻和划子，后腰带襻处加平结固定。后领窝和后袖窿用面料贴条宽2.5cm。

5.4.3　面料特点及辅料需求（表5-4-1）

表5-4-1　面料特点及辅料需求　　单位：cm

项目	品名	使用部位	数量	规格	颜色
面料	钢花呢	马甲前身、过面、外3个贴袋面、后领贴条、后袖窿贴条	70	门幅145	棕色
外部辅料	全涤大斜纹	马甲外后身、后腰带襻	40	门幅140	巧克力色
	全涤提花	马甲里、外3个贴袋里及2个腰袋盖里	70	门幅140	驼色
	四眼小扣	门襟4粒、袋盖2粒	6粒	1.8	巧克力色
	划子	腰带襻用	1个	内径2.5	深青古
内部辅料	无纺衬	过面、袋牙、后腰带襻面	30	门幅100	黑色
	有纺衬	前身、后领贴条、后袖窿贴条	30	门幅150	黑色
	直牵条	止口、后领窝	2.00	1	黑色

5.4.4 测量部位及号型放码比例（表5-4-2）

表5-4-2 测量部位及号型放码比例

单位：cm

部位＼号型	38	40	42	44	46	48	档差	公差要求	
								-	+
背缝长	59.4	60.0	60.6	61.2	61.8	62.4	0.6	1.0	1.0
前身长（侧颈点至下摆尖）	64.2	64.5	64.8	65.1	65.4	65.7	0.3	1.0	1.0
胸围（腋下2.5）	50.0	52.5	55.0	57.5	60.0	62.5	2.5	0.6	0.5
背缝宽（背缝缝颈椎点下13.5）	34.8	36.0	37.2	38.4	39.6	40.8	1.2	0.5	0.5
前胸宽（侧颈点下15）	33.8	35.0	36.2	37.4	38.6	39.8	1.2	0.5	0.5
腰围（腋下18）	47.0	49.5	52.0	54.5	57.0	59.5	2.5	0.6	0.5
下摆尺寸	49.5	52.0	54.5	57.0	59.5	62.0	2.5	0.6	0.5
肩宽	40.3	41.5	42.7	43.9	45.1	46.3	1.2	1.0	1.0
小肩	12.2	12.5	12.8	13.1	13.4	13.7	0.3	0.5	0.5
袖窿（直量）	24.3	25.0	25.7	26.4	27.1	27.8	0.7	0.5	0
翻驳线（破点）（肩颈点至首粒扣中间）	31.4	32.0	32.6	33.2	33.8	34.4	0.6	0.3	0.3
后领深（自虚线量）	2.0	2.0	2.0	2.0	2.0	2.0	0	0.3	0.3

注 此数据适合中国普通各类人群。

5.4.5 成品效果展示（图5-4-2）

图5-4-2 成品效果展示

5.5　精品马甲

5.5.1　款式设计（图5-5-1）

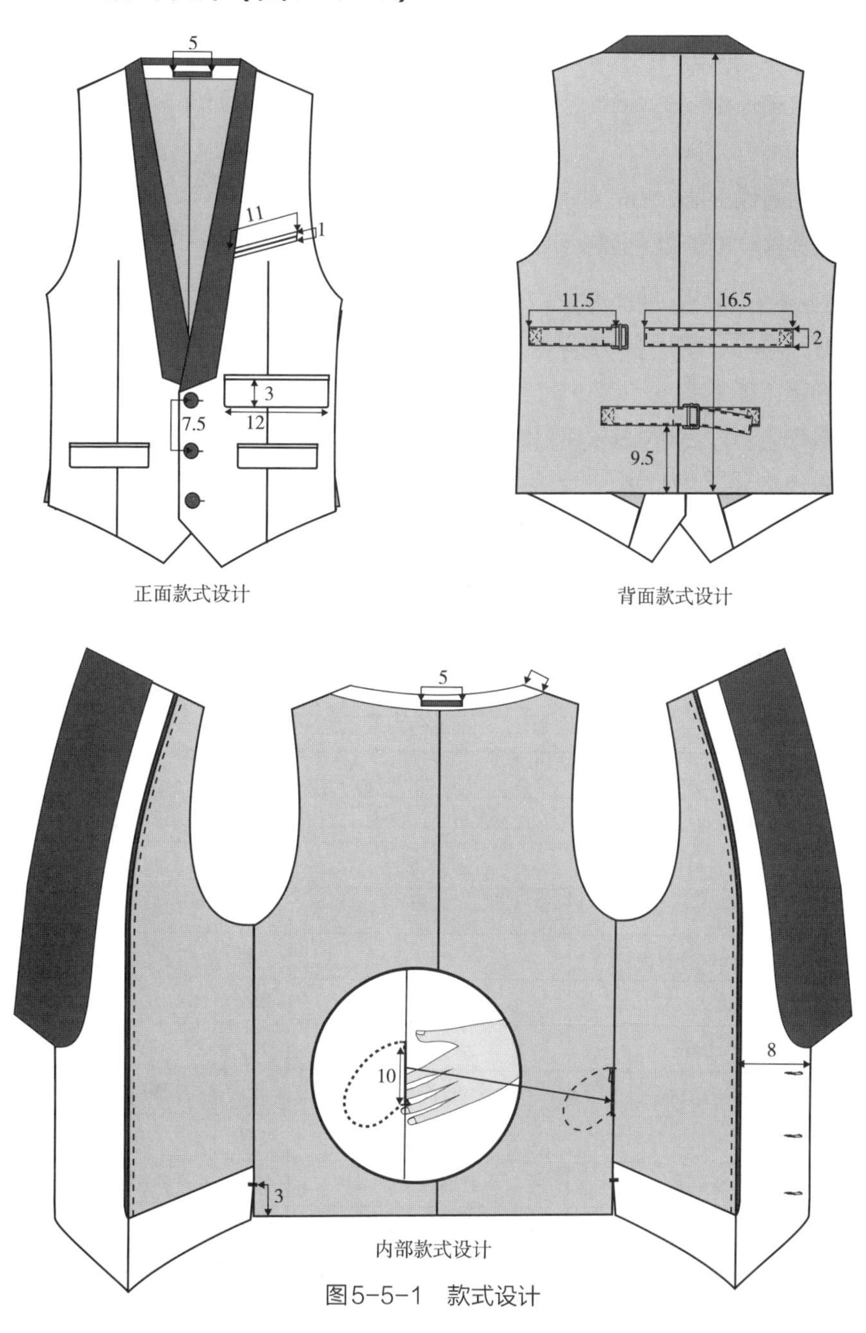

图5-5-1　款式设计

5.5.2 工艺结构设计及工艺要求

（1）缝纫针距

①明线12～13针/3cm，暗线12～13针/3cm。

②缲边机缲缝每3cm不少于4针，手工缲缝每3cm不少于4～6针。

（2）外部工艺要求（款式为连领效果）

①缉明线：单明线0.1cm。

②钉扣要求：二字钉法。

③大身：前门3粒扣。侧缝开衩3cm处封结0.6cm。前身过面8cm宽。驳头、胸袋牙、面料包扣均用撞色面料。

④肩部：肩线走前2.5cm。

⑤腰双牙袋：腰袋盖12cm×3cm。

⑥胸袋：胸袋牙10.5cm×1cm，用撞色面料。

⑦后身：后腰带襻16.5cm×2cm，距下摆9.5cm。

（3）内部工艺要求

①里料配色：过面牙0.3cm用白底红黑条里料，用星星针缝线颜色同大身里料色。侧缝处有隐形内袋10cm装拉链。

②领吊：净尺寸0.9cm×5cm钉在后领座上。

5.5.3 面料特点及辅料需求（表5-5-1）

表5-5-1 面料特点及辅料需求 单位：cm

项目	品名	使用部位	数量	规格	颜色
面料	100%WOOL面料A	前身、腰板袋及袋垫、过面	65	门幅145	深蓝灰色
	全涤谷粒风格面料B	过面、驳头	15	门幅145	黑色
	T/C斜纹面料C	外后身、大身里、后腰带襻	110	门幅140	黑色
外部辅料	驳头面料包扣	门襟3粒	3粒	1.8	黑色
	缎纹织带	领吊	0.10	0.9	黑色
	划子	腰带襻用	1个	2.1	无呖浅克呖
	全涤印花面料	过面牙	10	门幅135	白底红黑条
	3#黑色普通尼龙隐形拉链	侧缝隐形内袋	1条	10	黑色
内部辅料	无纺衬	过面、袋牙	30	门幅150	灰色
	有纺衬	大身衬、领衬	30	门幅150	黑色
	袋布	外2袋、内1袋	15	门幅150	黑色

5.5.4 测量部位及号型放码比例（表5-5-2）

表5-5-2 测量部位及号型放码比例

单位：cm

测量部位＼号型	XS	S	M	L	XL	XXL	档差	公差要求	
								-	+
后身长	56.0	57.0	58.0	59.0	60.0	61.0	1.0	1.0	1.0
胸围（腋下2.5）	45.0	47.5	50.0	52.5	55.0	57.5	2.5	1.0	1.0
前胸宽（侧颈点下15）	29.1	30.3	31.5	32.7	33.9	35.1	1.2	0.5	0.5
背缝宽（侧颈点下15）	31.1	32.3	33.5	34.7	35.9	37.1	1.2	0.5	0.5
腰围（袖窿下18）	43.0	45.5	48.0	50.5	53.0	55.5	2.5	1.0	1.0
下摆尺寸	44.0	46.5	49.0	51.5	54.0	56.5	2.5	1.0	1.0
小肩（自然折缝向前2.5）	9.9	10.2	10.5	10.8	11.1	11.4	0.3	1.0	1.0
整肩	34.0	35.0	36.0	37.0	38.0	39.0	1.0	1.0	1.0
袖窿（直量）	25.6	26.3	27.0	27.7	28.4	29.1	0.7	1.0	1.0
侧颈点到第一颗扣距离	41.5	42.0	42.5	43.0	43.5	44.0	0.5	0.5	0.5
扣间距	7.5	7.5	7.5	7.5	7.5	7.5	0	0.3	0.3
门襟扣数量	3.0	3.0	3.0	3.0	3.0	3.0	0	0	0
后领宽（沿领弧线量，含借肩2.5）	18.0	19.0	20.0	21.0	22.0	23.0	1.0	0.5	0.5
后领深	1.5	1.5	1.5	1.5	1.5	1.5	0	0	0
腰袋	11.5	12.0	12.0	12.0	12.0	12.0	0.5	0.3	0.3
腰袋盖高	3.0	3.0	3.0	3.0	3.0	3.0	0	0	0
胸袋长×高	10×1	10.5×1	10.5×1	10.5×1	10.5×1	11×1	0.5	0.5	0.5
侧颈点到胸袋距离	21.5	22.0	22.5	23.0	23.5	24.0	0.5	0.3	0.3
侧颈点到腰袋距离	45.0	45.5	46.0	46.5	47.0	47.5	0.5	0.3	0.3
驳头宽（肩线位置量）	2.5	2.5	2.5	2.5	2.5	2.5	0	0	0
驳头宽（第一颗扣位置量）	4.0	4.0	4.0	4.0	4.0	4.0	0	0	0
前袋盖上口距侧颈点	43.5	44.0	44.5	45.0	45.5	46.0	0.5	0.3	0.3
扣眼距前边	1.5	1.5	1.5	1.5	1.5	1.5	0	0.2	0.2

注 此数据适合中国普通各类人群。

5.6 绗棉马甲

5.6.1 款式设计（图5-6-1）

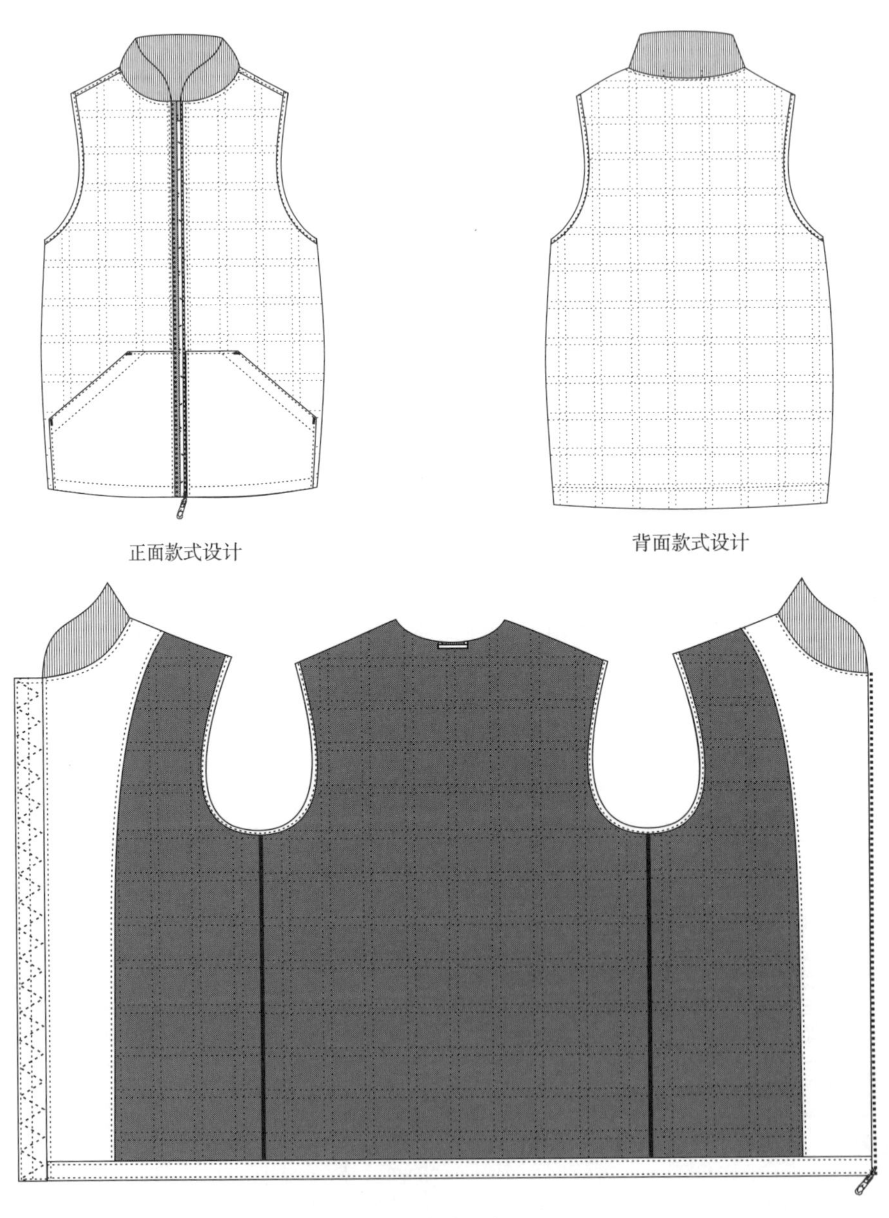

图5-6-1 款式设计

5.6.2 工艺结构设计及工艺要求

（1）缝纫针距

①150旦 ×3股粗棉线，明线9～11针/3cm，暗线12～13针/3cm。

②缲边机缲缝每3cm不少于4针，手工缲缝每3cm不少于4～6针。

（2）外部工艺要求

①缉明线：双明线0.1～0.7cm，下摆明线2cm，袖窿明线2.5cm。

②钉扣要求：四合扣。

③大身：面料、腈纶棉同里料绗菱形3.5cm×3.5cm。袋盖、贴袋、门襟、领子有腈纶棉无绗缝，门襟宽7cm有5粒暗四合扣，领头有2粒暗四合扣。底襟贴边宽3cm，缉多趟明线间距0.6cm。腋下有2个气眼。

④腰袋：腰袋盖18cm×6.5cm，腰贴袋含袋盖18cm×22cm，侧袋口2.5cm×15cm袋口封结2.5cm袋口缉多趟明线间距0.6cm，袋盖上有2个明四合扣。贴袋风琴褶宽3cm，贴袋上对折宽4cm。袋盖四周缉装饰明线22cm×4cm。

⑤胸袋：胸袋15cm×2.5cm内有拉链四周缉明线0.1cm，板袋上缉多趟明线间距0.6cm。

⑥背缝：后育克高13cm。

⑦领子：双牙拉链内有内藏帽，四周缉明线。

（3）外部工艺要求

①里料配色：

大身里、内藏帽、袋布面、袋布滚边、内部滚边：黑色。

②大身内部：下摆内贴边用织带。袖窿内贴边2.7cm缉2.5cm明线。内部滚边1cm。

③内袋：穿着右双牙牙袋15cm×1cm，四周缉明线。

④过面：先锁边然后里折0.8cm缉双趟明线间距0.6cm。

⑤领吊：面料制作，6.5cm×0.8cm。

5.6.3 面料特点及辅料需求（表5-6-1）

表5-6-1 面料特点及辅料需求 单位：cm

项目	品名	使用部位	数量	规格	颜色
面料	涤纶尼丝纺发亮面料	直过面、外贴袋及袋盖	120	门幅145	藏蓝色
外部辅料	全涤里料	大身里、内藏帽、袋布面、袋布滚边、内部滚边	150	门幅145	黑色
	细绳	腰袋盖、内袋牙、内藏帽牙、外胸袋	3.0	0.25	白色
	气眼	腋下4个、内藏帽4个	8套	0.5	无沥浅克沥
	明四合扣	腰袋4套	4套	1.5	无沥浅克沥
	暗四合扣	门襟5套、领头2套、内藏帽2套	9套	1.25	无沥浅克沥
	帽绳	内藏帽用	120	0.5	黑色
	$7^{\#}$黑色尼龙闭尾拉链	后领中用	1条	34	黑色
	$7^{\#}$黑色尼龙闭尾拉链	外胸袋	1条	15	黑色
	$3^{\#}$黑色尼龙闭尾拉链	内胸袋	1条	16	黑色
	TC布黑色人字纹织带	下摆	1.4	2	黑色
	TC布黑色人字纹织带	领结合缝	0.8	1.5	黑色
	TC布黑色人字纹织带	腰贴袋垫布	0.8	4	黑色
	$5^{\#}$开尾普通头拉链	门襟用	1条	60/61/62/63/54/65（XS/S/M/L/XL/XXL）	浅克镍
内部辅料	袋布	袋布里、外贴袋里	40	门幅150	黑色
	防透棉无纺衬	大身面、大身里	180	门幅150	黑色
	牵条	止口、后领窝	200	1.5	黑色
	有绗缝线	大身80g腈纶棉	80	门幅150	白色
	无绗缝线	腰贴袋及袋盖、领面80g腈纶棉	40	门幅150	白色

5.6.4 裁片图（图5-6-2）

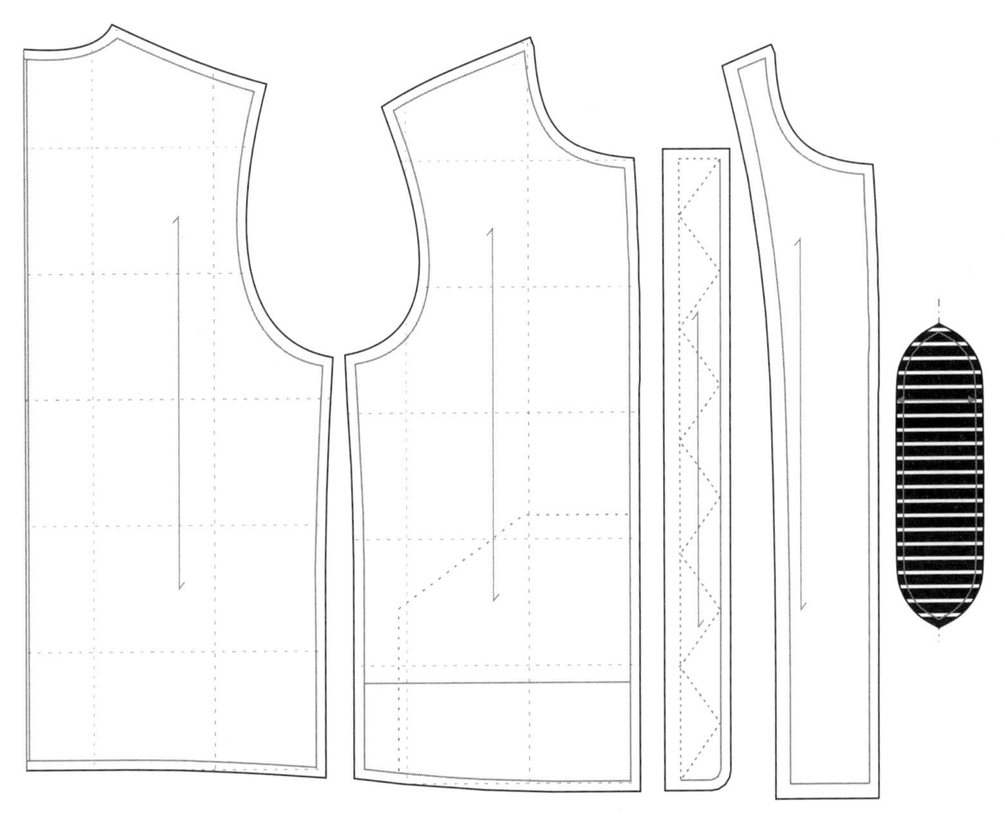

图5-6-2 裁片图

5.6.5 测量部位及号型放码比例（表5-6-2）

表5-6-2 测量部位及号型放码比例 单位：cm

号型 测量部位	XS	S	M	L	XL	XXL	档差	公差	
								−	+
背缝长（背缝至下摆）	68.0	69.0	70.0	71.0	72.0	73.0	1.0	1.0	1.0
后身长（侧颈点至后下摆）	70.0	71.0	72.0	73.0	74.0	75.0	1.0	1.0	1.0
前身长（侧颈点至前下摆）	63.0	64.0	65.0	66.0	67.0	68.0	1.0	1.0	1.0
胸围－腋下2.5cm	48.0	50.5	53.0	55.5	58.0	60.5	2.5	1.0	1.0
腰围－腋下18cm	47.0	49.5	52.0	54.5	57.0	59.5	2.5	1.0	1.0
下摆	49.0	51.5	54.0	56.5	59.0	61.5	2.5	1.0	1.0
整肩	43.0	44.0	45.0	46.0	47.0	48.0	1.0	1.0	1.0
小肩－自然折点量	11.4	11.7	12.0	12.3	12.6	12.9	0.3	1.0	1.0
前宽－侧颈点下17cm	37.6	38.8	40.0	41.2	42.4	43.6	1.2	0.5	0.5

续表

测量部位＼号型	XS	S	M	L	XL	XXL	档差	公差	
								−	+
后宽－侧颈点下17cm	41.1	42.3	43.5	44.7	45.9	47.1	1.2	0.5	0.5
袖窿直量	21.1	21.8	22.5	23.2	23.9	24.6	0.7	1.0	1.0
前领深	9.1	9.3	9.5	9.7	9.9	10.1	0.2	0	0
后领深	2.0	2.0	2.0	2.0	2.0	2.0	0	0	0
后领宽直量	18.0	19.0	20.0	21.0	22.0	23.0	1.0	0.5	0.5
1/2领上围	24.4	25.9	27.0	28.3	29.6	30.9	1.3	0.5	0.5
后领高	7.0	7.0	7.0	7.0	7.0	7.0	0	0.3	0.3
内藏帽高	32.5	33.0	33.0	33.5	34.0	34.5	0.5	1.0	1.0
内藏帽宽	21.0	22.5	22.5	24.0	25.5	27	1.5	1.0	1.0
内藏帽大延后领中量	24.0	25.0	25.0	26.0	27.0	28.0	1.0	1.0	1.0

注 此数据适合中国普通各类人群。

5.6.6 成品效果展示（图5-6-3）

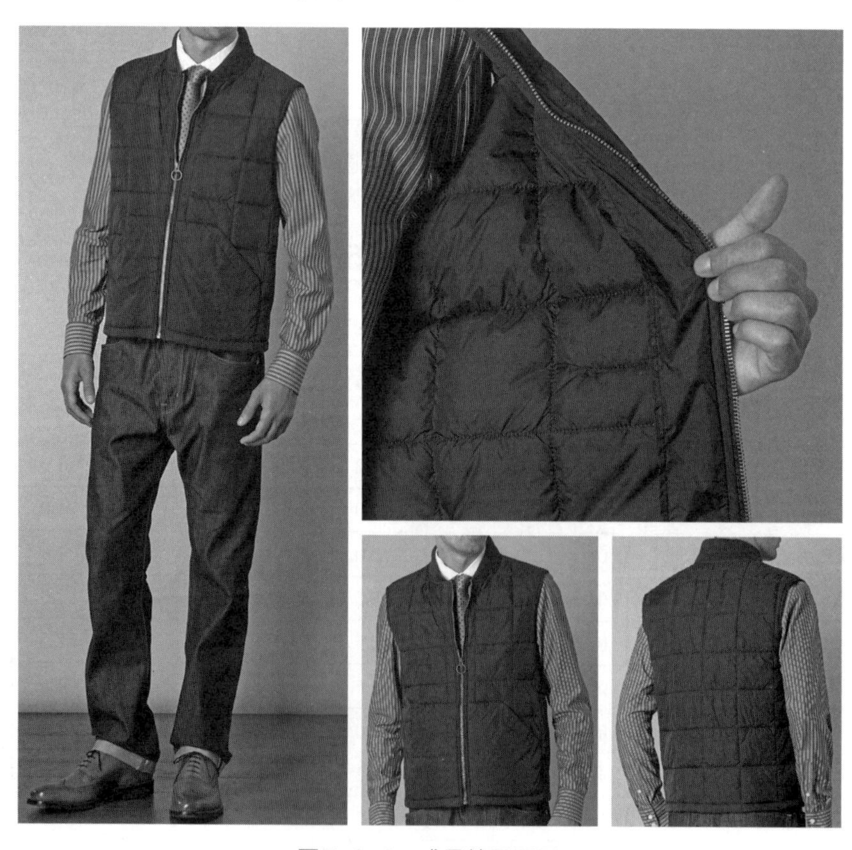

图5-6-3 成品效果展示

5.7　基本款马甲

5.7.1　款式设计（图5-7-1）

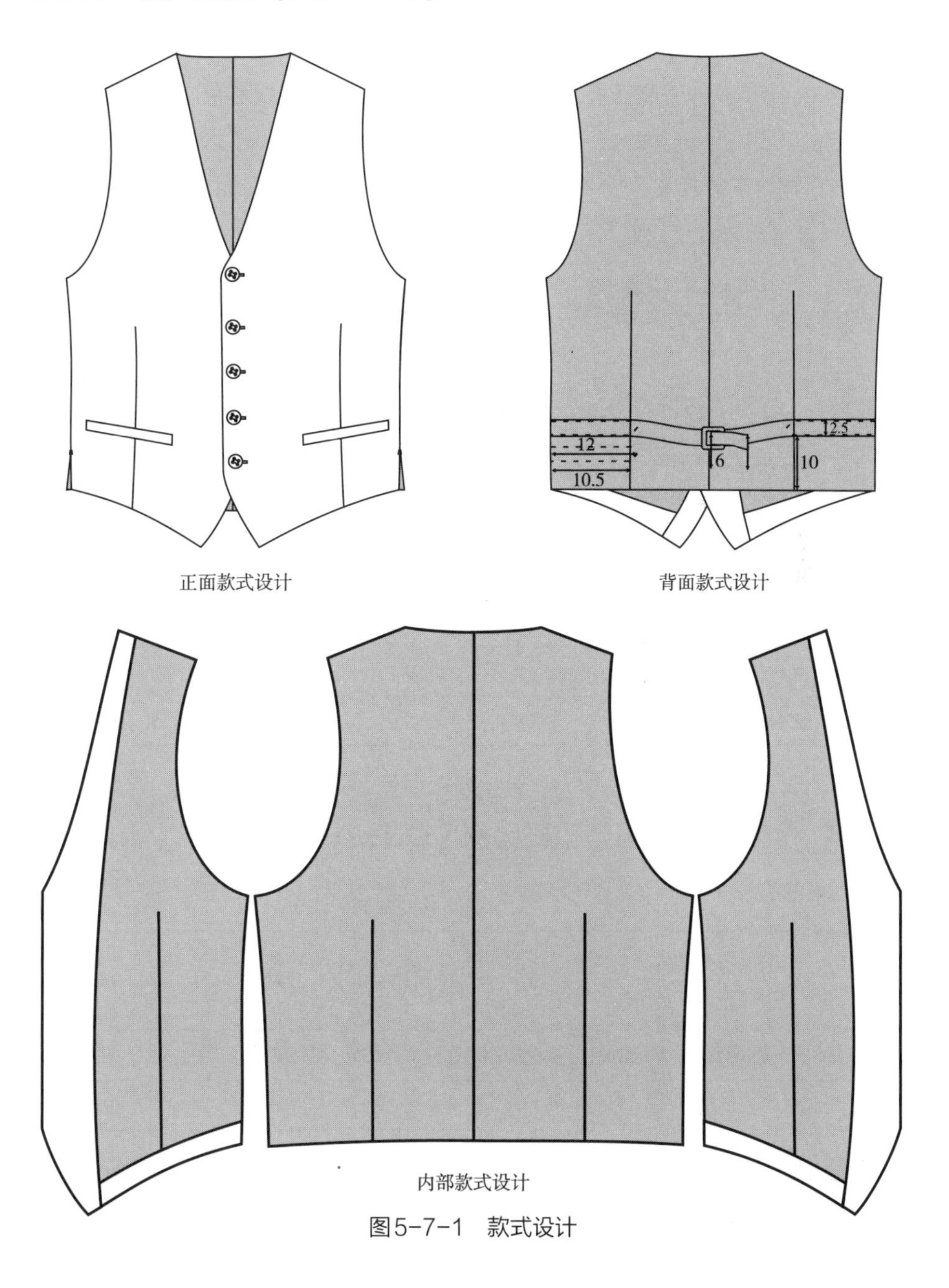

图5-7-1　款式设计

5.7.2 工艺结构设计及工艺要求

（1）缝纫针距

①明线12～13针/3cm，暗线12～13针/3cm。

②缲边机缲缝每3cm不少于4针，手工缲缝每3cm不少于4～6针。

（2）工艺要求

①缉明线：后腰带襻缉装饰明线0.1cm。

②钉扣要求：二字钉法。

③前身：门襟5粒扣。侧开衩2.5cm用0.6cm平结加固，缝线颜色同面料色。

④腰袋：单牙袋11cm×2.5cm，颜色袋垫同袋牙。

⑤背缝：背缝有破缝线，背缝腰带襻宽2.5cm。腰带襻在后身侧缝处缉死。

5.7.3 面料特点及辅料需求（表5-7-1）

表5-7-1 面料特点及辅料需求 单位：cm

项目	品名	使用部位	数量	规格	颜色
面料	毛涤面料	前身、腰板袋及袋垫、过面	60	门幅145	灰色
外部辅料	全涤平纹	后身、大身里、后腰带襻、袋布	110	门幅145	深灰色
	四眼小扣	门襟5粒	5粒	1.5	黑色
	划子	腰带襻用	1个	2.5	无哂浅克哂
内部辅料	无纺衬	过面、袋牙	30	门幅100	灰色
	大身衬	前身	30	门幅150	黑色

5.7.4 测量部位及号型放码比例（表5-7-2）

表5-7-2 测量部位及号型放码比例 单位：cm

号型 测量部位	S	M	L	XL	2XL	档差	公差要求	
							−	+
前身长（从侧颈点到下摆尖）	58.5	60.0	61.5	63.0	64.5	1.5	0.5	0.5
背缝宽（背缝线领下15.5）	35.8	37.0	38.2	39.4	40.6	1.2	0.5	0.5
小肩	10.6	11.0	11.5	11.9	12.4	0.45	0.5	0.5
后身长（从背缝领到下摆）	54.0	55.5	57.0	58.5	60.0	1.5	0.5	0.5

续表

号型 测量部位	S	M	L	XL	2XL	档差	公差要求	
							-	+
胸围	48.8	52.5	56.3	60.0	63.8	3.75	0.5	1.0
腰围（背缝点45cm）	44.3	48.0	51.8	55.5	59.3	3.75	0.5	1.0
下摆（直量）	44.8	48.5	52.3	56.0	59.8	3.75	0.5	1.0
翻驳线（破点）	29.8	31.0	32.2	33.4	34.6	1.2	0.5	0.5
后领宽（弯量）	22.5	23.0	23.5	24.0	24.5	0.5	0.5	0.5
后领宽（直量）	20.1	20.4	20.7	21.0	21.3	0.3	0.5	0.5
袖窿一圈（沿边量）	53.0	57.0	61.0	65.0	69.0	4.0	0.5	0.5
袋口宽	11.0	11.0	11.0	11.5	11.5	0	0.5	0.5
后腰带襻宽	2.6	2.6	2.6	2.6	2.6	0	0.3	0.3
开衩长	2.5	2.5	2.5	2.5	2.5	0	0	0

注 此数据适合中国普通各类人群。

5.7.5 裁片图（图5-7-2）

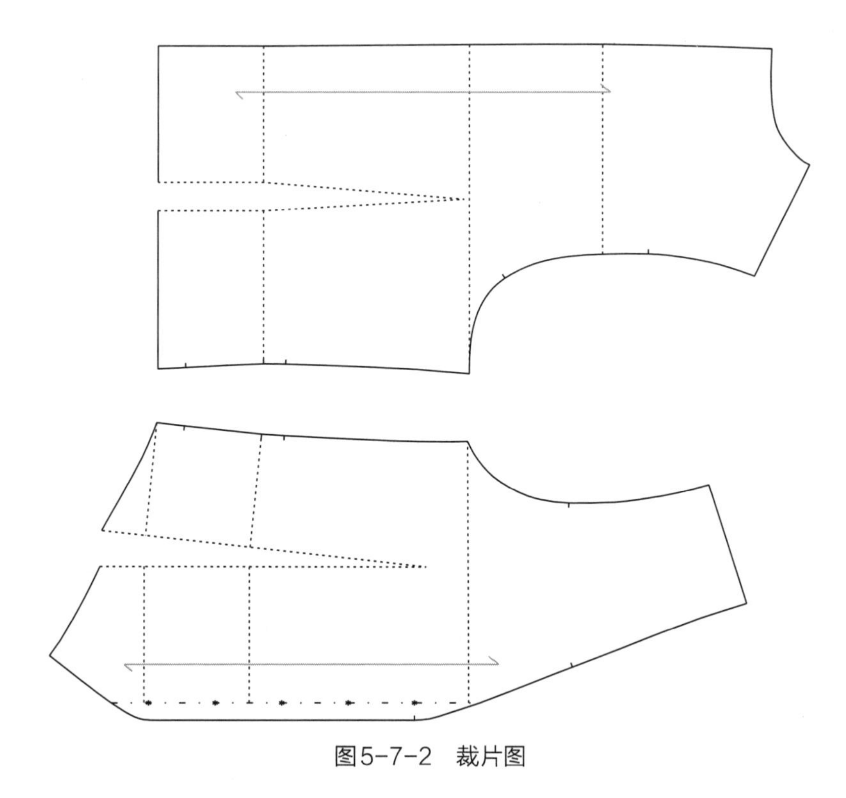

图5-7-2 裁片图

5.7.6 成品效果展示（图5-7-3）

图5-7-3 成品效果展示

第6章

休闲服装篇

6.1 PU牙子绗棉服

6.1.1 款式设计（图6-1-1）

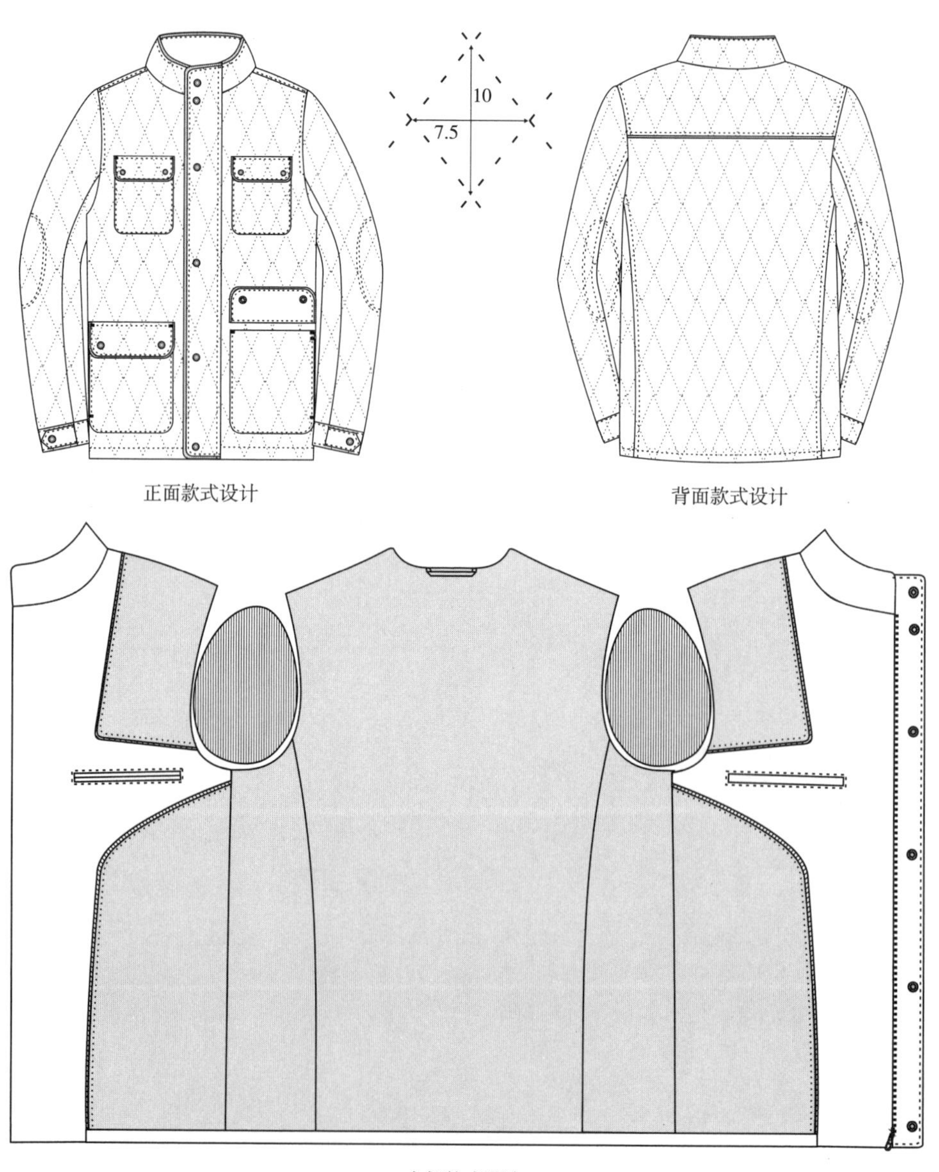

图6-1-1 款式设计

6.1.2　工艺结构设计及工艺要求

（1）缝纫针距

①明线12～13针/3cm，暗线12～13针/3cm。

②缲边机缲缝每3cm不少于4针，手工缲缝每3cm不少于4～6针。

（2）外部工艺要求

①缉明线：门襟、肩缝、前后袖窿、后缝、后袖缝、后育克、袖襻缉单明线0.6cm，下摆明线2.5cm。

②前身：门襟装拉链并钉6粒明四合扣，门襟宽6cm。领子上口、门襟、胸袋盖、腰袋盖、后育克用黑色PU仿皮材料做牙子0.3cm，牙子里埋绳。领襻8cm×5cm。

③肩部：自然舒适。

④腰袋：腰袋盖18cm×6cm，袋盖钉2粒四合扣，明贴袋长含袋盖20cm，腰贴袋底边距下摆4.5cm，距门襟2cm。

⑤胸袋：胸袋盖13cm×5cm，袋盖钉2粒四合扣，明贴袋长含袋盖15cm。

⑥袖子：袖口装12cm×5cm的袖襻上，袖襻上钉1粒四合扣。距袖口边23cm按图示在肘部缉18cm×10cm的2趟明线间距0.6cm。

⑦背缝：后育克长13cm。

（3）内部工艺要求

①里料配色：

大身里、外贴袋里：黑色里料；

袖里：黑色里料；

过面牙：酒红色里料。

②内袋：右侧双牙袋15cm×1cm，左侧单牙袋15cm×1cm，袋牙四周缉明线。

③过面：过面牙0.3cm，0.3cm星星针与大身里同色。

④领吊：T型定法领吊净尺寸1cm×6cm。

6.1.3　面料特点及辅料需求（表6-1-1）

表6-1-1　面料特点及辅料需求　　单位：cm

项目	品名	使用部位	数量	规格	颜色
面料	全涤涂层轻薄面料A	大耳朵皮、内袋牙及袋垫、领吊	230	门幅145	
	黑色PU仿皮面料面料B	领口上端牙子、门襟牙子、袋盖牙子、后育克牙子	25	门幅140	黑色

续表

项目	品名	使用部位	数量	规格	颜色
外部辅料	防透棉处理面料	大身里、外贴袋里	90	门幅140	黑色
	全涤里料	袖里	60	门幅145	黑色
	深色面为正面	过面牙	5	门幅140	酒红色
	明四合扣	门襟5套、领头1套、袖口2套、胸袋4套、腰袋4套	16套	1.5	无呖枪色
	门襟拉链	5#黑镍色金属开尾拉链	1条	62.5/63/64.5/66/67.5/69（S/M/L/XL/2XL/3XL）	黑镍色
内部辅料	无纺衬	过面、袋牙	60	门幅150	黑色
	上衣袋布	外2个袋、内2袋	40	门幅150	黑色
	防透棉无纺衬	面料和腈纶棉之间用	180	门幅150	白色
	100g腈纶棉	大身、袖子	180	门幅150	白色
	细绳	门襟、领口、袋盖、后育克接缝	6.00	0.3	白色

6.1.4 裁片图（图6-1-2）

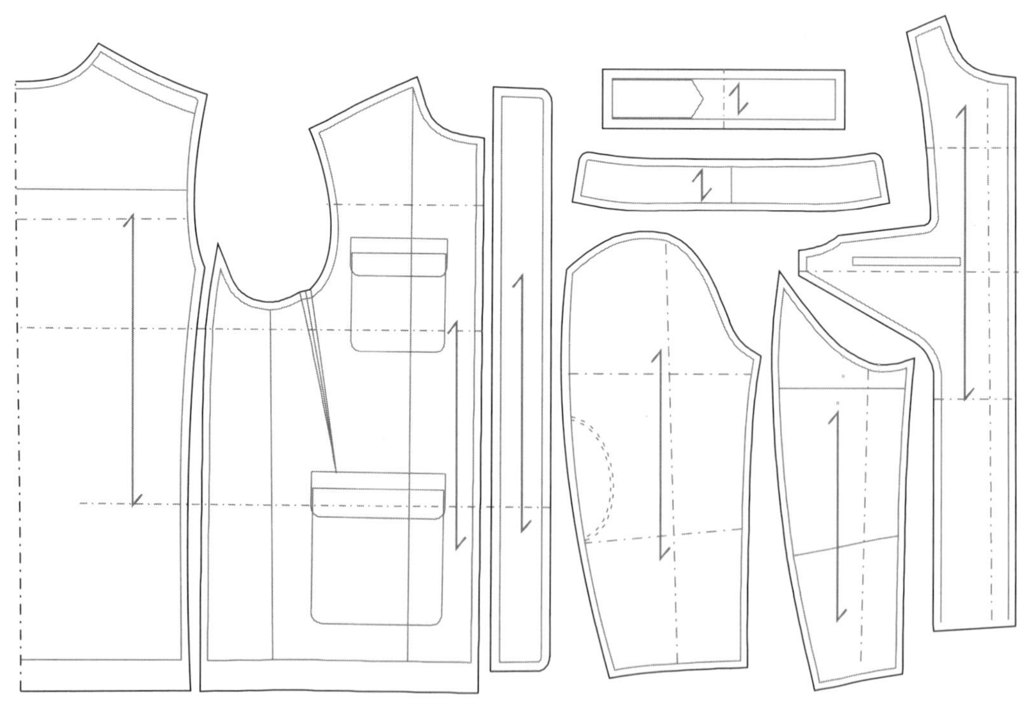

图6-1-2 裁片图

6.1.5 测量部位及号型放码比例（表6-1-2）

表6-1-2 测量部位及号型放码比例

单位：cm

测量部位＼号型	S	M	L	XL	2XL	3XL	档差	公差要求	
								-	+
背缝长	74.4	75.0	76.2	77.4	78.6	79.8	1.2	1.0	1.0
后身长（侧颈点到下摆）	76.3	77.0	78.5	80.0	81.5	83.0	1.5	1.0	1.0
前中长（前中领到下摆）	65.5	66.0	67.1	68.2	69.3	70.4	1.1	1.0	1.0
前身长（侧颈点到下摆）	75.3	76.0	77.5	79.0	80.5	82.0	1.5	1.0	1.0
胸围	54.5	57.0	62.0	67.0	72.0	77.0	5.0	1.0	1.0
腰围	54.5	57.0	62.0	67.0	72.0	77.0	5.0	1.0	1.0
下臀围	54.5	57.0	62.0	67.0	72.0	77.0	5.0	1.0	1.0
下摆尺寸	54.5	57.0	62.0	67.0	72.0	77.0	5.0	1.0	1.0
后肩宽	45.8	47.0	49.4	51.8	54.2	56.6	2.4	0.5	0.5
小肩（前肩缝）	13.1	13.5	14.3	15.1	15.9	16.7	0.8	0.5	0.5
前胸宽（侧颈点下17）	38.3	39.5	41.9	44.3	46.7	49.1	2.4	0.5	0.5
背缝宽（侧颈点下17）	43.8	45.0	47.4	49.8	52.2	54.6	2.4	0.5	0.5
袖长	63.7	64.0	64.6	65.2	65.8	66.4	0.6	1.0	0.5
内袖长	45.8	46.0	46.2	46.4	46.6	46.8	0.2	0.5	0.5
袖窿（直量）	24.9	25.5	26.7	27.9	29.1	30.3	1.2	0.5	0.5
前袖窿（弯量）（前肩缝至前袖窿省处）	24.2	25.0	26.6	28.2	29.8	31.4	1.6	0.5	0.5
后袖窿（弯量）（后肩缝至后袖窿省处）	31.2	32.0	33.6	35.2	36.8	38.4	1.6	0.5	0.5
袖肥（腋下2.5）	21.3	22.0	23.5	25.0	26.5	28.0	1.5	0.5	0.5
半袖（1/2内袖长）	19.0	19.5	20.5	21.5	22.5	23.5	1.0	0.5	0.5
袖口	14.2	14.5	15.1	15.7	16.3	16.9	0.6	0.3	0.3
后领宽（直量）	20.1	20.5	21.3	22.1	22.9	23.7	0.8	0.5	0.5
前领深（自然折叠点）	8.8	9.0	9.4	9.8	10.2	10.6	0.4	0	0
后领深	2.3	2.3	2.3	2.3	2.3	2.3	0	0	0
1/2上领口	23.9	24.5	25.8	27.1	28.4	29.7	1.3	0	0.5
后领高（中线处）	6.0	6.0	6.0	6.0	6.0	6.0	0	0.3	0.3
前领高	6.0	6.0	6.0	6.0	6.0	6.0	0	0.3	0.3
胸袋位距侧颈点前肩缝	19.4	19.5	19.8	20.1	20.4	20.7	0.3	0	0
腰袋位距侧颈点前肩缝	49.9	50.0	50.3	50.6	50.9	51.2	0.3	0	0

注 此数据适合中国普通人群。

6.1.6 成品效果展示（图6-1-3）

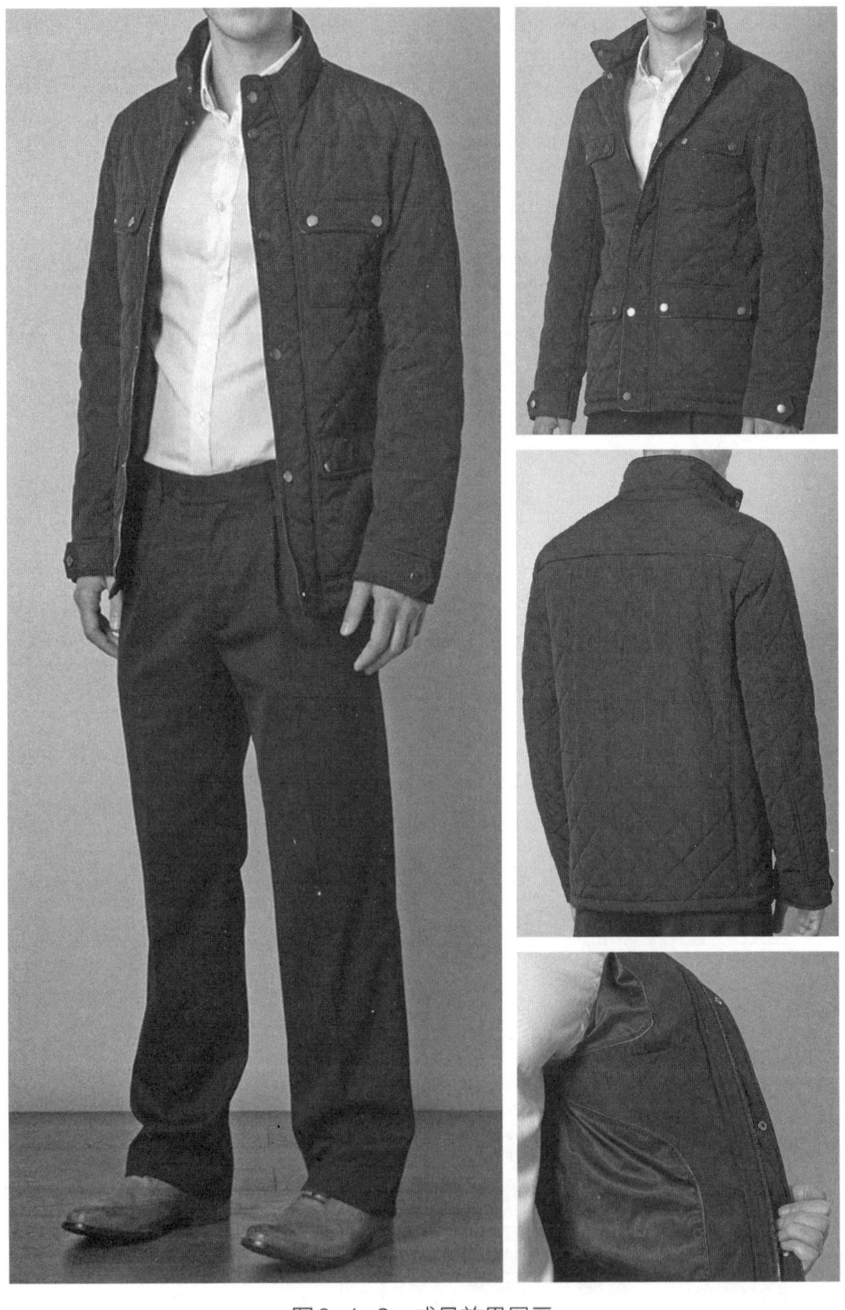

图6-1-3 成品效果展示

6.2　基本款棉夹克

6.2.1　款式设计（图6-2-1）

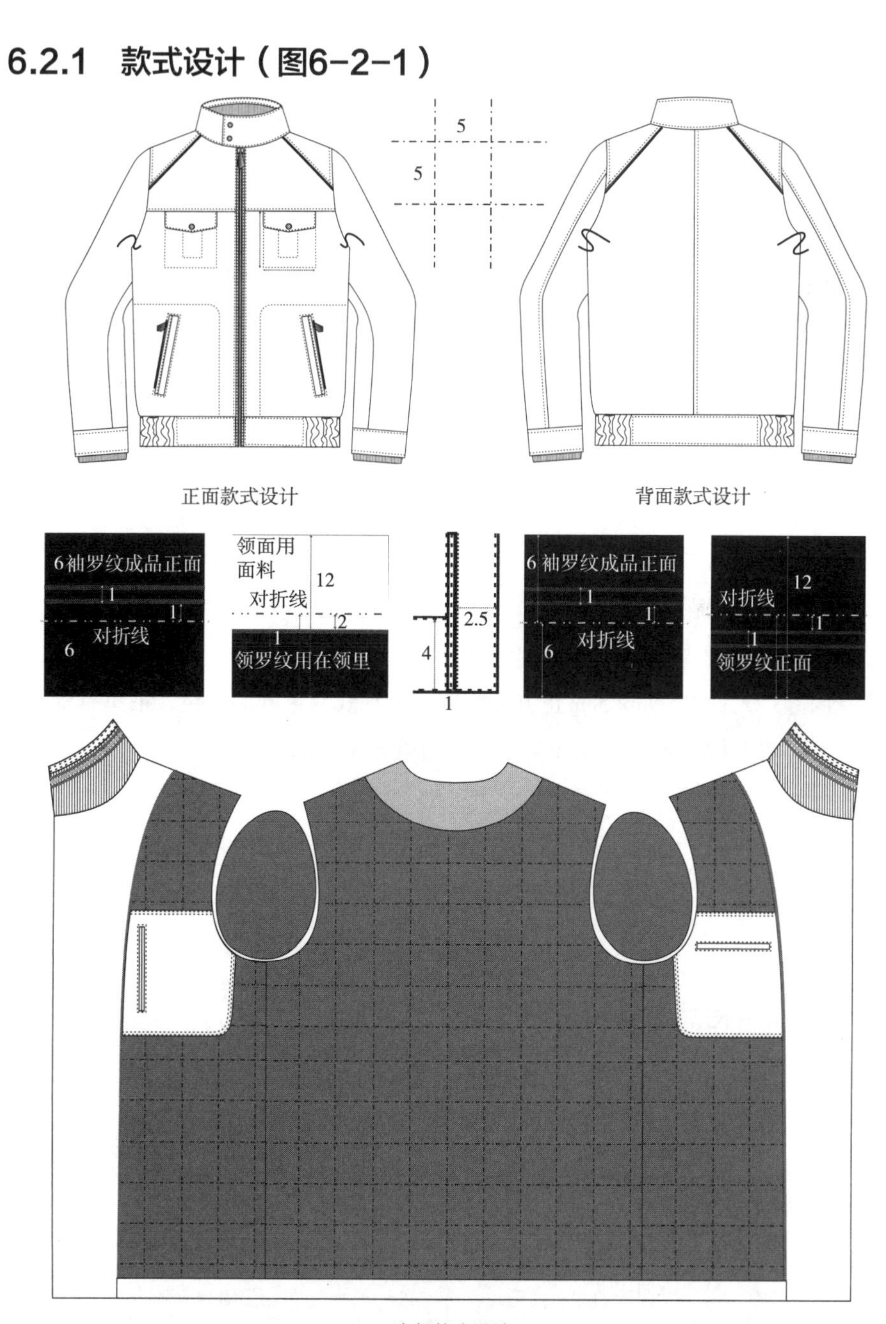

图6-2-1　款式设计

6.2.2 工艺结构设计及工艺要求

（1）缝纫针距

①明线150旦×6股粗丝线明线9～10针/3cm，暗线12～13针/3cm。

②缲边机缲缝每3cm不少于4针，手工缲缝每3cm不少于4～6针。

（2）外部工艺要求

①缉明线：单明线1cm，双明线0.1～0.7cm。

②大身：门襟装拉链不漏齿到头，大身底襟宽4.5cm，门襟牙子宽1cm，牙子中埋细绳。下摆带松紧宽4cm，拼接，两侧的宽松紧带18cm长。

③肩部：前后过肩有拼接，拼接处加0.3cm牙子埋细绳。

④腰袋：腰袋板17cm×3cm，袋口边缘内帽细绳，腰袋缉装饰轮廓线。

⑤胸袋：袋盖4cm×5.5cm×4cm钉一粒暗四合扣，胸袋缉装饰轮廓线。

⑥袖口：外袖口拼接袖头宽度为4cm，内袖口罗纹外露1cm。

⑦领子：领子搭门宽2.5cm，内领用罗纹领。

（3）内部工艺要求

①里料配色：

大身里、袖里、领吊：黑色里料；

过面牙：酒红色里料；

腈纶棉100g：大身、袖里。

②大身内部：大身里5cm×5cm正方形绗棉，绗棉线颜色同面料色，袖里有棉不绗缝。

③内袋：穿着右侧双牙袋14cm×1cm，左侧单牙袋14cm×1cm。

④侧片牙：加子母带。

⑤过面：0.3cm酒红色过面牙，过面缉0.2cm明线颜色同过面牙色。

⑥领吊：仿皮领吊用同领里面料颜色相同线，手缝固定4股线3圈。

6.2.3 面料特点及辅料需求（表6-2-1）

表6-2-1 面料特点及辅料需求 单位：cm

项目	品名	使用部位	数量	规格	颜色
面料	复合涤纶面料A	2个内袋牙、袋垫、扣襻	190	门幅145	黑色
	炭灰色法兰绒面料B	半月形后领托	10	门幅145	炭灰色
外部辅料	防透棉处理	大身里、袖里	140	门幅146	黑色
	全涤里料	过面牙	5	门幅147	酒红色

续表

项目	品名	使用部位	数量	规格	颜色
外部辅料	仿皮领吊		1个	7	黑色
	明四合扣	领头	2套	1.7	克古
	暗不刻标四合扣	胸袋	2套	1.7	克古
	5#金属开尾拉链黑色底布	门襟拉链	1条	61/62/63/64/65/66/68/69（S/M/L/XL/2XL/3XL/4XL/5XL）	黑古铜色
	1×1、12G、双股涤纶纱、氨纶罗纹	领罗纹净尺寸：5×47	1个	8×47.5/49/51.5/54.5/57/59.5/62/64.5（S/M/L/XL/2XL/3XL/4XL/5XL）	黑底配酒红和灰条
	1×1、12G、双股涤纶纱、氨纶罗纹，黑底加酒红色和灰色条	袖口罗纹净尺寸：5×19	1对	12×20.5/21/22/23.5/24.5/25.5/26.5/27.5（S/M/L/XL/2XL/3XL/4XL/5XL）	黑底配酒红和灰条
内部辅料	无纺衬	下摆里、过面、袖口里、袋牙里	80	门幅150	灰色
	袋布	外4袋、内2袋	50	门幅150	黑色
	细绳	止口、前后过肩	3.00	0.2	白色
	松紧带净尺寸：4×20	下摆两端侧缝	0.60	4	黑色
	有纺缝：100g腈纶棉	大身	90	门幅150	白色
	无纺缝：100g腈纶棉	袖子	60	门幅150	白色
	牵条	止口、领子、前后袖窿、前后肩缝	4.00	1.2	黑色

6.2.4 测量部位及号型放码比例（表6-2-2）

表6-2-2 测量部位及号型放码比例 单位：cm

测量部位＼号型	S	M	L	XL	2XL	3XL	4XL	档差	公差要求	
									−	+
后身长	67.0	69.0	71.0	73.0	75.0	77.0	79.0	2.0	0.5	0.5
胸围（腋下2.5）	54.5	58.5	62.5	66.5	70.5	74.5	78.5	4.0	1.0	1.0
前胸宽（肩颈点下17）	38.9	41.5	44.1	46.7	49.3	51.9	54.5	2.6	0.5	0.5
背缝宽（肩颈点下17）	43.9	46.5	49.1	51.7	54.3	56.9	59.5	2.6	0.5	0.5
下摆（拉直量）	55.0	59.0	63.0	67.0	71.0	75.0	79.0	4.0	1.0	1.0
下摆（放松量）	47.0	51.0	55.0	59.0	63.0	67.0	71.0	4.0	1.0	1.0
肩宽	47.0	48.0	49.0	50.0	51.0	52.0	53.0	1.0	1.0	1.0
小肩	13.7	14.5	15.3	16.1	16.9	17.7	18.5	0.8	0.3	0.3
袖长	62.5	63.0	63.5	64.0	64.5	65.0	65.5	0.5	0.3	0.3

续表

测量部位＼号型	S	M	L	XL	2XL	3XL	4XL	档差	公差要求	
									−	+
袖窿（直量）	24.3	25.0	25.7	26.4	27.1	27.8	28.5	0.7	0.5	0.5
袖肥	21.3	22.0	22.8	23.5	24.3	25.0	25.8	0.8	0.5	0.5
半袖宽（1/2内袖长）	18.5	19.0	19.5	20.0	20.5	21.0	21.5	0.5	0.3	0.3
外袖口	14.5	15.0	15.5	16.0	16.5	17.0	17.5	0.5	0.3	0.3
罗纹内袖口	9.0	9.5	10.0	10.5	11.0	11.5	12.0	0.5	0.3	0.3
后领宽	19.0	20.0	21.0	22.0	23.0	24.0	25.0	1.0	0.3	0.3
前领深	8.8	9.0	9.2	9.4	9.6	9.8	10.0	0.2	0.3	0.3
后领深	2.0	2.0	2.0	2.0	2.0	2.0	2.0	0	0.3	0.3
外领上口	21.9	23.0	24.1	25.2	26.3	27.4	28.5	1.1	0.3	0.3
后领高（中线处）	6.0	6.0	6.0	6.0	6.0	6.0	6.0	0	0	0

注 此数据适合中国普通人群。

6.2.5 裁片图（图6-2-2）

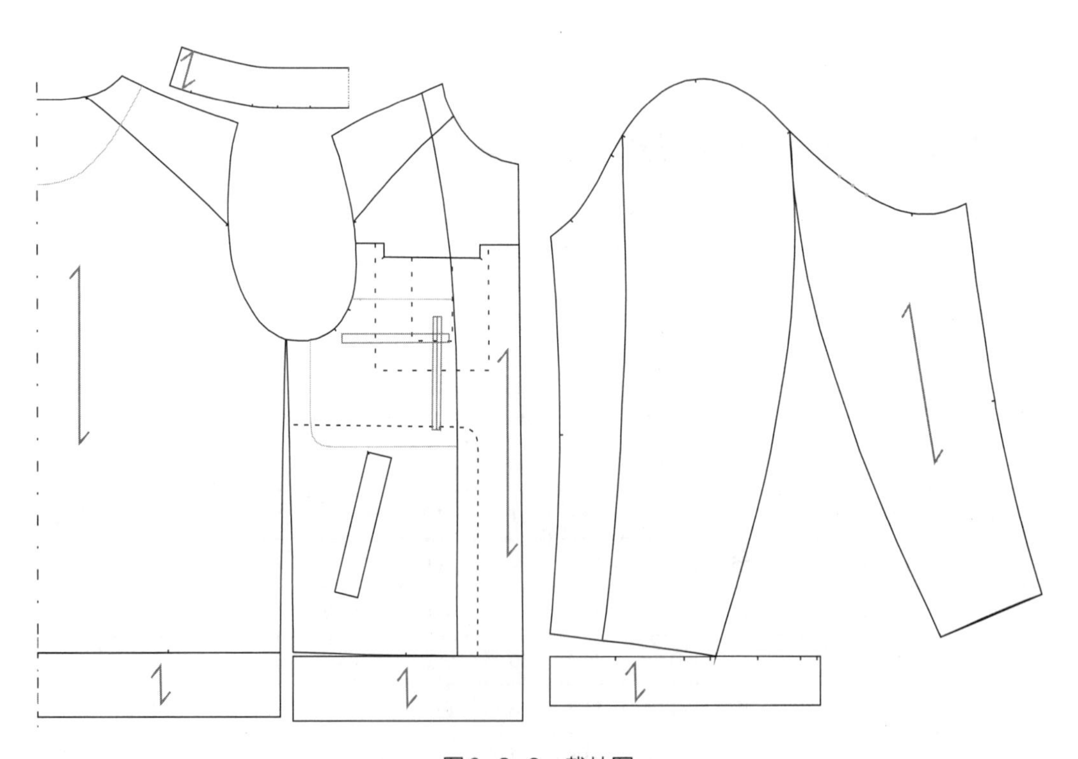

图6-2-2 裁片图

6.2.6 成品效果展示（图6-2-3）

图6-2-3 成品效果展示

6.3 复杂工艺休闲上衣

6.3.1 款式设计（图6-3-1）

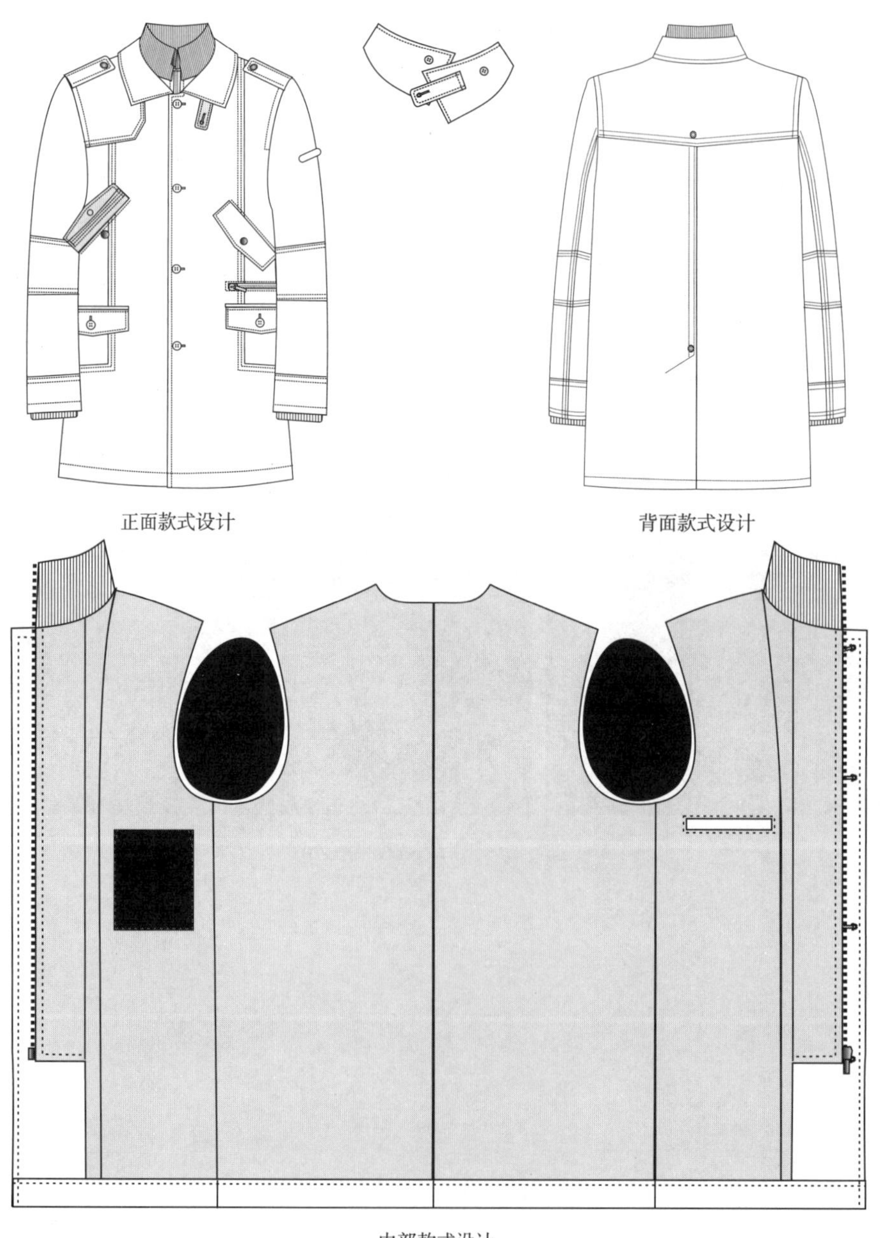

图6-3-1 款式设计

6.3.2　工艺结构设计及工艺要求

（1）缝纫针距

①明线150旦 ×6股粗丝线，明线8～9针/3cm，暗线12～13针/3cm。

②缲边机缲缝每3cm不少于4针，手工缲缝每3cm不少于4～6针。

（2）外部工艺要求

①缉明线：肩襻、前育克缝、前破缝、背缝和腰袋盖缉明线0.7cm，领、止口、前后袖窿、袖破缝、后袖缝、后育克、袖口、胸袋盖、领襻、腰袋缉双明线0.1～0.7cm，下摆缉双明线2.5～3.2cm。后领座缉多道明线间距0.6cm。

②钉扣要求：二字形钉扣。

③前身：前门襟外部单排4粒扣，内部缝装固定拉链的罗纹门襟，罗纹领高11cm。前身右侧装饰缉死的育克。领襻12.5cm×4cm一端固定在领子上。

④肩部：活肩襻11cm×4.5cm，一端在肩缝处固定，另一端装1粒四合扣。

⑤腰袋：左侧腰袋上2cm处有一个18cm拉链袋，左右各一个带盖立体贴袋19.5cm×21.5cm，袋盖19.5cm×7cm×4.5cm，袋盖两端打结加固。

⑥胸袋：带暗扣斜胸袋，袋盖19.5cm×7cm×4cm，袋盖双层，袋开口在两层袋盖之间。

⑦袖口：装饰牌距肩点14cm。袖肘部拼接按原样。袖口拼接高7cm。袖口带罗纹，罗纹露出1cm。袖中外袖缝拼接13cm，内袖缝拼接10cm。

⑧背缝：背缝育克高17.5cm，育克尖处用铆钉固定。开衩18.5cm处有铆钉，铆钉钉在双明线内。

（3）内部工艺要求

①面里料配色：

活门襟面、肩襻面、护领襻面、护领襻里、胸袋盖面、腰袋盖面、过面、1个内袋牙及袋垫、主标下面的贴布：面料布，黑色。

活门襟里、胸袋盖里、腰袋盖里、大身里、肩襻里：牛津纺尼龙布，深咖色。

袖里、内商标袋里：灰底黑花。

②内袋：左袋单牙13cm×1.5cm，四周缉明线；右袋袋口封三角。

③领吊：银色织带。

6.3.3 面料特点及辅料需求（表6-3-1）

表6-3-1 面料特点及辅料需求 单位：cm

项目	品名	使用部位	数量	规格	颜色
面料	厚克重毛呢面料A	活门襟面、肩襻面、护领襻面、护领襻里、胸袋盖面、腰袋盖面、过面、1个内袋牙及袋垫、主标下面的贴布	230	门幅145	黑色
	牛津纺尼龙面料B	活门襟里、胸袋盖里、腰袋盖里、大身里、肩襻里	120	门幅145	深咖色
外部辅料	灰底黑花全涤平纹	袖里、内商标袋里	65	门幅145	灰底黑花
	8#开尾拉链	用在门襟	1.0	71（S/M） 73（L/XL） 75（XXL）	灰沥色
	5#闭尾拉链	用在腰袋	1.0	17	灰沥色
	2×2、7针、3%氨纶、20%涤纶、77%棉袖口罗纹	袖口罗纹，净尺寸：6×10	2.0	14×21/22/23/24/25（S/M/L/XL/XXL）	黑色
	2×2、7针、3%氨纶、20%涤纶、77%棉领罗纹	领罗纹，净尺寸：12×45	1.00	26×46/47/48/49/50（S/M/L/XL/XXL）	黑色
	金属牌	左袖	1个		黑色
	金属牌用织带	固钉金属牌	0.1	1.5	黑色
	金属盾牌型铆钉	背缝衩处1个、后育克1个	2个		黑色
	四合扣	肩襻扣2套、胸袋扣2套	4套	1.8	黑色
	四眼大扣	门襟扣4粒	4粒	3	黑色
	四眼中扣	腰袋扣2粒、领襻扣2粒	4粒	2.5	黑色
内部辅料	无纺衬	前身、过面、领子、下摆、袖口、后开衩、板袋、袋盖、袋牙、袖窿	1.8	门幅100	灰色
	加丝直牵带	止口、领子、前后袖窿、前后肩缝	4.0	1.2	黑色
	黑色袖棉	袖山	10	门幅110	黑色
	袋布	5外袋、1内袋	60	门幅150	黑色
	柔软厚实垫肩	肩部	1付	15.5（S/M/L） 17.5（XL/XXL）	灰色

6.3.4 裁片及用里、衬要求图（图6-3-2）

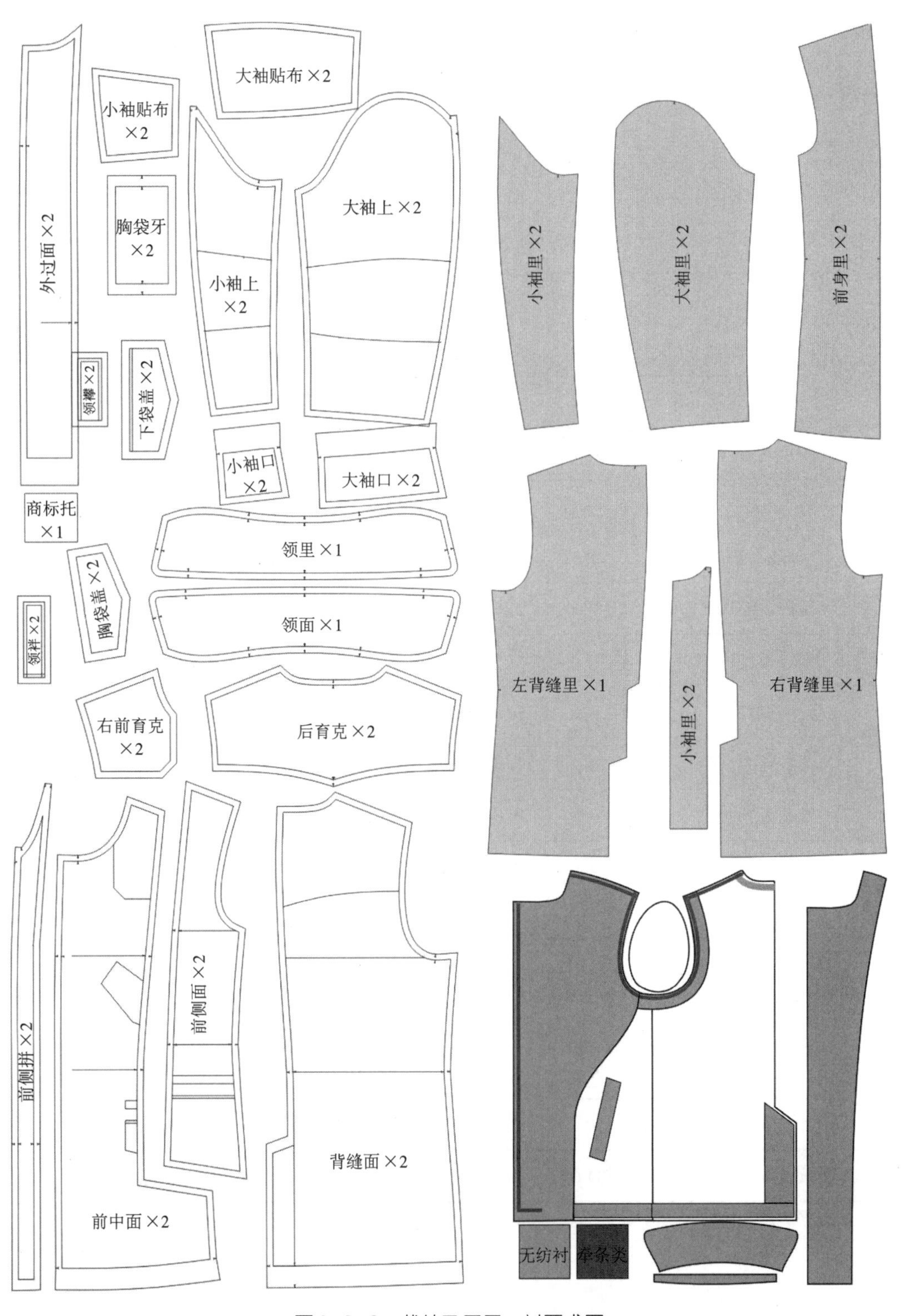

图6-3-2 裁片及用里、衬要求图

6.3.5 测量部位及号型放码比例（表6-3-2）

表6-3-2 测量部位及号型放码比例 单位：cm

号型 测量部位	S	M	L	XL	XXL	档差	公差要求	
							−	+
后身长	80.0	82.0	84.0	86.0	88.0	2.0	0.5	0.5
胸围（腋下2.5）	51.5	55.5	59.5	63.5	67.5	4.0	1.0	1.0
下摆尺寸	52.0	56.0	60.0	64.0	68.0	4.0	1.0	1.0
前胸宽（侧颈点下17）	38.9	41.5	44.1	46.7	49.3	2.6	0.5	0.5
背缝宽（背缝领下13.5）	40.4	43.0	45.6	48.2	50.8	2.6	0.5	0.5
小肩	13.2	14.0	14.8	15.6	16.4	0.8	0.3	0.3
袖长	63.5	64.0	64.5	65.0	65.5	0.5	0.3	0.3
袖窿（直量）	24.3	25.0	25.7	26.4	27.1	0.7	0.5	0.5
袖肥（腋下2.5）	20.8	21.5	22.3	23.1	23.9	0.8	0.5	0.5
半袖（1/2内袖长）	17.0	17.5	18.0	18.5	19.0	0.5	0.3	0.3
袖口	14.0	14.5	15.0	15.5	16.0	0.5	0.3	0.3
后领宽（直量）	20.5	21.5	22.5	23.5	24.5	1.0	0	0
前领深（外量）	9.8	10.0	10.2	10.4	10.6	0.2	0	0
前领深（内量）	9.8	10.0	10.2	10.4	10.6	0.2	0	0
后领深	2.0	2.0	2.0	2.0	2.0	0	0	0
领座高（背缝线）	3.5	3.5	3.5	3.5	3.5	0	0	0
翻领高（背缝线）	6.0	6.0	6.0	6.0	6.0	0	0	0
领嘴（领点）	9.0	9.0	9.0	9.0	9.0	0	0	0
领上端开口	22.0	23.0	24.0	25.0	26.0	1.0	0.3	0.3
罗纹领高（背缝线）	11.0	11.0	11.0	11.0	11.0	0	0	0

注 此数据适合中国普通人群。

6.3.6　成品效果展示（图6-3-3）

图6-3-3　成品效果展示

6.4 配毛呢育克绗棉服

6.4.1 款式设计（图6-4-1）

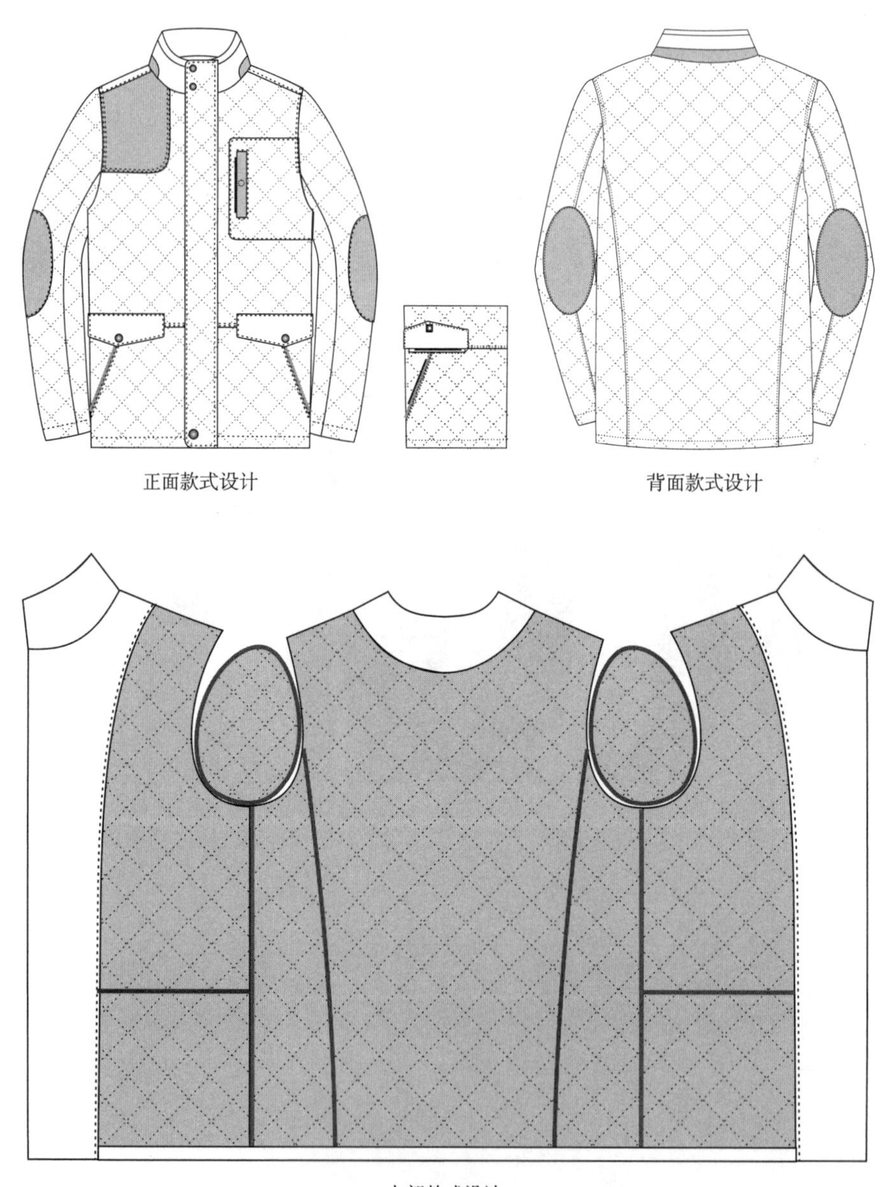

图6-4-1 款式设计

6.4.2　工艺结构设计及工艺要求

（1）缝纫针距

①150旦 ×3股丝线，明线9～10针/3cm，暗线12～13针/3cm。

②缲边机缲缝每3cm不少于4针，手工缲缝每3cm不少于4～6针。

（2）外部工艺要求

大身和袖子均为面料、腈纶棉和里料一起绗透（菱形绗缝线要求边长5.4cm×5.4cm，对角线7.5cm）。

①明线：前育克、前后袖窿、袖肘贴布缉双明线0.1～0.6cm。肩缝、腰袋盖、门襟、后袖缝、后侧缝缉单明线0.6cm，下摆、袖口缉明线2.5cm。

②大身：领头2粒明四合扣，暗门襟装拉链，下摆装1粒明四合扣，其他4粒暗四合扣，门襟宽6cm。右侧前育克高15cm宽19cm。

③肩部：自然舒适。

④腰袋：袋盖20cm×6.5cm×4.5cm，腰袋钉一粒明四合扣（真袋），袋盖里加棉，没有绗缝线。斜侧袋18cm，斜袋口用黑色麦尔登呢滚边1cm。

⑤胸袋：胸板袋16cm×2cm，装一粒明四合扣，胸袋板用黑色麦尔登呢，胸袋贴布用大身面料并菱形绗缝。

⑥袖子：袖肘贴布20cm×11cm。

⑦领子：领高7cm，絮腈纶棉，没有绗缝线。

（3）内部工艺要求

①面里料配色：

大身里、袖里、腰袋盖里、所有滚边：黑色涤平纹防透棉；

大身、袖里：120g腈纶棉。

②大身内部：内部作缝用大身里滚边1cm，绗棉线用深色线。在面料和腈纶棉之间加一层防透棉无纺衬。

③过面：压子母带用小辫同大身固定防止过面外掀。

④领吊：仿皮领吊用与领里面料颜色相同的线，手缝固定。

6.4.3　面料特点及辅料需求（表6-4-1）

表6-4-1　面料特点及辅料需求　　单位：cm

项目	品名	使用部位	数量	规格	颜色
面料	全涤涂层面料A	领里、过面	230	门幅145	黑色

续表

项目	品名	使用部位	数量	规格	颜色
面料	薄麦尔登呢面料B	右侧前育克、半月形后领托、左侧加竖板袋、大身侧袋口包边、肘部补丁	30	门幅145	黑色
外部辅料	明四合扣	门襟1套、领头2套、腰袋盖2套、胸袋1套	6套	1.7	克古
	暗四合扣	门襟	4套	1.7	克古
	防透棉全涤平纹里料	大身里、袖里、腰袋盖里、所有滚边	220	门幅145	黑色
	防透棉无纺衬	面料和腈纶棉之间加一层	180	门幅150	白色
	过面子母带	过面用	200	1	黑色
	仿皮领吊	特殊定制	1个	7	黑色
	5#树脂开尾拉链配拉头	门襟拉链	1条	69/70/71/72/73.5/75/76.5/77.5 （S/M/L/XL/2XL/3XL/4XL/5XL）	黑色
内部辅料	120g腈纶棉（有绗缝线）	大身、袖子	180	门幅150	白色
	120g腈纶棉（无绗缝线）	腰袋盖、领子		门幅150	白色
	无纺衬	过面、领里、袋牙	50	门幅150	灰色
	袋布	外4个袋布	50	门幅150	黑色

6.4.4 测量部位及号型放码比例（表6-4-2）

表6-4-2 测量部位及号型放码比例　　单位：cm

测量部位＼号型	S	M	L	XL	2XL	3XL	档差	公差要求	
								−	+
后身长（后领中线至下摆）	77.9	78.5	79.7	80.9	82.1	83.3	1.2	1.0	1.0
胸围（腋下2.5）	56.0	58.5	63.5	68.5	73.5	78.5	5.0	1.0	1.0
腰围（腋下18）	53.0	55.5	60.5	65.5	70.5	75.5	5.0	1.0	1.0
下摆尺寸	55.0	57.5	62.5	67.5	72.5	77.5	5.0	1.0	1.0
小肩（侧颈点至自然折点）	14.6	15.0	15.8	16.6	17.4	18.2	0.8	0.5	0.5
前胸宽（侧颈点下17）	41.3	42.5	44.9	47.3	49.7	52.1	2.4	0.5	0.5
背缝宽（侧颈点下17）	45.8	47.0	49.4	51.8	54.2	56.6	2.4	0.5	0.5
袖长	62.7	63.0	63.6	64.2	64.8	65.4	0.6	0.5	0.5
袖窿（直量）	24.4	25.0	26.2	27.4	28.6	29.8	1.2	0.5	0.5
袖肥	20.3	21.0	22.5	24.0	25.5	27.0	1.0	0.5	0.5
半袖宽（1/2内袖长）	17.5	18.0	19.0	20.0	21.0	22.0	1.8	0.5	0.5

续表

测量部位＼号型	S	M	L	XL	2XL	3XL	档差	公差要求	
								−	+
袖口宽	13.7	14.0	14.6	15.2	15.8	16.4	0.6	0.3	0.3
后领宽	19.1	19.5	20.4	21.3	22.2	23.1	0.9	0.5	0.5
前领深（自虚线量）	9.9	10.0	10.3	10.6	10.9	11.2	0.3	0	0
后领深（自虚线量）	1.9	2.0	2.2	2.4	2.6	2.8	0.2	0	0
1/2领上口	23.5	24.0	25.1	26.2	27.3	28.4	1.1	0	0.5
领座高（背缝线）	4.0	4.0	4.0	4.0	4.0	4.0	0	0.3	0.3
总领高（背缝线）	7.0	7.0	7.0	7.0	7.0	7.0	0	0.3	0.3

注　此数据适合中国普通人群。

6.4.5　裁片图（图6-4-2）

图6-4-2　裁片图

6.4.6 成品效果展示（图6-4-3）

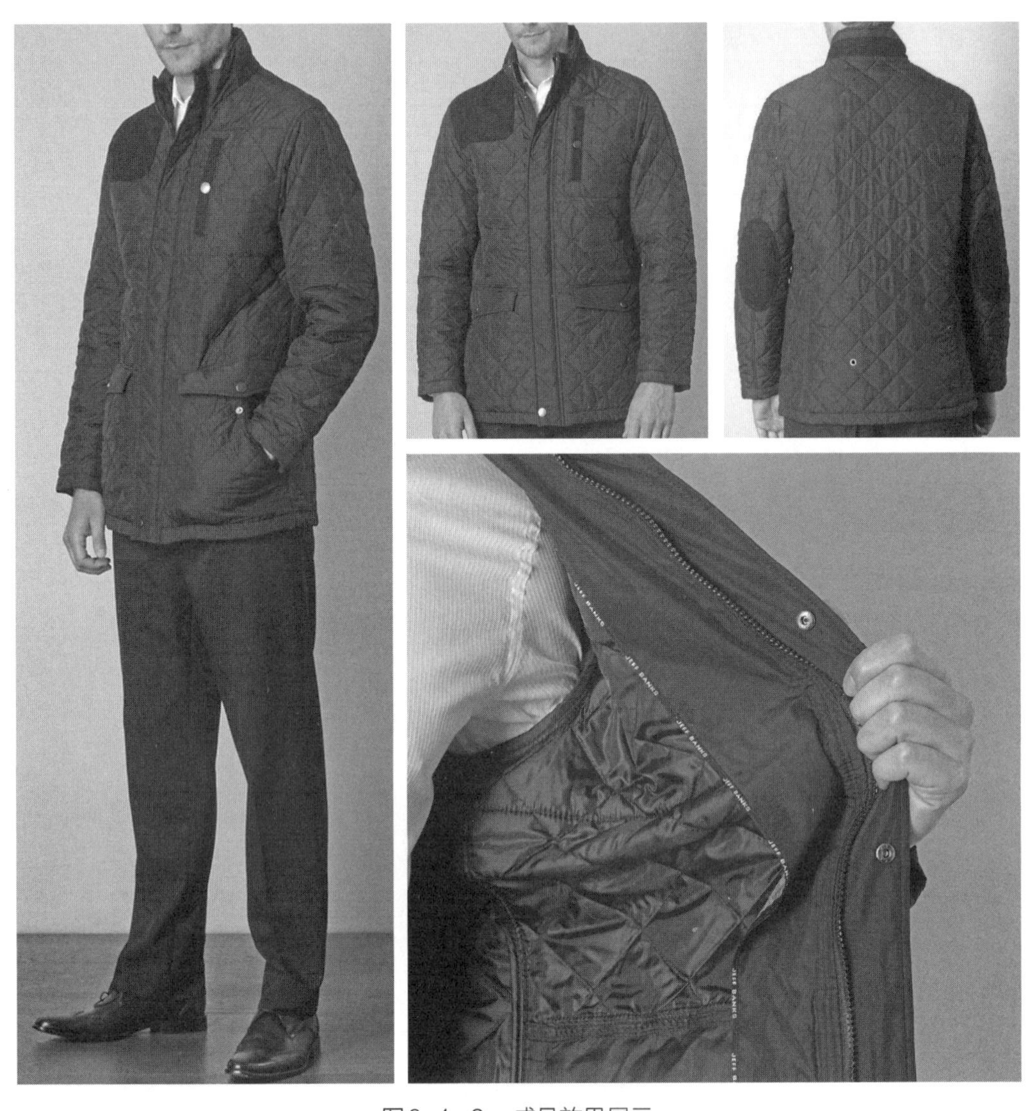

图6-4-3 成品效果展示

6.5 配摇粒绒里绗棉服

6.5.1 款式设计（图6-5-1）

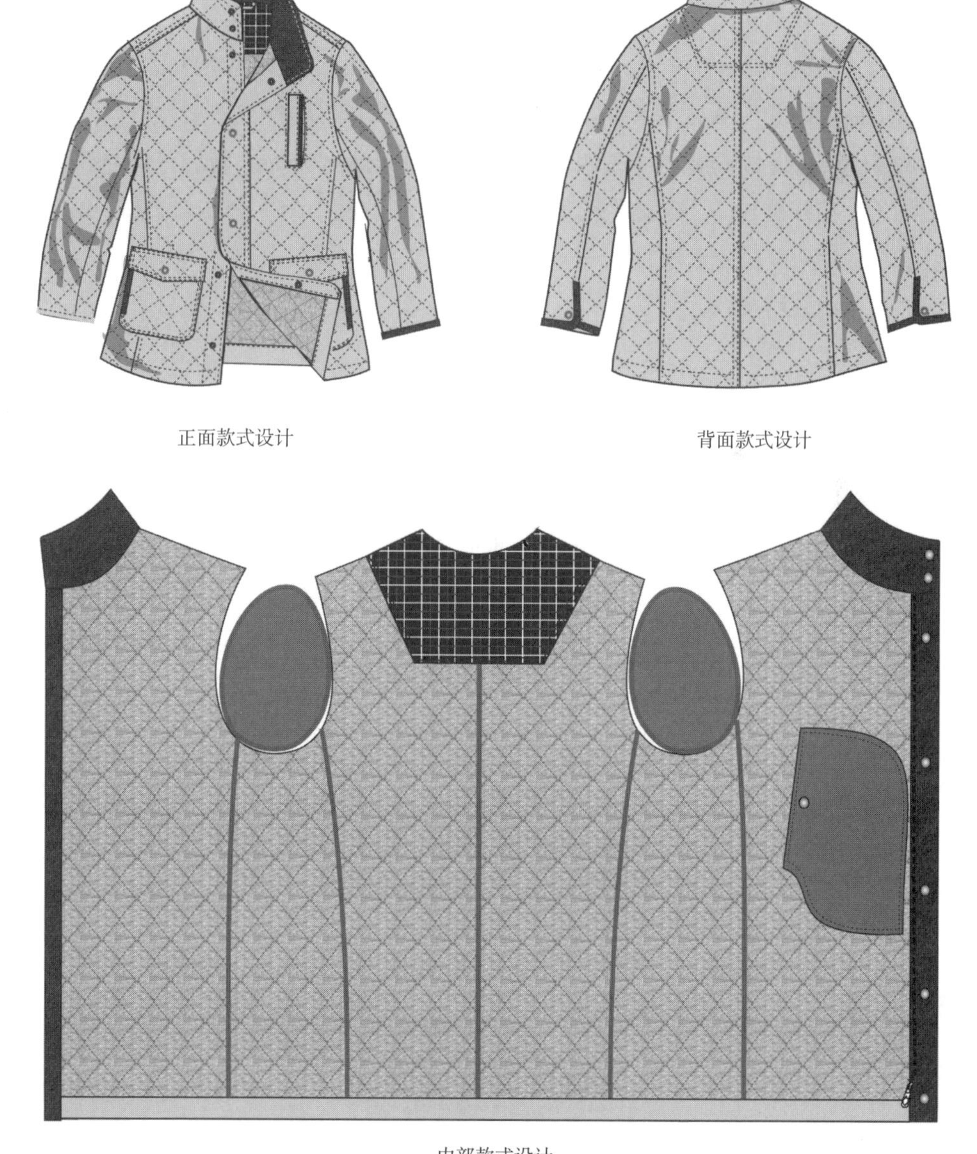

图6-5-1 款式设计

6.5.2 工艺结构设计及工艺要求

（1）缝纫针距

①明线9～10针/3cm，暗线12～13针/3cm。

②缲边机缲缝每3cm不少于4针，手工缲缝每3cm不少于4～6针。

（2）外部工艺要求

①缉明线：单明线0.6cm，双明线0.2～0.8cm，下摆明线2.5cm。

②前身：门襟5粒明四合扣。领头2粒明四合扣，门襟装拉链，门襟明线宽6cm。

③肩部：自然柔软，肩线走前3cm。

④腰袋：腰袋盖20cm×6.5cm×5.5cm封结0.6cm，腰贴袋含袋盖23cm，贴袋底边距下摆6cm，贴袋侧袋口16cm用条绒滚边1cm，袋盖1粒明四合扣。

⑤胸袋：胸板袋17cm×2.5cm，四周缉线，条绒牙子露出0.5cm，板袋有1粒暗四合扣。

⑥袖子：袖开衩10cm，封结1cm，袖口用条绒滚边1cm，有一套四合扣和一副底扣。

⑦背缝：用明线缉商标托。

⑧领子：内领用条绒。

（3）内部工艺要求

①里料配色：

袖里、外胸袋袋布里、3个贴袋里、领吊、内部滚边：黑色；

有绗缝线：大身面里、袖子面里一起绗棉，菱形格7.5cm×7.5cm。

②领吊：T形钉法领吊净尺寸6.5cm×0.8cm。

6.5.3 面料特点及辅料需求（表6-5-1）

表6-5-1 面料特点及辅料需求　　单位：cm

项目	品名	使用部位	数量	规格	颜色
面料	面料A	外胸袋袋布面、领吊、商标托	250	门幅145	黑色
	全棉灯芯绒面料B	领里、过面、45°斜裁、胸板袋里、腰贴袋侧袋口滚边、袖口滚边	40	门幅145	黑色
	全棉色织格面料C	后领托	10	门幅145	彩色格子
	摇粒绒面料D	大身里	100	门幅150	深灰色

续表

项目	品名	使用部位	数量	规格	颜色
外部辅料	全涤平纹里料	袖里、外胸袋袋布里、3个贴袋里、内部滚边	100	门幅150	黑色
	刻标明四合扣	门襟5套、领头2套、腰袋2套、袖口2套、2付底扣	11套、2付底扣	1.7	深克沥
	暗四合扣	胸袋	1套	1.7	无呖深克呖
	5#金属开尾拉链配拉头	门襟拉链	1条	69.5/70/71/72.5/73.5/75/76/77（S/M/L/XL/2XL/3XL/4XL/5XL）	黑镍色
内部辅料	无纺衬	过面、领里、袋牙	40	门幅150	灰色
	100g腈纶棉有绗缝线	大身、袖子	180	门幅150	白色
	100g腈纶棉无绗缝线	腰袋盖		门幅150	白色
	防透棉无纺衬	在面料和腈纶棉之间加一层	180	门幅150	白色

6.5.4 裁片图（图6-5-2）

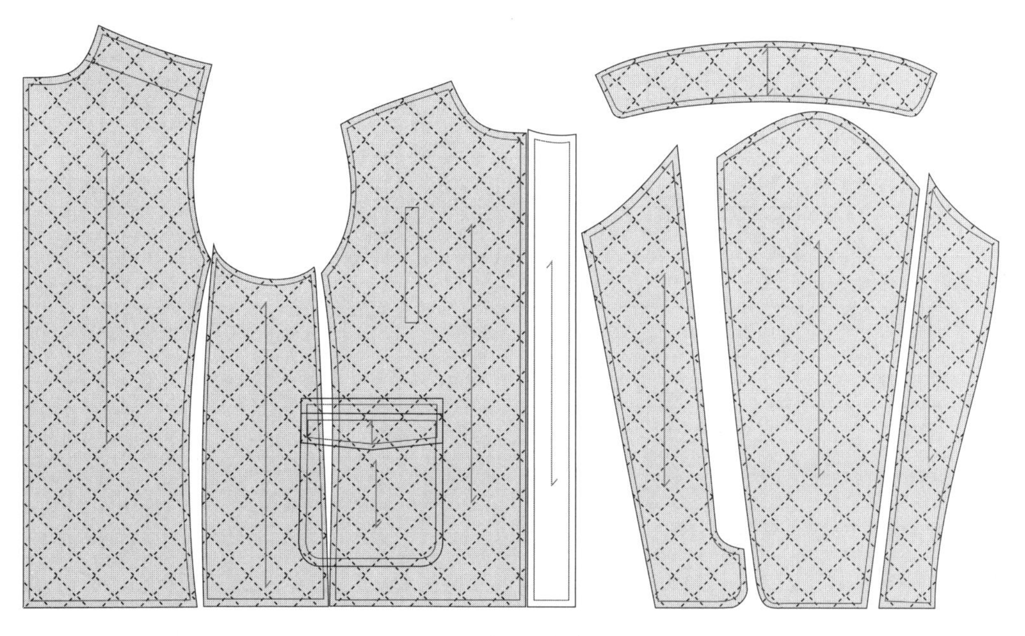

图6-5-2　裁片图

6.5.5 测量部位及号型放码比例（表6-5-2）

表6-5-2 测量部位及号型放码比例

单位：cm

测量部位＼号型	S	M	L	XL	2XL	3XL	4XL	5XL	档差	公差要求	
										−	+
适合胸围	38.0	40.0	42～44	46～48	50～52	54～56	58～60	62～64			
背缝长（从后领中量）	75.9	76.5	77.7	78.9	80.1	81.3	82.5	83.7	1.2	1.0	1.0
后身长（从侧颈点量）	77.8	78.5	80.0	81.5	83.0	84.5	86.0	87.5	1.5	1.0	1.0
前中长（从前中量）	67.4	68.0	69.2	70.4	71.6	72.8	74.0	75.2	1.2	1.0	1.0
前身长（从侧颈点量）	77.7	78.5	80.1	81.7	83.3	84.9	86.5	88.1	1.6	1.0	1.0
胸围（腋下2.5）	57.5	60.0	65.0	70.0	75.0	80.0	85.0	90.0	5.0	1.0	1.0
腰围（腋下18）	54.0	56.5	61.5	66.5	71.5	76.5	81.5	86.5	5.0	1.0	1.0
下摆尺寸	57.5	60.0	65.0	70.0	75.0	80.0	85.0	90.0	5.0	1.0	1.0
后整肩	51.3	52.5	54.9	57.3	59.7	62.1	64.5	66.9	2.4	0.5	0.5
小肩	15.6	16.0	16.8	17.6	18.4	19.2	20.0	20.8	0.8	0.5	0.5
前胸宽（侧颈点下17）	44.3	45.5	47.9	50.3	52.7	55.1	57.5	59.9	2.4	0.5	0.5
背缝宽（侧颈点下17）	48.3	49.5	51.9	54.3	56.7	59.1	61.5	63.9	2.4	0.5	0.5
袖长	63.7	64.0	64.6	65.2	65.8	66.4	67.0	67.6	0.6	1.0	0.5
袖窿（直量）	25.9	26.5	27.7	28.9	30.1	31.3	32.5	33.7	1.2	0.5	0.5
前袖窿（弯量）	30.3	31.0	32.6	34.2	35.8	37.4	39.0	40.6	1.6	0.5	0.5
后袖窿（弯量）	28.3	29.0	30.6	32.2	33.8	35.4	37.0	38.6	1.6	0.5	0.5
袖肥（腋下2.5）	21.8	22.5	24.0	25.5	27.0	28.5	30.0	31.5	1.5	0.5	0.5
半袖（1/2内袖长）	19.0	19.5	20.5	21.5	22.5	23.5	24.5	25.5	1.0	0.5	0.5
袖口宽	13.7	14.0	14.6	15.2	15.8	16.4	17.0	17.6	0.6	0.3	0.3
后领宽（直量）	20.6	21.0	21.8	22.6	23.4	24.2	25.0	25.8	0.8	0.5	0.5
前领深	10.3	10.5	10.9	11.3	11.7	12.1	12.5	12.9	0.4	0	0
后领深	2.2	2.3	2.6	2.9	3.2	3.5	3.8	4.1	0.3	0	0
领外口	24.5	25.0	26.2	27.3	28.5	29.6	30.8	31.9	1.2	0	0.5
背缝领台高	2.5	2.5	2.5	2.5	2.5	2.5	2.5	2.5	0	0.3	0.3
背缝领高	7.0	7.0	7.0	7.0	7.0	7.0	7.0	7.0	0	0.3	0.3
胸袋到侧颈点距离	23.4	23.5	23.8	24.1	24.4	24.7	25.0	25.3	0.3	0	0

注 此数据适合中国普通人群。

6.5.6 成品效果展示（图6-5-3）

图6-5-3 成品效果展示

6.6 双层门襟休闲上衣

6.6.1 款式设计（图6-6-1）

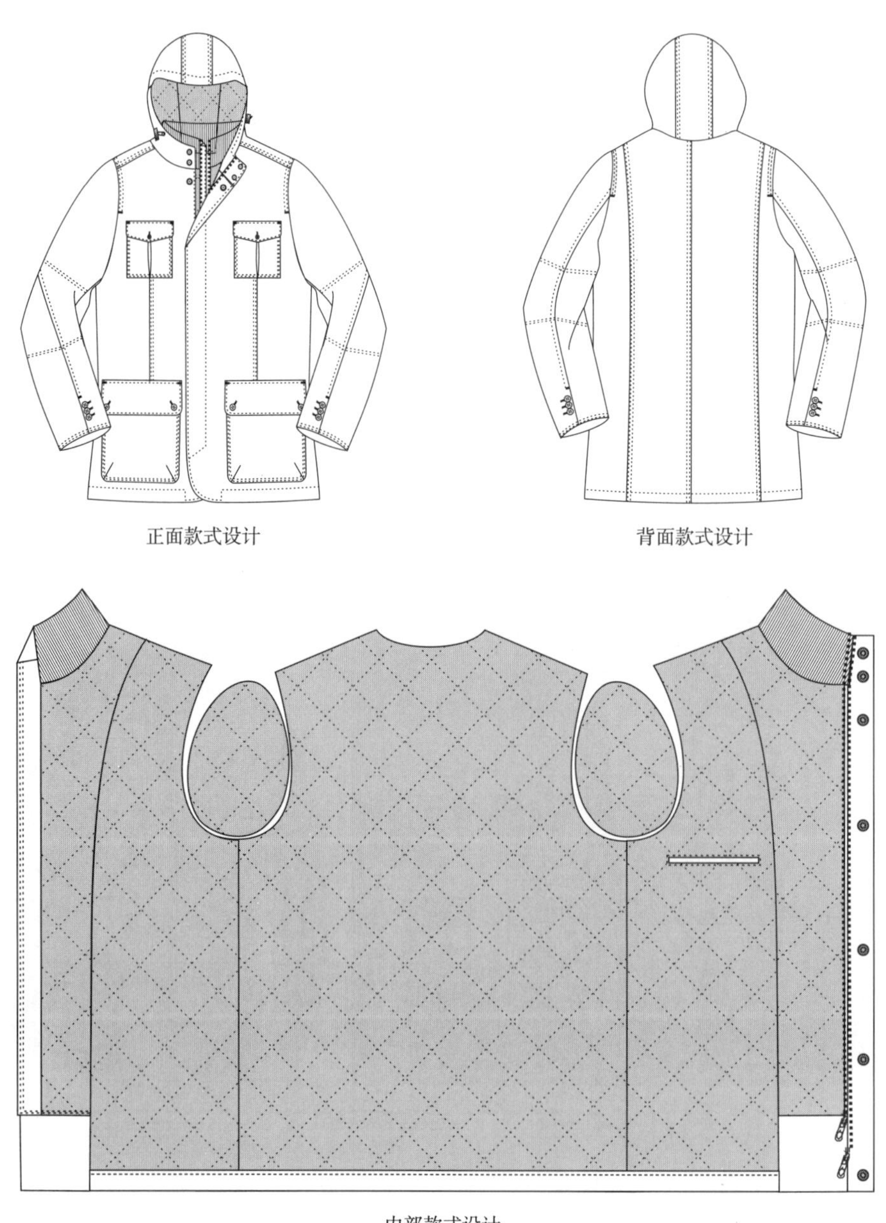

图6-6-1 款式设计

6.6.2　工艺结构设计及工艺要求

（1）缝纫针距

①明线12～13针/3cm，暗线12～13针/3cm。

②缲边机缲缝每3cm不少于4针，手工缲缝每3cm不少于4～6针。

（2）外部工艺要求

①缉明线：前肩缝、背缝、后侧缝、前腰省、腰贴袋、胸贴袋、大小袖装饰线、袖口、前后袖窿、袖口、帽拼接缝缉双明线0.1～0.7cm，下摆、帽口缉明线2.5cm，腰袋盖、胸袋盖、后袖缝止口缉单明线0.6cm。

②前身：前门门襟明线6cm宽，5粒暗四合扣，领头2粒暗四合扣。门襟装饰明线从领口至下摆。

③肩部：自然柔软。

④腰袋：腰袋盖20cm×8cm，腰贴袋含袋盖20cm×22cm，袋盖两端封平结0.6cm。

⑤胸袋：胸袋盖12.5cm×6.5cm×4cm，胸贴袋含袋盖12.5cm×15.5cm，袋盖两端封平结0.6cm。

⑥袖子：活袖衩10cm，锁真扣眼不切刀，3粒袖扣平钉。

⑦背缝：罗纹领高7cm。

（3）内部工艺要求

①里料配色：

大身里、袖里、内袋布、领吊、活门襟里及面、帽里：黑色里料；

大身、袖子、活过面、帽子：100g腈纶棉绗菱形格7.5cm×7.5cm。

②内袋：左侧单牙袋14cm×1cm四周缉明线。

③领吊：仿皮领吊，用同领里面料颜色的线手缝固定，4股线3圈。

6.6.3　面料特点及辅料需求（表6-6-1）

表6-6-1　面料特点及辅料需求　　单位：cm

项目	品名	使用部位	数量	规格	颜色
面料	闪亮全涤面料	直过面、内袋牙及袋垫、活门襟底襟、帽口滚边	230	门幅145	
外部辅料	5#黑色树脂开尾拉链配拉片	活门襟拉链	1条	65.5/66/67/68/69.5/70.5（S/M/L/XL/2XL/3XL）	黑色
	5#浅克镍色金属开尾拉链配拉片	外门襟拉链	1条	65.5/66/67/68/69.5/70.5（S/M/L/XL/2XL/3XL）	浅克镍

续表

项目	品名	使用部位	数量	规格	颜色
外部辅料	做防透棉处理全涤平纹	大身里、袖里、内袋布、领吊、活门襟里及面、帽里	200	门幅145	黑色
	四眼大扣	外袋	6粒	2.5	黑色
	四眼中扣	袖口	6粒	1.8	黑色
	帽绳	帽口处	1.80	0.5	黑色
	仿皮领吊	特殊定制	1个	7	黑色
	涤纶纱、氨纶（高弹）2×2	罗纹领净尺寸：9×46	1付	高20×宽46.5/48/50.5/53/56/58.5（S/M/L/XL/2XL/3XL）	黑色
	帽卡头	金属双孔卡头	2个		黑色亚光
	四合扣	门襟4套、领头2套	6套	1.6	克古
内部辅料	无纺衬	大身、过面、袋牙、开衩、袖口	150	门幅150	灰色
	100g腈纶棉	大身、袖子、活过面、帽子	200	门幅150	白色
	牵条	止口、前后肩缝、前后袖窿	4.00	1	黑色

6.6.4 裁片图（图6-6-2）

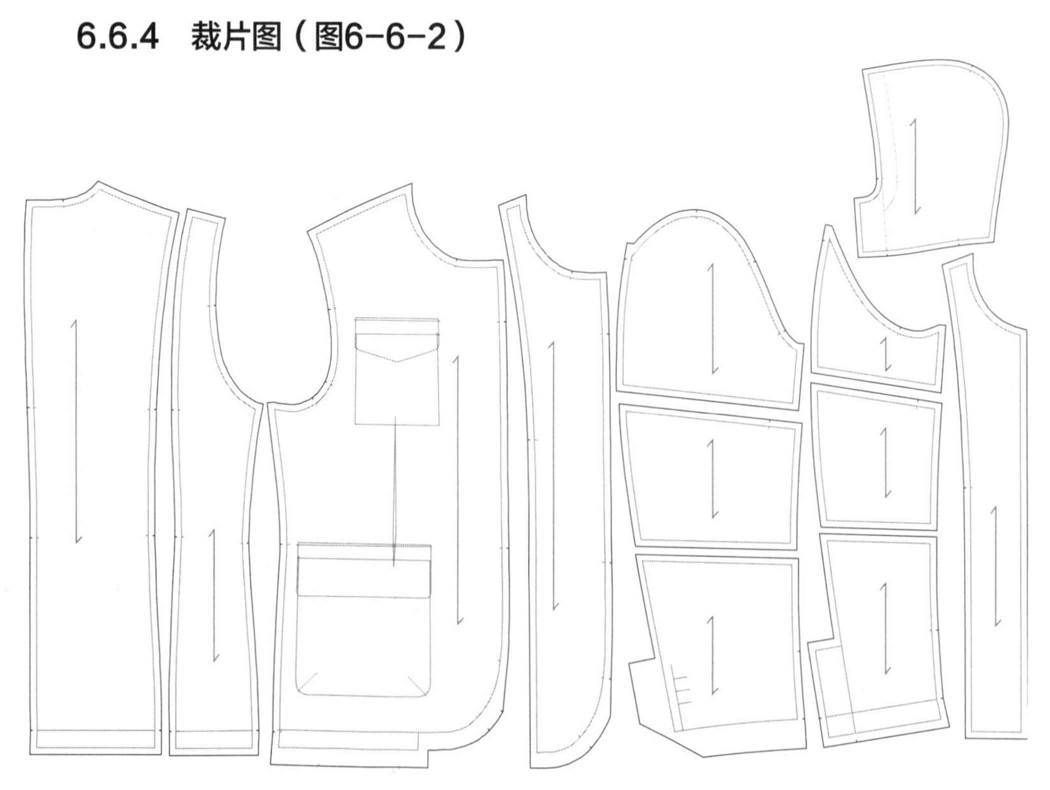

图6-6-2 裁片图

6.6.5 测量部位及号型放码比例（表6-6-2）

表6-6-2　测量部位及号型放码比例

单位：cm

测量部位＼号型	S	M	L	XL	2XL	3XL	档差	公差要求	
								－	+
适合胸围	38.0	40.0	42～44	46～48	50～52	54～56			
背缝长（后颈点至下摆）	73.4	74.0	75.2	76.4	77.6	78.8	1.2	1.0	1.0
后身长（侧颈点至后下摆）	75.3	76.0	77.5	79.0	80.5	82.0		1.0	1.0
前身长（前中点至下摆）	63.9	64.5	65.7	66.9	68.1	69.3		1.0	1.0
外门襟长	65.4	66.0	67.2	68.4	69.6	70.8	1.2	1.0	1.0
活门襟长	65.4	66.0	67.2	68.4	69.6	70.8	1.2	1.0	1.0
前身长（侧颈点至前下摆）	75.2	76.0	77.6	79.2	80.8	82.4		1.0	1.0
侧缝长	45.5	45.5	45.5	45.5	45.5	45.5	0	1.0	1.0
胸围（腋下2.5）	55.5	58.0	63.0	68.0	73.0	78.0	5.0	1.0	1.0
腰围（腋下18）	51.5	54.0	59.0	64.0	69.0	74.0	5.0	1.0	1.0
下摆尺寸	56.5	59.0	64.0	69.0	74.0	79.0	5.0	1.0	1.0
后肩宽	46.8	48.0	50.4	52.8	55.2	57.6	2.4	0.5	0.5
小肩（自然折点量）	14.6	15.0	15.8	16.6	17.4	18.2	0.8	0.5	0.5
胸前宽（肩颈点下17）	42.3	43.5	45.9	48.3	50.7	53.1	2.4	0.5	0.5
背后宽（肩颈点下17）	44.3	45.5	47.9	50.3	52.7	55.1	2.4	0.5	0.5
外袖长	64.7	65.0	65.6	66.2	66.8	67.4	0.6	1.0	0.5
袖窿（直量）	25.3	26.0	27.5	29.0	30.5	32.0	1.0	0.5	0.5
前袖窿（弯量）	30.8	32.0	34.5	37.0	39.5	42.0	2.0	0.5	0.5
后袖窿（弯量）	28.8	30.0	32.5	35.0	37.5	40.0	2.0	0.5	0.5
袖肥（腋下2.5）	19.8	20.5	22.0	23.5	25.0	26.5	1.5	0.5	0.5
半袖（1/2内袖长）	17.0	17.5	18.5	19.5	20.5	21.5	1.0	0.5	0.5
袖口宽	15.2	15.5	16.1	16.7	17.3	17.9	0.6	0.3	0.3
后领宽（直量）	20.1	20.5	21.3	22.1	22.9	23.7	0.8	0.5	0.5
前领深	11.3	11.5	11.9	12.3	12.7	13.1	0.2	0	0
后领深	1.9	2.0	2.3	2.6	2.9	3.2	0.2	0	0
罗纹领宽	21.8	22.5	24.0	25.5	27.0	28.5	1.5	0	0.5
罗纹领高	7.0	7.0	7.0	7.0	7.0	7.0	0	0.3	0.3
帽前中领台	9.0	9.0	9.0	9.0	9.0	9.0	0	0.3	0.3
帽高	37.3	37.5	37.9	38.3	38.7	39.1	0.4	0	0.5
帽宽	27.1	27.5	28.3	29.1	29.9	30.7	0.8	0	0.5

注　此数据适合中国普通人群。

6.6.6 成品效果展示（图6-6-3）

图6-6-3 成品效果展示

6.7　基本款夹克

6.7.1　款式设计及延伸款（图6-7-1）

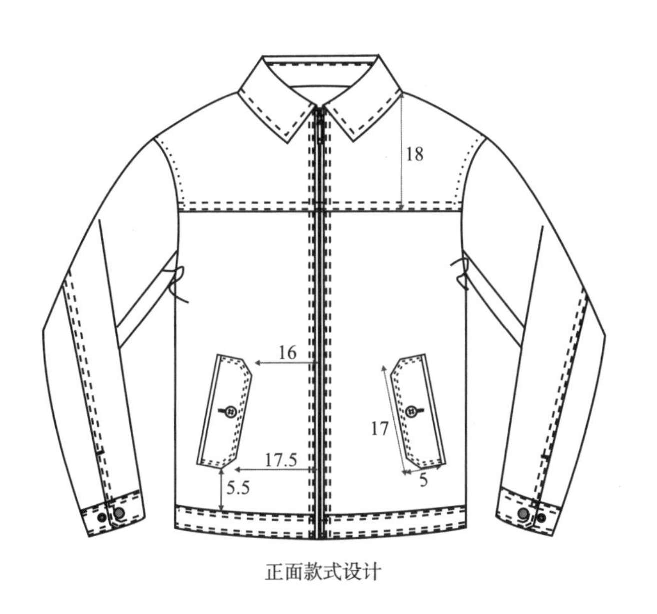

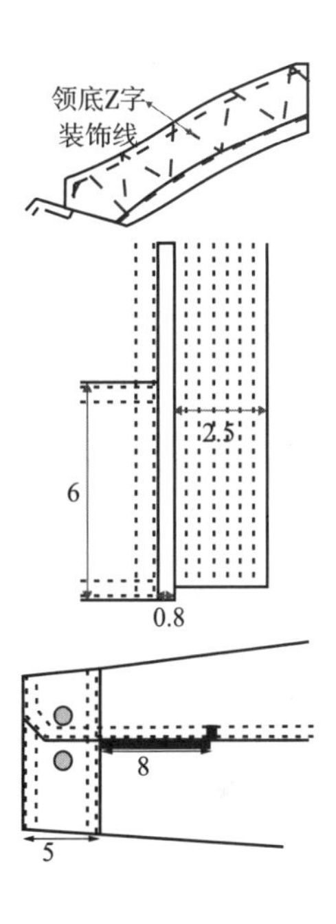

正面款式设计

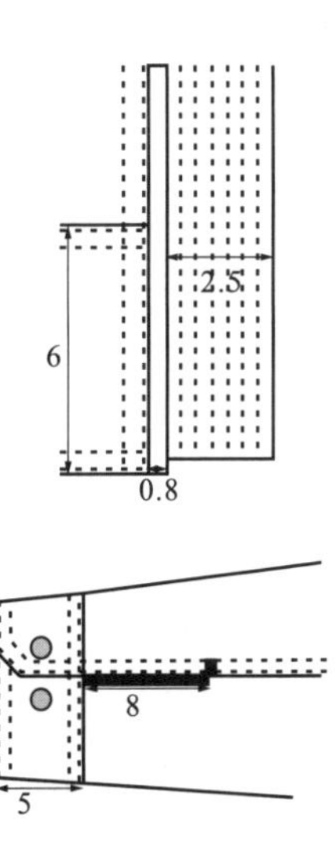

正面款式设计延伸款

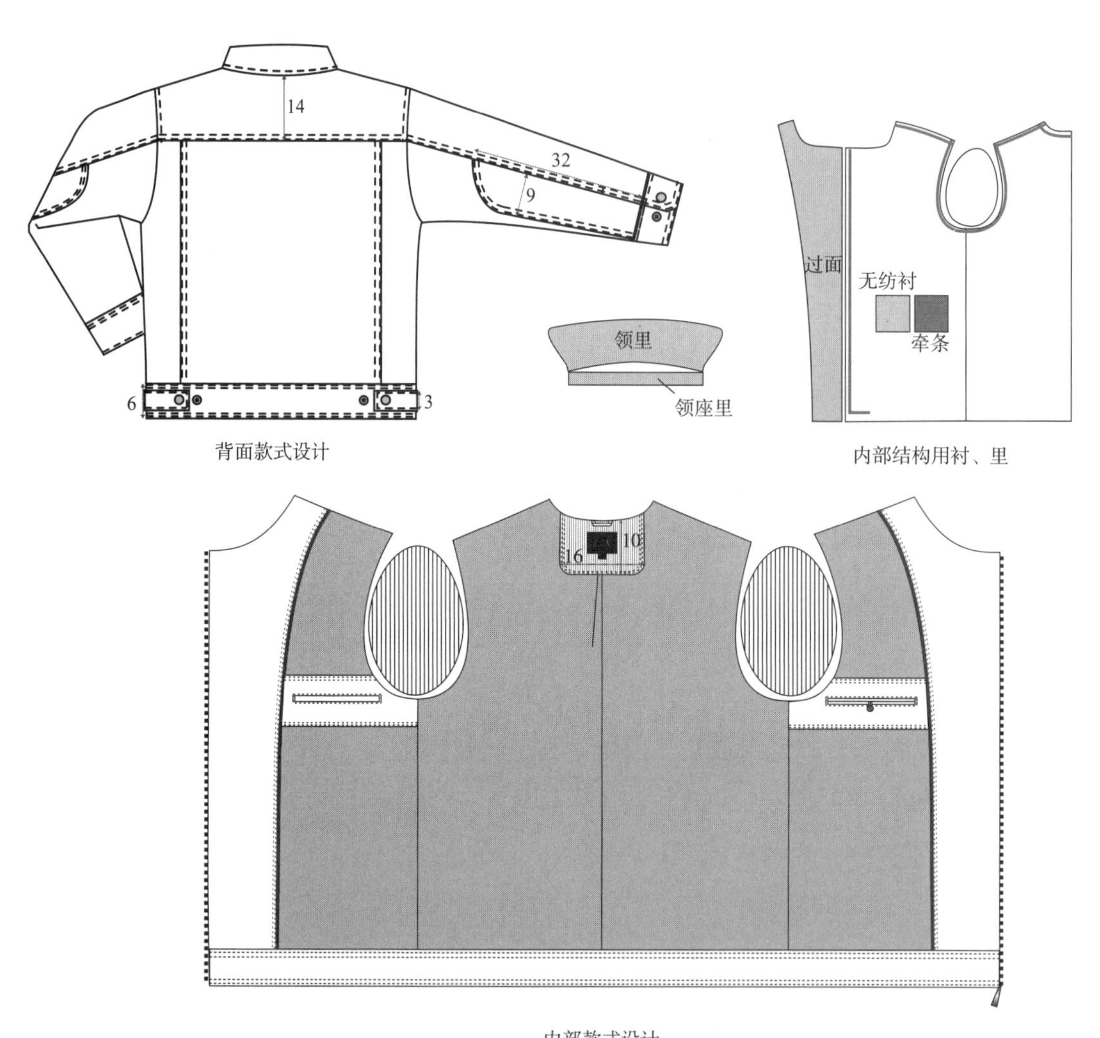

图6-7-1 款式设计

6.7.2 工艺结构设计及工艺要求

（1）缝纫针距

①明线150旦×6股粗丝线，明线9～10针/3cm，暗线12～13针/3cm。

②缲边机缲缝每3cm不少于4针，手工缲缝每3cm不少于4～6针。

（2）外部工艺要求

①缉明线：领子、前后袖窿缉单明线0.7cm，止口、袖口、后袖缝、后侧缝、育克、下摆、袖贴布拼接均为粗双明线0.1～0.7cm。

②大身：拉链不漏齿，0.7cm面料遮住拉链。右侧有2.5cm底襟缉多趟明线间距0.6cm。下摆高6cm，调节襻7cm×3cm，用四合扣进行调节。

③腰袋：腰板袋18cm×2.5cm腰板袋缉多趟明线间距0.6cm，外框缉0.1cm明线，袋边装饰本面料牙子，牙子内加细绳。腰袋上口向门襟方向移动1.5cm，不要封口。

④胸袋：胸袋15cm×1.4cm单牙袋，袋边装饰本面料牙子，牙子内加细绳，胸袋带拉链。

⑤袖子：袖头宽5cm，8cm袖衩，袖口带四合扣进行调节。

⑥背缝：后育克高14cm。

⑦领子：领座高3.5cm。

（3）内部工艺要求

①面里料配色：

大身里：黑色底有米白色提花；

袖里：黑色底有米白色提花；

过面牙、后商标托牙：褐色/棕色。

②内袋：左侧单牙袋14.7cm×2cm，袋口带四合扣，四周缉明线颜色同大身里料色。

③过面牙：过面带0.3cm过面牙，牙子内有细绳。

④领吊：用面料做领吊，0.8cm×6.5cm。

6.7.3 面料特点及辅料需求（表6-7-1）

表6-7-1 面料特点及辅料需求 单位：cm

项目	品名	使用部位	数量	规格	颜色
面料	涂层复合	直过面、1个内袋牙及袋垫、后商标托、领吊、门襟牙	190	门幅145	各种面料颜色都可以
外部辅料根据面料颜色搭配	全涤平纹	袖里	60	门幅146	黑色
	全涤提花	大身里	80	门幅145	黑色底有提花
	全涤平纹	深褐色过面牙、后领托牙	10	门幅145	深褐色
	四合扣	下摆2套、袖口2套、底扣4付	4套+4付底扣	1.7	黑镍色
	四合扣	内袋1套	1套	1.3	黑镍色
	金属闭尾拉链	外胸袋用	1条	14	黑色
	金属开尾拉链	门襟用	1条	60/62/64/66/68/70/71/72（S/M/L/XL/2XL/3XL/4XL/5XL）	黑镍色

续表

项目	品名	使用部位	数量	规格	颜色
内部辅料鉴于面料特殊性，大身面一定不能黏衬	细绳	过面牙、后商标托牙、胸板袋牙、腰袋牙	3.00	0.2	白色
	袋布	内1袋+外3袋	50	门幅150	深面料用黑色 浅面料用白色
	无纺衬	下摆里、袖口里、过面、领里、板袋里	130	门幅100	灰色
	牵条	前后袖窿、前后肩缝、止口	3.50	1.2	灰色

6.7.4 测量部位及号型放码比例（表6-7-2）

表6-7-2 测量部位及号型放码比例 单位：cm

部位＼号型	S	M	L	XL	2XL	3XL	4XL	5XL	档差	公差要求	
										−	+
后身长	66.0	68.0	70.0	72.0	74.0	76.0	77.0	78.0	2.0	0.5	0.5
胸围（腋下2.5）	55.0	59.0	63.0	67.0	71.0	75.0	79.0	83.0	4.0	1.0	1.0
前胸宽（侧颈点下17）	40.4	43.0	45.6	48.2	50.8	53.4	56.0	58.6	2.6	0.5	0.5
背缝宽（侧颈点下17）	42.4	45.0	47.6	50.2	52.8	55.4	58.0	60.6	2.6	0.5	0.5
下摆尺寸	51.0	55.0	59.0	63.0	67.0	71.0	75.0	79.0	4.0	1.0	1.0
小肩	14.7	15.5	16.3	17.1	17.9	18.7	19.5	20.3	0.8	0.3	0.3
袖长	63.0	63.5	64.0	64.5	65.0	65.5	66.0	66.5	0.5	0.3	0.3
袖窿（直量）	24.8	25.5	26.2	26.9	27.6	28.3	29.0	29.7	0.7	0.5	0.5
袖肥（腋下2.5）	21.7	22.5	23.3	24.1	24.9	25.7	26.5	27.3	0.8	0.5	0.5
半袖（1/2内袖长）	17.5	18.0	18.5	19.0	19.5	20.0	20.5	21.0	0.5	0.3	0.3
袖口	14.0	14.5	15.5	15.5	16.0	16.5	17.0	17.5	0.5	0.3	0.3
后领宽（直量）	18.5	19.5	20.5	21.5	22.5	23.5	24.5	25.5	1.0	0.3	0.3
前领深	9.3	9.5	9.7	9.9	10.1	10.3	10.5	10.7	0.2	0.3	0.3
后领深	2.0	2.0	2.0	2.0	2.0	2.0	2.0	2.0	0	0.3	0.3
领间距离	10.0	10.0	10.0	10.0	10.0	10.0	10.0	10.0	0	0	0
领嘴（领点）	7.0	7.0	7.0	7.0	7.0	7.0	7.0	7.0	0	0	0
领座高（背缝线）	3.5	3.5	3.5	3.5	3.5	3.5	3.5	3.5	0	0	0
翻领高（背缝线）	6.5	6.5	6.5	6.5	6.5	6.5	6.5	6.5	0	0	0
领豁口	1.0	1.0	1.0	1.0	1.0	1.0	1.0	1.0	0	0	0

注 此数据适合中国普通人群。

6.7.5 成品效果展示（图6-7-2）

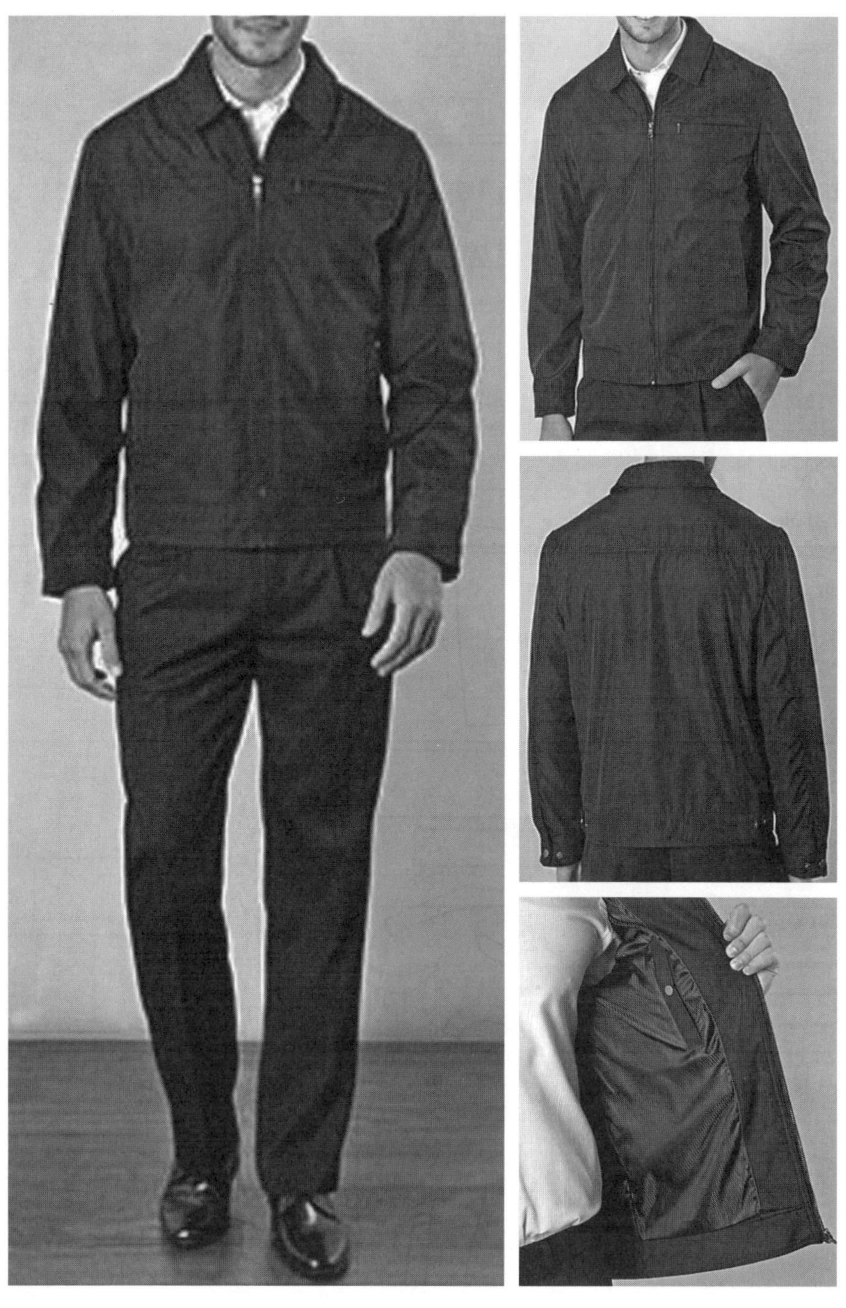

图6-7-2 成品效果展示

6.8 绞花罗纹领上衣

6.8.1 款式设计（图6-8-1）

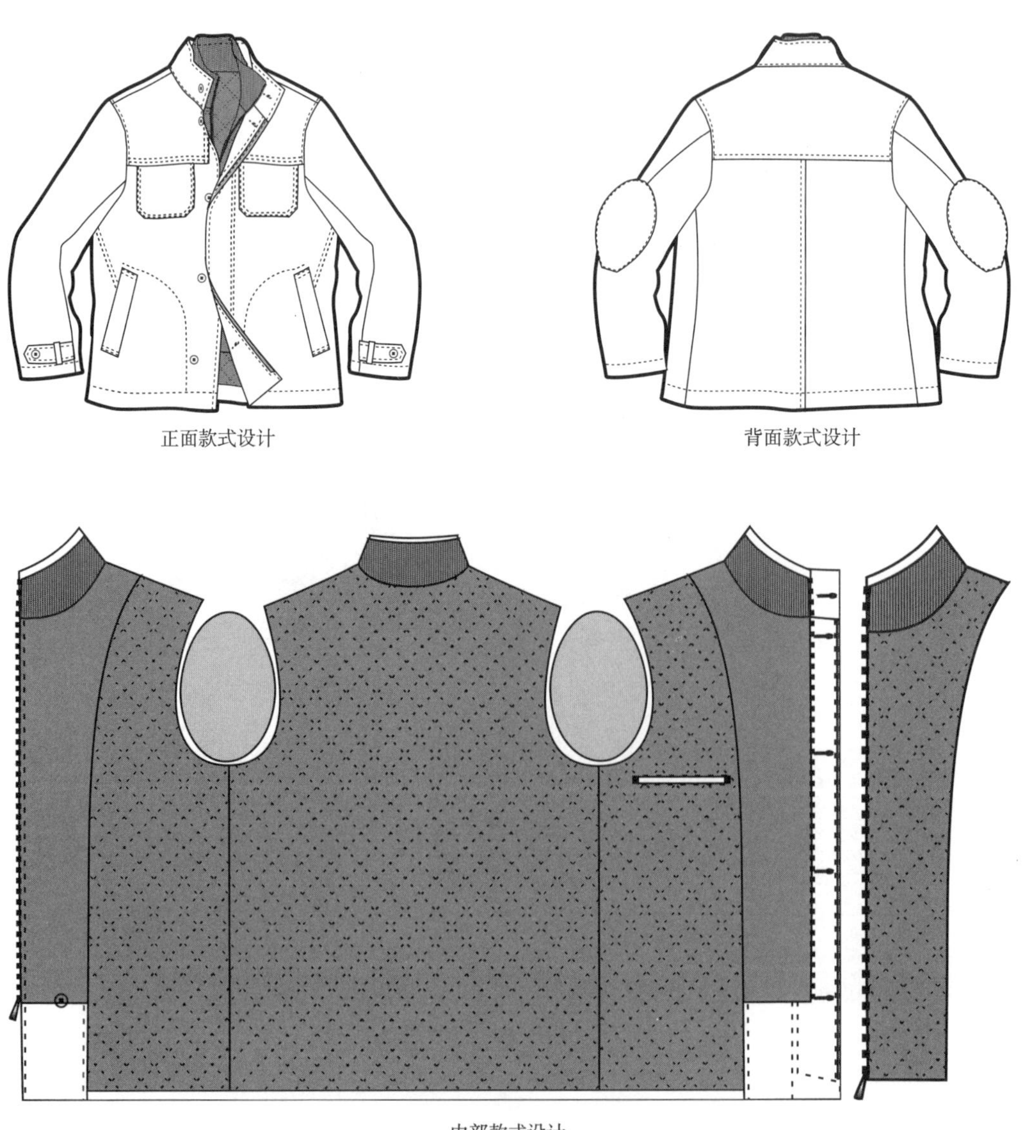

图6-8-1 款式设计

6.8.2 工艺结构设计及工艺要求

（1）缝纫针距

①明线150旦 ×6股粗丝线，明线10～11针/3cm，暗线12～13针/3cm。

②缲边机缲缝每3cm不少于4针，手工缲缝每3cm不少于4～6针。

（2）外部工艺要求

①缉明线：领子、门襟、前后袖窿、前省、背缝、后育克、袖襻均缉明线0.6cm，肘部贴布明线0.1cm，前育克、胸袋带0.6～1.2cm缉双明线，底摆、袖口缉明线2.5cm。

②大身：暗门襟6cm宽，缉双趟明线间距0.6cm，有4粒扣。活门襟带拉链。前胸带育克距侧颈点22cm。钉扣二字钉法。

③肩部：挺实。

④腰袋（不含袋牙）：腰袋板18.5cm×4cm，袋的轮廓线15.5cm×28cm，距下摆12cm。

⑤胸袋：明贴袋宽13.5cm，深15cm，钉一粒暗四合扣。

⑥袖口：袖口装饰袖襻15cm×4cm，5cm×1cm串带，锁眼钉扣2粒扣，袖襻距袖口边3.5cm。肘部装饰贴布面料同大衣身，贴布尺寸16cm×11cm，距袖口边24cm。

⑦领子：双层领，内领为绞花罗纹领。

⑧背缝：后育克高17cm。

（3）内部工艺要求

①面里料配色：

袖里、大身里、活门襟里及面、暗门襟里：藏蓝色里料；

大身、袖子、活过面：120g腈纶棉；

内部结构：大身里、活门襟绗缝菱形线迹7.5cm×7.5cm，袖里有腈纶棉无绗缝线。

②大身内部：左侧1单牙内袋15cm×1cm，内袋四周缉明线，使用平结加固，缝线颜色同里料色。

③领吊：用大身面料制作，净尺寸4cm×0.7cm。

6.8.3 面料特点及辅料需求（表6-8-1）

表6-8-1 面料特点及辅料需求 单位：cm

项目	品名	使用部位	数量	规格	颜色
面料	600g毛呢面料	肘部贴布、内袋牙及袋垫、领吊	200	门幅145	

续表

项目	品名	使用部位	数量	规格	颜色
外部辅料	防透棉处理全涤平纹	袖里、大身里、活门襟里及面、暗门襟里	180	门幅145	藏蓝色
	5#开尾拉链配拉片	门襟拉链	1条	64.5/65/66/67/68.5/69.5/70.5（S/M/L/XL/2XL/3XL/4XL）	黑镍色
	提花罗纹/5针48S×7根/30%羊毛70%腈纶	领罗纹净尺寸：8×45	1个	18×45.5/47/49.5/52/55/57.5/60（S/M/L/XL/2XL/3XL/4XL）	深蓝色
	暗四合扣	外胸袋2套	2套	1.7	无哂深克哂
	四眼扣	门襟4粒、领头1粒	5粒	2.5	棕色
	四眼扣	袖口4粒	4粒	1.7	棕色
内部辅料	有纺衬	前身、领面	50	门幅150	黑色
	无纺衬	过面、下摆、袖口、袋板、领里、袖山处	80	门幅150	灰色
	袋布	内1个袋、外2个贴袋里、2个外袋	50	门幅150	黑色
	袖棉	袖山处	10	门幅96	黑色
	120g腈纶棉有纺缝线	大身里	100	门幅150	白色
	100g腈纶棉无纺缝线	活过面、袖子	80	门幅150	白色
	牵条	止口、前后肩缝、前后袖窿	6.00	1.5	黑色

6.8.4 裁片图（图6-8-2）

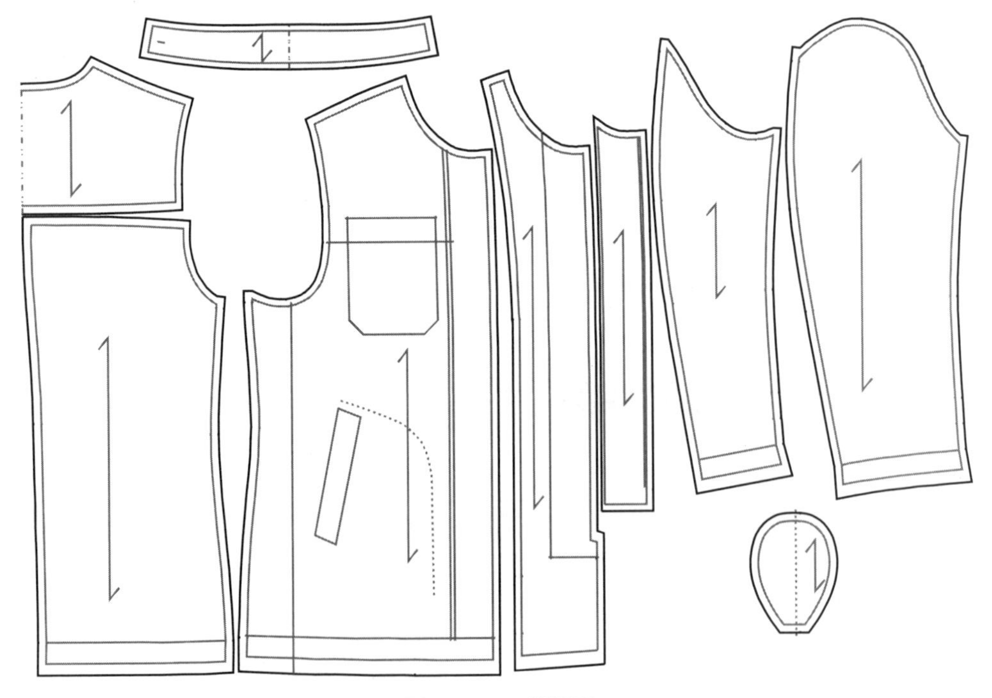

图6-8-2 裁片图

6.8.5 测量部位及号型放码比例（表6-8-2）

表6-8-2　测量部位及号型放码比例

单位：cm

测量部位＼号型	S	M	L	XL	2XL	3XL	档差	公差要求	
								−	+
背缝长（背缝至下摆）	74.4	75.0	76.2	77.4	78.6	79.8	1.2	1.0	1.0
后身长（SNP至后下摆）	76.8	77.5	79.0	80.5	82.0	83.5	1.5	1.0	1.0
前身长（SNP至前下摆）	76.2	77.0	78.6	80.2	81.8	83.4	1.6	1.0	1.0
胸围（腋下2.5）	55.5	58.0	63.0	68.0	73.0	78.0	5.0	1.0	1.0
腰围（腋下18）	54.5	57.0	62.0	67.0	72.0	77.0	5.0	1.0	1.0
下摆尺寸	57.5	60.0	65.0	70.0	75.0	80.0	5.0	1.0	1.0
后肩宽	45.8	47.0	49.4	51.8	54.2	56.6	2.4	0.5	0.5
小肩（自然折点量）	14.1	14.5	15.3	16.1	16.9	17.7	0.8	0.5	0.5
前胸宽（肩颈点下17）	41.3	42.5	44.9	47.3	49.7	52.1	2.4	0.5	0.5
背缝宽（肩颈点下17）	43.3	44.5	46.9	49.3	51.7	54.1	2.4	0.5	0.5
袖长	63.7	64.0	64.6	65.2	65.8	66.4	0.6	1.0	0.5
内袖长	46.3	46.0	45.4	44.8	44.2	43.6	0.6	0.5	0.5
袖窿（直量）	24.8	25.5	27.0	28.5	30.0	31.5	1.5	0.5	0.5
前袖窿（弯量）	30.8	32.0	34.5	37.0	39.5	42.0	2.5	0.5	0.5
后袖窿（弯量）	28.8	30.0	32.5	35.0	37.5	40.0	2.5	0.5	0.5
袖肥（腋下2.5）	20.3	21.0	22.5	24.0	25.5	27.0	1.5	0.5	0.5
半袖（1/2内袖长）	18.0	18.5	19.5	20.5	21.5	22.5	1.0	0.5	0.5
袖口宽	15.2	15.5	16.1	16.7	17.3	17.9	0.6	0.3	0.3
后领宽（直量）	19.6	20.0	20.8	21.6	22.4	23.2	0.8	0.5	0.5
外领前领深（自虚线）	9.8	10.0	10.4	10.8	11.2	11.6	0.4	0	0
内领前领深（自虚线）	8.3	8.5	8.9	9.3	9.7	10.1	0.4	0	0
后领深	2.4	2.5	2.8	3.1	3.4	3.7	0.4	0	0
1/2内罗纹领领上口	21.3	22.0	23.5	25.0	26.5	28.0	1.5	0	0.5
1/2外领上口	24.8	25.5	27.0	28.5	30.0	31.5	1.5	0	0.5
外领领高（背缝线）	6.5	6.5	6.5	6.5	6.5	6.5	0	0.3	0.3
外领领高（前中线）	5.5	5.5	5.5	5.5	5.5	5.5	0	0.3	0.3
内罗纹领领高（背缝线）	8.0	8.0	8.0	8.0	8.0	8.0	0	0.3	0.3
背缝领座高	4.2	4.2	4.2	4.2	4.2	4.2	0	0.3	0.3

注　此数据适合中国普通人群。

6.8.6 成品效果展示（图6-8-3）

图6-8-3 成品效果展示

6.9　休闲上衣

6.9.1　款式设计（图6-9-1）

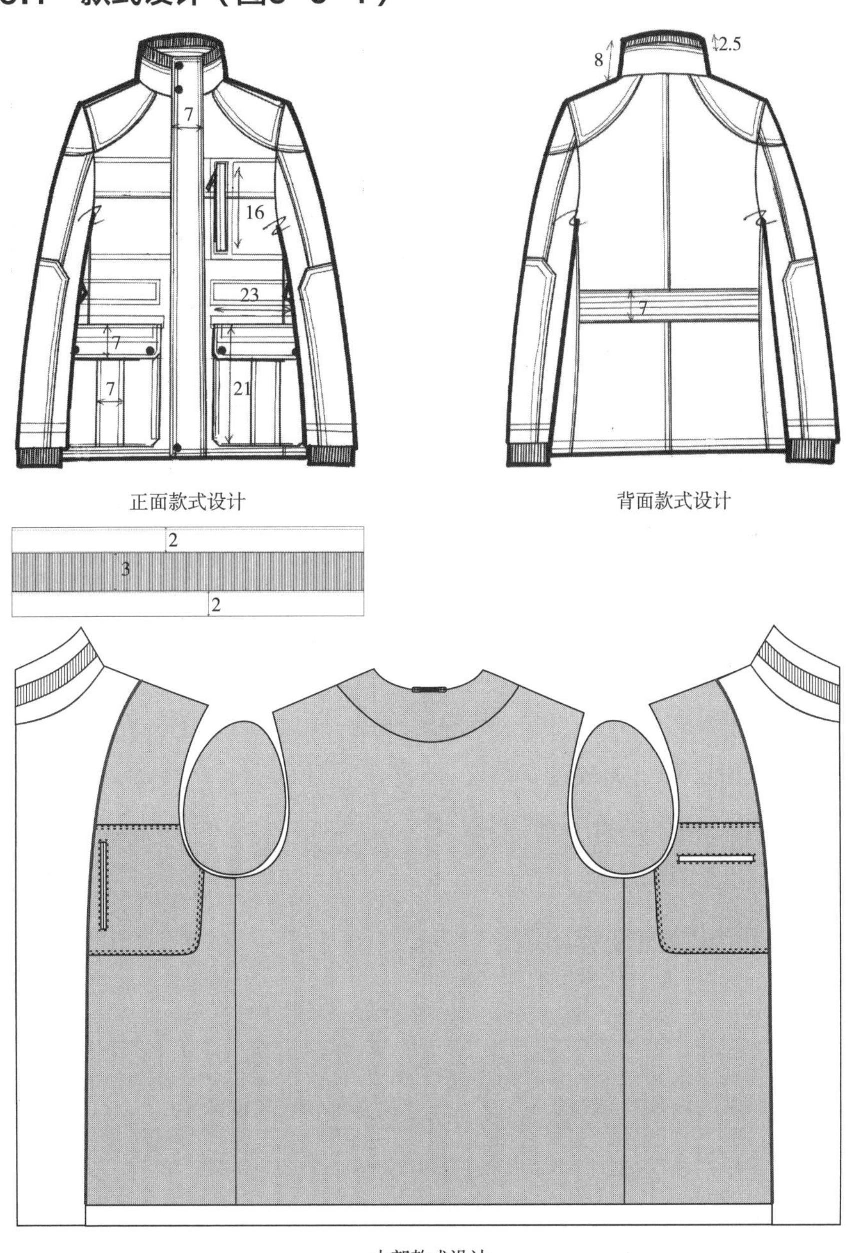

图6-9-1　款式设计

6.9.2 工艺结构设计及工艺要求

（1）缝纫针距

①明线12～13针/3cm，暗线12～13针/3cm。

②缲边机缲缝每3cm不少于4针，手工缲缝每3cm不少于4～6针。

（2）外部工艺要求

①缉明线：前后袖缝、袖部拼接、背缝、肩部拼接、门襟、下摆缉双明线0.1～0.7cm，下摆、袖口卷边2.5cm。

②前身：门襟宽7cm，内装钉拉链及4粒暗四合扣，底摆处钉一粒明四合扣。

③肩部：肩部拼接。

④腰袋：腰贴袋袋盖23cm×7cm，有2粒明四合扣，贴袋深21cm，贴袋上有宽7cm的箱型褶，明贴袋侧袋14cm×1cm上下封结1cm。

⑤胸袋：16cm×2cm的胸袋板，板袋边缘埋细绳，距板袋边缘1cm缉一圈轮廓线，配拉链。

⑥袖子：袖口外露1.5cm罗纹，袖山有拼接。

⑦背缝：后腰带宽7cm，腰带上缉多道明线，间距1cm。

⑧领：领子2粒明四合扣，罗纹里外漏1cm，里面要固定死。

（3）内部工艺要求

①里料配色：

大身里、袖里、领吊环：黑色涤平纹防透棉；

大身、袖子：100g腈纶棉不纺缝。

②内袋：明贴耳朵皮20cm，左侧单牙袋13.5cm×1cm，右侧竖双牙袋15cm×1cm。

③过面：过面牙子0.3cm紫色。

④领吊：仿皮领吊用同领里面料色的缝线，手缝固定，4股线3圈。

6.9.3 面料特点及辅料需求（表6-9-1）

表6-9-1 面料特点及辅料需求 单位：cm

项目	品名	使用部位	数量	规格	颜色
面料	涤锦发亮面料A	内胸袋牙及袋垫	230	门幅145	黑色
	全毛灰色法兰绒面料B	内耳朵皮、半月形后领托	15	门幅145	深灰色
外部辅料	全涤平纹里布做防透棉处理	大身里、袖里、领吊环	160	门幅145	黑色

续表

项目	品名	使用部位	数量	规格	颜色
外部辅料	全涤平纹里布	过面牙	5	门幅145	紫色
	5#金属开尾拉链配拉头	门襟拉链	1条	68.5/69/70.5/72/73.5/75（S/M/L/XL/2XL/3XL）	黑古铜
	5#金属闭尾拉链配拉头	左侧胸袋拉链	1条	16	黑古铜
	明四合扣	门襟1套、领头2套、腰袋4套	7套	1.6	克古
	暗四合扣	门襟4套	4套	1.6	克古
	全涤加氨纶高弹2×2，12G	罗纹领M#净尺寸：2×46	1个	5×46.5/48/50.5/53.5/56.58.5（S/M/L/XL/2XL/3XL）	黑色
	全涤加氨纶高弹2×2，12G	袖口罗纹M#净尺寸：5×19	1付	12×20.5/21/22/23.5/24.5/25.5×2个（S/M/L/XL/2XL/3XL）	黑色
	仿皮领吊	背缝领缝处	1个	7	黑色
内部辅料	无纺衬	过面、领里、袋牙、前身、领面	100	门幅150	灰色
	袋布	外2个袋布、内2袋、外腰贴袋及侧袋	50	门幅150	黑色
	细绳	左侧胸袋牙	0.25	0.3	白色
	100g腈纶棉无纺缝线	大身、袖子、领子	100	门幅150	白色
	牵条	前后袖窿、前后肩缝	3.00	1.5	黑色

6.9.4 裁片图（图6-9-2）

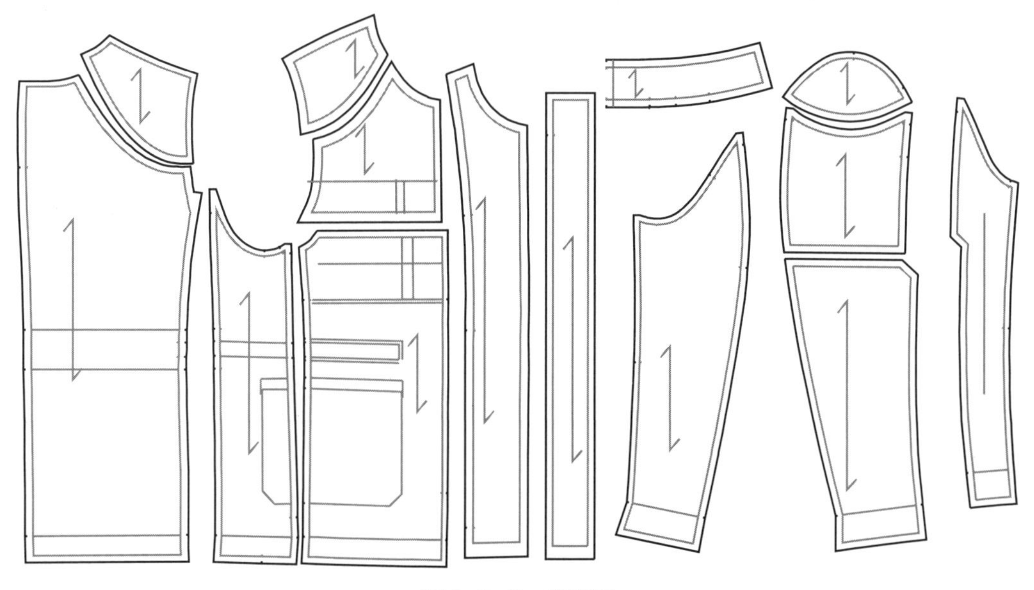

图6-9-2 裁片图

6.9.5 测量部位及号型放码比例（表6-9-2）

表6-9-2 测量部位及号型放码比例

单位：cm

测量部位 \ 号型	S	M	L	XL	2XL	3XL	4XL	5XL	档差	公差要求	
										−	+
适合胸围	38.0	40.0	42～44	46～48	50～52	54～56	58～60	62～64			
背缝长（背缝至下摆）	77.4	78.0	79.2	80.4	81.6	82.8	84.0	85.2	1.2	1.0	1.0
后身长（侧颈点至后下摆）	79.8	80.5	82.0	83.5	85.0	86.5	88.0	89.5	1.5	1.0	1.0
前中长（前领中至下摆）	69.4	70.0	71.2	72.4	73.6	74.8	76.0	77.2	1.2	1.0	1.0
前身长（侧颈点至前下摆）	78.2	79.0	80.6	82.2	83.8	85.4	87.0	88.6	1.6	1.0	1.0
胸围（腋下2.5）	56.5	59.0	64.0	69.0	74.0	79.0	84.0	89.0	5.0	1.0	1.0
腰围（腋下18）	55.5	58.0	63.0	68.0	73.0	78.0	83.0	88.0	5.0	1.0	1.0
臀围（腋下38）	55.5	58.0	63.0	68.0	73.0	78.0	83.0	88.0	5.0	1.0	1.0
下摆尺寸	55.0	57.5	62.5	67.5	72.5	77.5	82.5	87.5	5.0	1.0	1.0
后肩宽	45.8	47.0	49.4	51.8	54.2	56.6	59.0	61.4	2.4	0.5	0.5
小肩（自然折点量）	13.6	14.0	14.8	15.6	16.4	17.2	18.0	18.8	0.8	0.5	0.5
前宽（肩颈点下17）	38.8	40.0	42.4	44.8	47.2	49.6	52.0	54.4	2.4	0.5	0.5
后宽（肩颈点下17）	45.3	46.5	48.9	51.3	53.7	56.1	58.5	60.9	2.4	0.5	0.5
袖长	63.7	64.0	64.6	65.2	65.8	66.4	67.0	67.6	0.6	1.0	0.5
袖长含罗纹	65.2	65.5	66.1	66.7	67.3	67.9	68.5	69.1	0.6	1.0	0.5
袖窿（直量）	25.8	26.5	28.0	29.5	31.0	32.5	34.0	35.5	1.5	0.5	0.5
前袖窿（弯量）	29.8	31.0	33.5	36.0	38.5	41.0	43.5	46.0	2.5	0.5	0.5
后袖窿（弯量）	28.8	30.0	32.5	35.0	37.5	40.0	42.5	45.0	2.5	0.5	0.5
袖肥（腋下2.5）	21.3	22.0	23.5	25.0	26.5	28.0	29.5	31.0	1.5	0.5	0.5
半袖（1/2内袖长）	18.5	19.0	20.0	21.0	22.0	23.0	24.0	25.0	1.0	0.5	0.5
袖口宽	14.7	15.0	15.6	16.2	16.8	17.4	18.0	18.6	0.6	0.3	0.3
袖口罗纹宽	10.2	10.5	11.1	11.7	12.3	12.9	13.5	14.1	0.6	0.3	0.3
后领宽（直量）	19.6	20.0	20.8	21.6	22.4	23.2	24.0	24.8	0.8	0.5	0.5
前领深	10.8	11.0	11.4	11.8	12.2	12.6	13.0	13.4	0.4	0	0
后领深	2.4	2.5	2.8	3.1	3.4	3.7	4.0	4.3	0.3	0	0
1/2领上口	23.8	24.5	26.0	27.5	29.0	30.5	32.0	33.5	1.5	0	0.5
领高（背缝线）	7.0	7.0	7.0	7.0	7.0	7.0	7.0	7.0	0	0.3	0.3

注 此数据适合中国普通人群。

6.9.6 成品效果展示（图6-9-3）

图6-9-3 成品效果展示

6.10 腰贴袋休闲上衣

6.10.1 款式设计（图6-10-1）

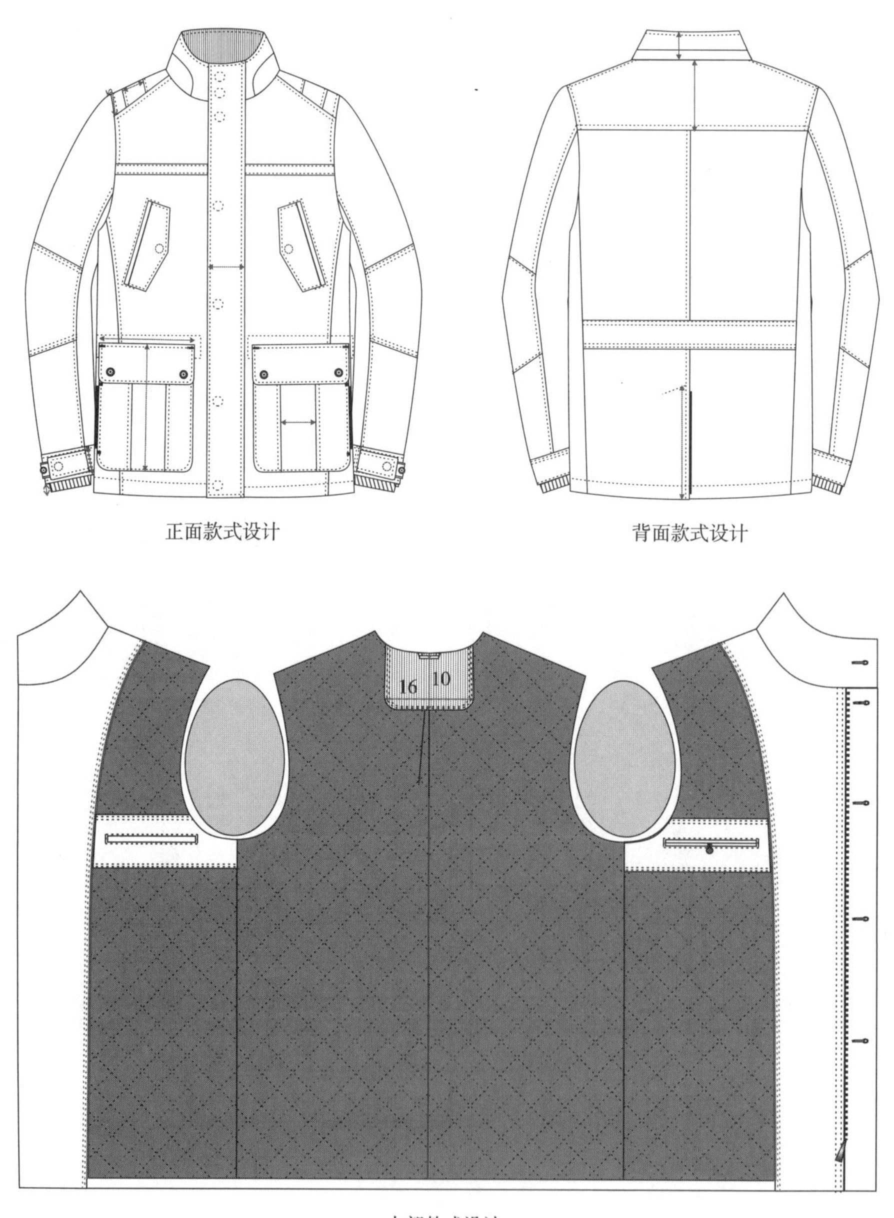

图6-10-1 款式设计

6.10.2 工艺结构设计及工艺要求

（1）缝纫针距

①150旦×3股粗丝线，明线9～10针/3cm，暗线12～13针/3cm。

②繰边机缲缝每3cm不少于4针，手工缲缝每3cm不少于4～6针。

（2）外部工艺要求

①缉明线：单明线0.6cm，双明线0.1cm～0.7cm，下摆边2.5cm明线。

②前身：门襟宽6cm缝钉5套暗四合扣及拉链。钉扣要求二字钉法。

③肩部：肩部有拼接宽7cm，拼接缝从肩缝间距5cm。

④腰袋：腰袋盖20cm×6.5cm，明贴袋深22cm（含袋盖），中间加5cm的箱型褶，袋盖上有两套明四合扣，侧袋口14cm，上下封结1cm。袋上口缉4cm宽方形装饰明线。

⑤胸袋：双牙带袋盖20cm×5cm×3.5cm，四周缉明线有明四合扣。

⑥袖子：袖克夫6cm装饰袖襻长9cm，袖襻上钉暗四合扣，袖口罗纹露出2cm。

⑦背缝：后腰带宽6cm，后开衩22cm，后育克高15cm。

⑧领子：有2粒暗四合扣，领子里絮腈纶棉。

（3）内部工艺要求

①里料配色：

大身里、内袋扣襻：酒红色；

袖里：黑色。

②大身内部：大身絮100g腈纶棉并绗缝，绗缝线迹尺寸，对角线7.5cm×5cm，袖里80g腈纶棉不绗缝。

③内袋：穿者左侧内袋为双牙袋14cm×1cm，有扣子和扣襻。右侧内袋为单牙袋14cm×1cm，四周缉明线，两端打平结。

④过面：过面及耳朵皮上下缉双明线间距0.6cm，缝线颜色同面料色。

⑤领吊：后领中线处梯形钉法0.6cm×6cm。

6.10.3 面料特点及辅料需求（表6-10-1）

表6-10-1 面料特点及辅料需求 单位：cm

项目	品名	使用部位	数量	规格	颜色
面料	全棉磨毛面料A	过面、领吊、2个内袋牙及袋垫、后领托布、领面	230	门幅145	深灰色
	全棉16条灯芯绒面料B	领里	10	门幅145	黑色
外部辅料	5#黑镍色金属开尾拉链配拉头	门襟拉链	1条	65.5/66/67/68/69.5/70.5/71.5/73（S/M/L/XL/2XL/3XL/4XL/5XL）	黑镍色
	全涤大斜纹里料	大身里、内袋扣襻	110	门幅145	酒红色
	全涤大斜纹里料	袖里、过面牙	60	门幅145	黑色
	四眼扣	内胸袋1粒	1粒	1.5	黑色
	双股涤纶纱、氨纶（高弹）2×2，12G	袖口罗纹M#净尺寸：6×20	1付	高14×宽21.5/22/23/24/25.5/26.5/27.5/29×2（S/M/L/XL/2XL/3XL/4XL/5XL）	黑色
	暗四合扣	门襟5套、领子2套、袖襻2套、袖襻2付底扣	9套、2付底扣	1.8	仿克古
	明四合扣	腰袋4套、胸袋四合扣2套	6套	1.8	仿克古
内部辅料	无纺衬	大身、过面、领里、下摆、袖山、袖口、袋牙、袋盖、后袖窿	110	门幅150	灰色
	袋布	内2袋、2个贴袋里、外2个袋布	50	门幅150	黑色
	防透棉无纺衬	在里料和腈纶棉之间加一层	170	门幅150	白色
	100g腈纶棉有绗缝线	大身里	100	门幅150	白色
	80g腈纶棉无绗缝线	袖子、领子	60	门幅150	白色
	牵条	止口、领子、前后袖窿、前后肩缝	4.00	1.2	黑色

6.10.4　裁片图（图6-10-2）

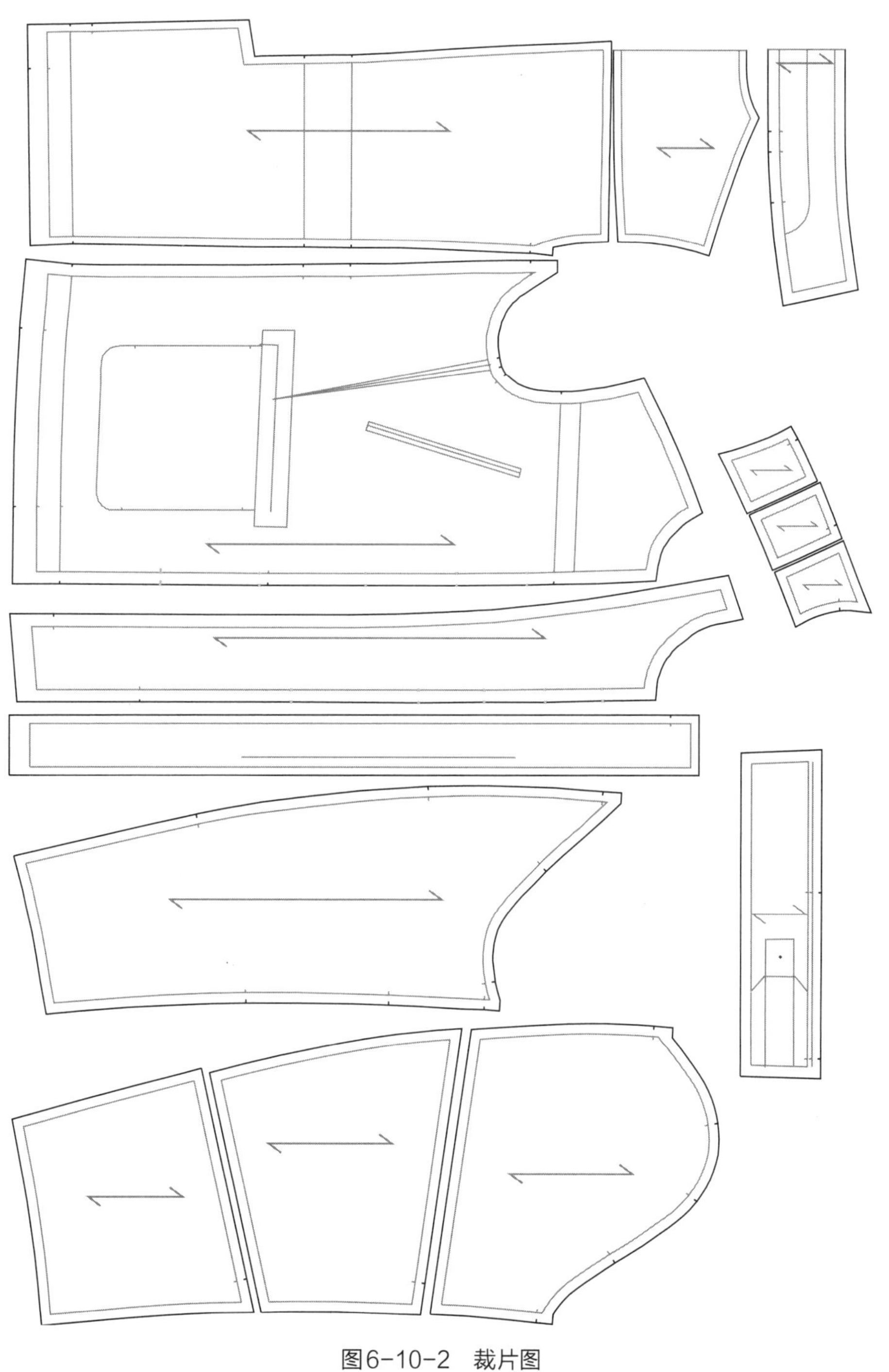

图6-10-2　裁片图

6.10.5 测量部位及号型放码比例（表6-10-2）

表6-10-2 测量部位及号型放码比例 单位：cm

号型 测量部位	S	M	L	XL	2XL	3XL	4XL	5XL	档差	公差要求	
										−	+
适合胸围	38.0	40.0	42～44	46～48	50～52	54～56	58～60	62～64			
背缝长	80.4	81.0	82.2	83.4	84.6	85.8	87.0	88.2	1.2	1.0	1.0
后身长（侧颈点到下摆）	82.3	83.0	84.5	86.0	87.5	89.0	90.5	92.0	1.5	1.0	1.0
前中长（前中领到下摆）	71.9	72.5	73.7	74.9	76.1	77.3	78.5	79.7	1.2	1.0	1.0
前身长（侧颈点到下摆）	81.7	82.5	84.1	85.7	87.3	88.9	90.5	92.1	1.6	1.0	1.0
侧缝长	53.0	53.0	53.0	53.0	53.0	53.0	53.0	53.0	0	1.0	1.0
胸围（腋下2.5）	55.5	58.0	63.0	68.0	73.0	78.0	83.0	88.0	5.0	1.0	1.0
腰围（腋下18）	54.5	57.0	62.0	67.0	72.0	77.0	82.0	87.0	5.0	1.0	1.0
臀围（腋下38）	54.5	57.0	62.0	67.0	72.0	77.0	82.0	87.0	5.0	1.0	1.0
下摆尺寸	54.5	57.0	62.0	67.0	72.0	77.0	82.0	87.0	5.0	1.0	1.0
肩宽	46.8	48.0	50.4	52.8	55.2	57.6	60.0	62.4	2.4	0.5	0.5
小肩	15.1	15.5	16.3	17.1	17.9	18.7	19.5	20.3	0.8	0.5	0.5
前胸宽（侧颈点下17）	41.8	43.0	45.4	47.8	50.2	52.6	55.0	57.4	2.4	0.5	0.5
背缝宽（侧颈点下17）	43.8	45.0	47.4	49.8	52.2	54.6	57.0	59.4	2.4	0.5	0.5
袖长（不包扣罗纹）	63.7	64.0	64.6	65.2	65.8	66.4	67.0	67.6	0.6	1.0	0.5
袖窿（直量）	25.8	26.5	28.0	29.5	31.0	32.5	34.0	35.5	1.5	0.5	0.5
前袖窿（弯量）	28.3	29.5	32.0	34.5	37.0	39.5	42.0	44.5	2.5	0.5	0.5
后袖窿（弯量）	27.3	28.5	31.0	33.5	36.0	38.5	41.0	43.5	2.5	0.5	0.5
袖肥（腋下2.5）	22.3	23.0	24.5	26.0	27.5	29.0	30.5	32.0	1.5	0.5	0.5
半袖（1/2内袖长）	19.0	19.5	20.5	21.5	22.5	23.5	24.5	25.5	1.0	0.5	0.5
袖口宽	15.2	15.5	16.1	16.7	17.3	17.9	18.5	19.1	0.6	0.3	0.3
罗纹袖口	9.7	10.0	10.6	12.2	13.8	15.4	17.0	18.6	1.6	0.3	0.3
后领宽	19.6	20.0	20.8	21.6	22.4	23.2	24.0	24.8	0.8	0.5	0.5
前领深	9.8	10.0	10.4	10.8	11.2	11.6	12.0	12.4	0.4	0	0
后领深	1.9	2.0	2.3	2.6	2.9	3.2	3.5	3.8	0.3	0	0
1/2上领口	23.3	24.0	25.5	27.0	28.5	30.0	31.5	33.0	1.5	0	0.5
后领高（背缝线）	6.0	6.0	6.0	6.0	6.0	6.0	6.0	6.0	0	0.3	0.3
腰袋位距侧颈点	55.4	55.5	55.8	56.1	56.4	56.7	57.0	57.3	0.3	0	0

注 此数据适合中国普通人群。

6.10.6　成品效果展示（图6-10-3）

图6-10-3　成品效果展示

6.11 休闲棉上衣

6.11.1 款式设计（图6-11-1）

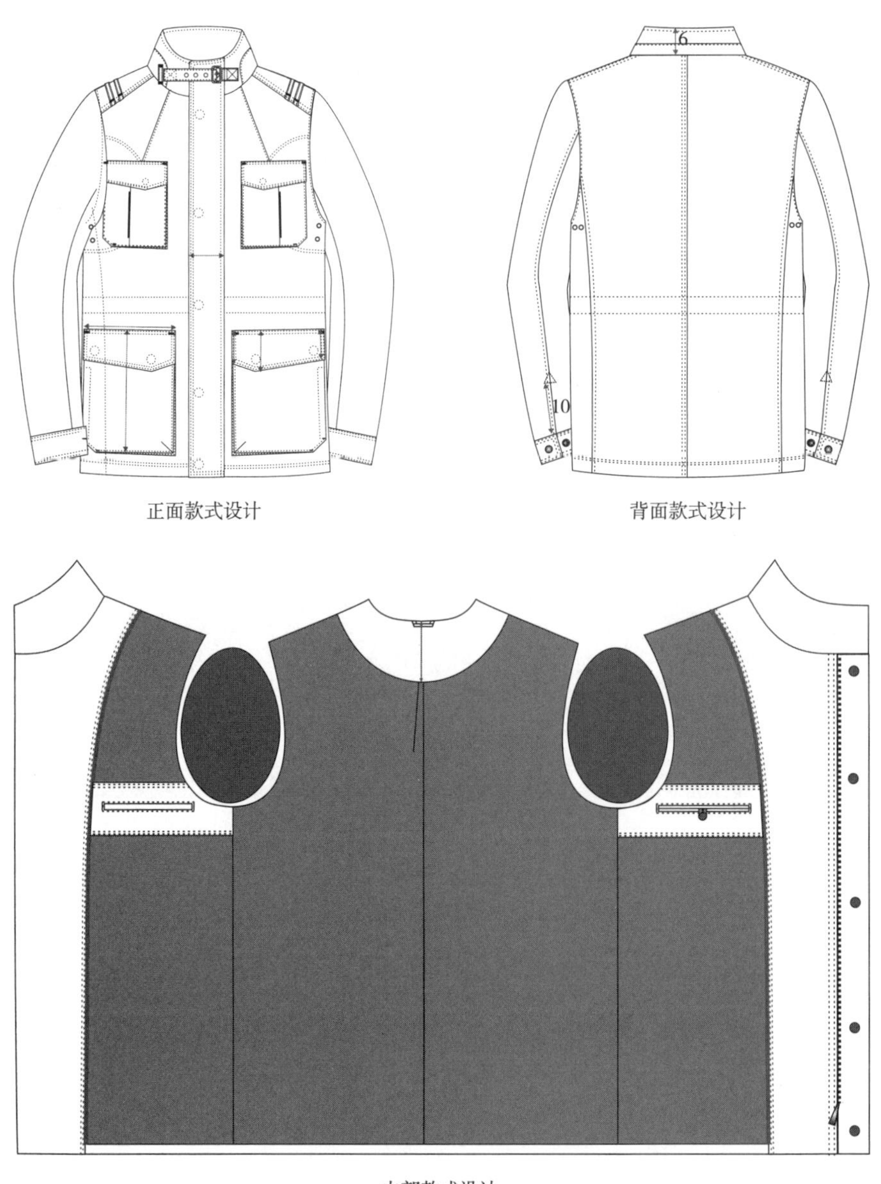

图6-11-1 款式设计

6.11.2 工艺结构设计及工艺要求

（1）缝纫针距

①150旦 ×3股粗丝线，明线9～10针/3cm，暗线12～13针/3cm。

②缲边机缲缝每3cm不少于4针，手工缲缝每3cm不少于4～6针。

（2）外部工艺要求

①缉明线：单明线0.6cm，双明线0.1cm～0.7cm。

②前身：门襟宽6.5cm，有5粒暗四合扣及拉链。肩部拼接处有两个宽1.2cm的串带襻。腋下带4个气眼。

③肩部：自然。

④腰袋：袋盖19cm×5cm×7cm，明贴袋深21cm（含袋盖），贴袋有风琴褶，袋盖上有2粒暗四合扣，侧袋长14.5cm，上下封结1cm。

⑤胸袋：袋盖12.5cm×4cm×6cm，明贴袋深14.5cm（含袋盖），贴袋有4cm活对褶，袋盖有一粒暗四合扣。

⑥袖子：袖克夫宽5cm。

⑦领子：领襻上的划子在左侧，后领座高3cm。

（3）内部工艺要求

①里料配色：

大身里、内袋扣襻：酒红色；

袖里、过面牙：藏蓝色。

②大身内部：大身80g腈纶棉无绗缝线，袖里60g腈纶棉无绗缝线。

③内袋：穿者左侧内袋为双牙袋14cm×1cm，带扣子和扣襻。穿者右侧内袋为单牙袋14cm×1cm，四周缉明线，两端平结。

④过面：0.3cm过面牙内埋细绳。过面、耳朵皮上下缉双明线间距0.6cm顺面料色。

⑤领吊：大身面料做T形钉法夹绱于后领中缝0.8cm×6.5cm。

6.11.3 面料特点及辅料需求（表6-11-1）

表6-11-1 面料特点及辅料需求 单位：cm

项目	品名	使用部位	数量	规格	颜色
面料	涤纶面料面料	过面、领吊、外4个贴袋及袋盖、半月贴布	230	门幅145	深藏蓝色
外部辅料	5#黑色树脂开尾拉链配拉头	外门襟	1条	63.5/64/65/66/67.5/68.5/69.5/71（S/M/L/XL/2XL/3XL/4XL/5XL）	黑色
	全涤大斜纹里料	大身里、内袋扣襻	100	门幅145	酒红色
	全涤平纹里料	袖里、过面牙	65	门幅145	藏蓝色
	四眼扣	内胸袋1粒	1粒	1.5	黑色
	明四合扣	袖口2套、2付底扣	2套、2付	1.8	仿克古
	暗四合扣	门襟5套、外袋6套	11套	1.8	仿克古
	领襻划子	见图示	1个	3	无哑深克
	气眼	领襻4个、腋下8个	12个	0.95	无哑深克
内部辅料	无纺衬	大身、领面、过面、领里、下摆、袖山、袖口、袋牙、袋盖、后袖窿	120	门幅150	灰色
	袋布	内2袋、4个贴袋里、外2个侧袋	60	门幅150	黑色
	细绳	过面牙	2.80	0.2	白色
	防透棉无纺衬	在里料和腈纶棉之间加一层	190	门幅150	白色
	80g腈纶棉无纺缝线	大身里	110	门幅150	白色
	60g腈纶棉无纺缝线	袖里	80	门幅150	白色
	牵条	止口、领子、前后袖窿、前后肩缝	6.00	1.2	黑色

6.11.4　裁片图（图6-11-2）

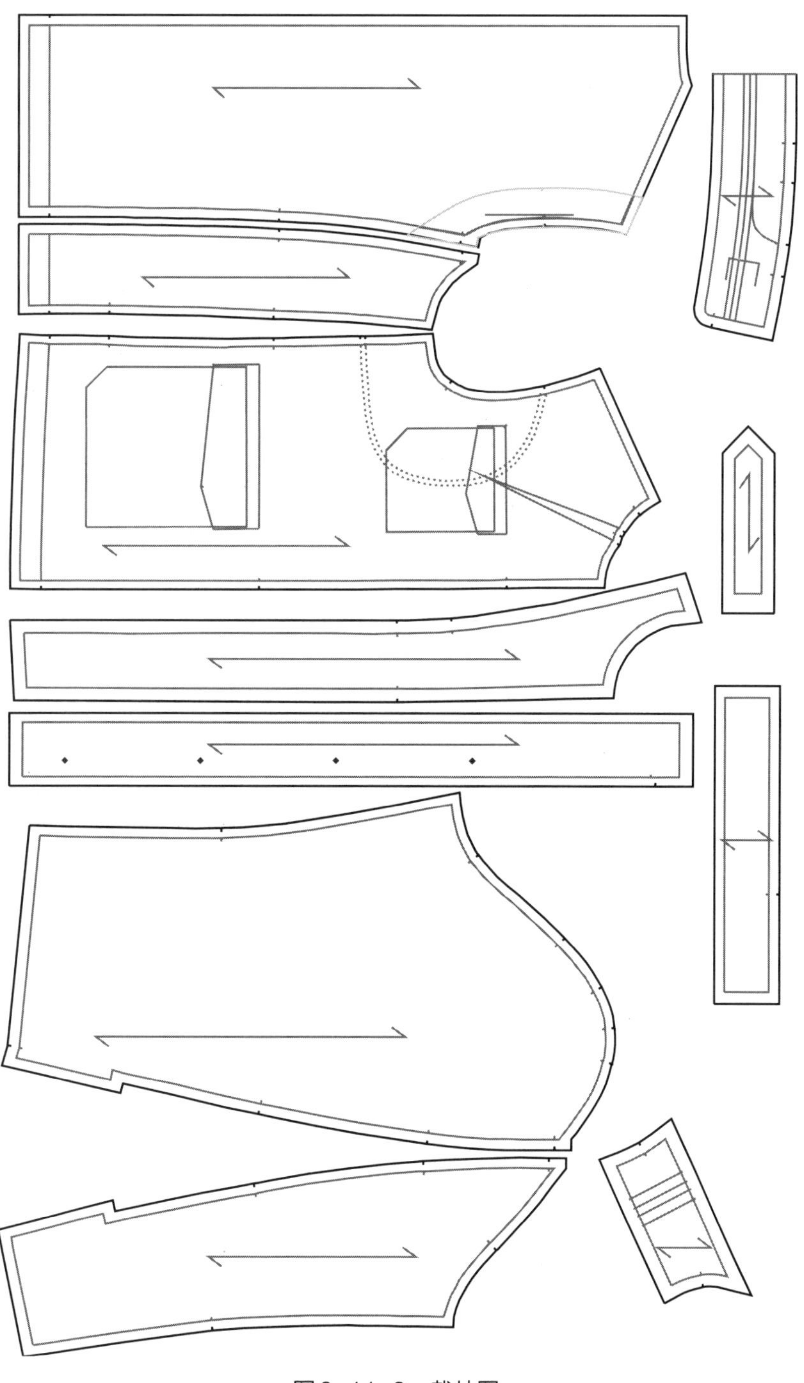

图6-11-2　裁片图

6.11.5 测量部位及号型放码比例（表6-11-2）

表6-11-2 测量部位及号型放码比例 单位：cm

测量部位＼号型	S	M	L	XL	2XL	3XL	4XL	5XL	档差	公差要求	
										−	+
适合胸围	38.0	40.0	42～44	46～48	50～52	54～56	58～60	62～64			
背缝长	74.4	75.0	76.2	77.4	78.6	79.8	81.0	82.2	1.2	1.0	1.0
后身长（侧颈点到下摆）	76.8	77.5	79.0	80.5	82.0	83.5	85.0	86.5	1.5	1.0	1.0
前中长（前中领到下摆）	65.4	66.0	67.2	68.4	69.6	70.8	72.0	73.2	1.2	1.0	1.0
前身长（侧颈点到下摆）	75.2	76.0	77.6	79.2	80.8	82.4	84.0	85.6	1.6	1.0	1.0
胸围（腋下2.5）	56.5	59.0	64.0	69.0	74.0	79.0	84.0	89.0	5.0	1.0	1.0
腰围（腋下18）	55.5	58.0	63.0	68.0	73.0	78.0	83.0	88.0	5.0	1.0	1.0
臀围（腋下38）	55.5	58.0	63.0	68.0	73.0	78.0	83.0	88.0	5.0	1.0	1.0
下摆尺寸	55.5	58.0	63.0	68.0	73.0	78.0	83.0	88.0	5.0	1.0	1.0
后肩宽（自然折叠点）	46.3	47.5	49.9	52.3	54.7	57.1	59.5	61.9	2.4	0.5	0.5
小肩（自然折叠点）	15.1	15.5	16.3	17.1	17.9	18.7	19.5	20.3	0.8	0.5	0.5
前胸宽（侧颈点下17）	41.8	43.0	45.4	47.8	50.2	52.6	55.0	57.4	2.4	0.5	0.5
背缝宽（侧颈点下17）	43.8	45.0	47.4	49.8	52.2	54.6	57.0	59.4	2.4	0.5	0.5
袖长	64.2	64.5	65.1	65.7	66.3	66.9	67.5	68.1	0.6	1.0	0.5
袖窿（直量）	25.3	26.0	27.5	29.0	30.5	32.0	33.5	35.0	1.5	0.5	0.5
前袖窿（弯量）	28.8	30.0	32.5	35.0	37.5	40.0	42.5	45.0	2.5	0.5	0.5
后袖窿（弯量）	26.8	28.0	30.5	33.0	35.5	38.0	40.5	43.0	2.5	0.5	0.5
袖肥（腋下2.5）	21.8	22.5	24.0	25.5	27.0	28.5	30.0	31.5	1.5	0.5	0.5
半袖（1/2内袖长）	17.5	18.0	19.0	20.0	21.0	22.0	23.0	24.0	1.0	0.5	0.5
袖口	13.7	14.0	14.6	15.2	15.8	16.4	17.0	17.6	0.6	0.3	0.3
后领宽（直量）	19.1	19.5	20.3	21.1	21.9	22.7	23.5	24.3	0.8	0.5	0.5
前领深	9.3	9.5	9.9	10.3	10.7	11.1	11.5	11.9	0.4	0	0
后领深	1.9	2.0	2.3	2.6	2.9	3.2	3.5	3.8	0.3	0	0
1/2领上口	22.8	23.5	25.0	26.5	28.0	29.5	31.0	32.5	1.5	0	0.5
领座高（背缝线）	3.0	3.0	3.0	3.0	3.0	3.0	3.0	3.0	0	0.3	0.3
领高（背缝线）	6.0	6.0	6.0	6.0	6.0	6.0	6.0	6.0	0	0.3	0.3
胸袋位距侧颈点	21.4	21.5	21.8	22.1	22.4	22.7	23.0	23.3	0.3	0	0
腰袋位距侧颈点	48.9	49.0	49.3	50.6	51.9	53.2	54.5	55.8	1.3	0	0

注 此数据适合中国普通人群。

6.11.6　成品效果展示（图6-11-3）

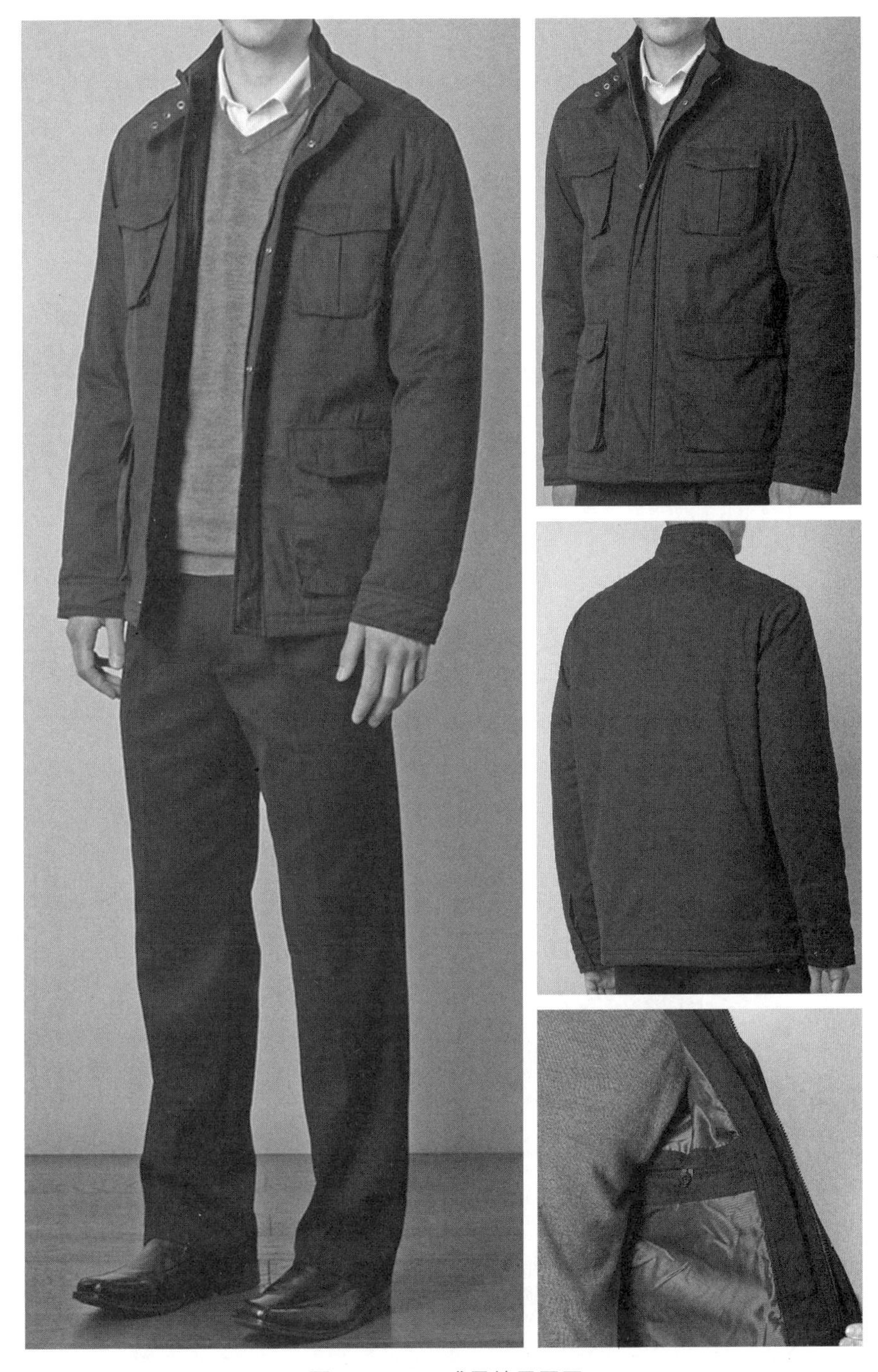

图6-11-3　成品效果展示

6.12 连帽休闲上衣

6.12.1 款式设计（图6-12-1）

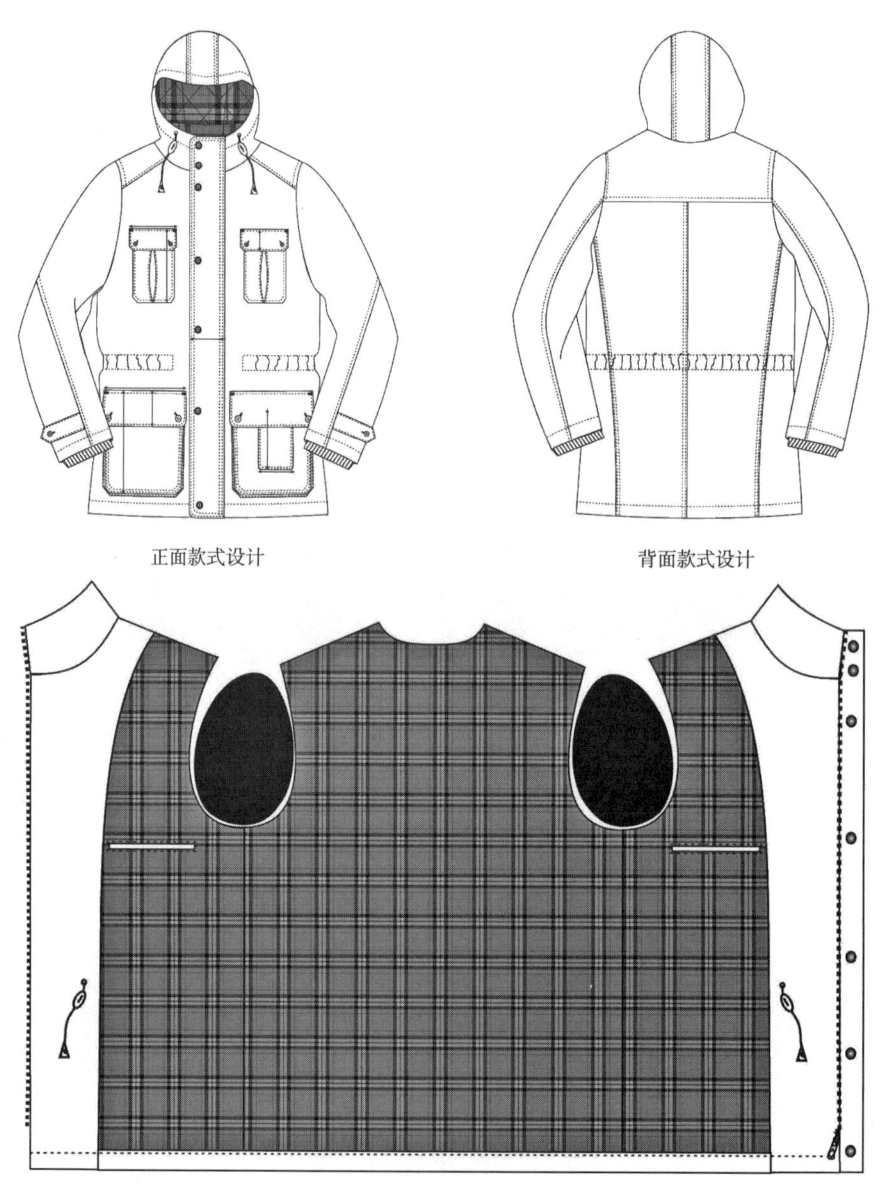

图6-12-1 款式设计

6.12.2 工艺结构设计及工艺要求

（1）缝纫针距

①明线12～13针/3cm，暗线12～13针/3cm。

②缲边机缲缝每3cm不少于4针，手工缲缝每3cm不少于4～6针。

（2）外部工艺要求

①缉明线：门襟缉0.1～0.7cm双明线，肩缝、腰袋盖、腰贴袋、胸袋盖、胸贴袋、后袖缝、背缝、后侧缝、后拼接缝单明线0.6cm。底摆、袖口、帽沿单明线2.5cm。

②前身：门襟5粒四合扣，带拉链，门襟宽6.5cm。

③肩部：挺实

④腰袋：袋盖尺寸18cm×6cm，袋盖钉两粒四合扣。明贴袋（含袋盖）深20cm，风琴高3cm。左侧腰贴袋上装饰13cm×14cm小贴袋。

⑤胸袋：袋盖尺寸13cm×5cm，钉两粒四合扣，明贴袋深（含袋盖）15cm。

⑥袖子：宝剑头袖襻4cm×13cm，距袖口边5cm，袖口罗纹露出1cm。

⑦背缝：后育克高18cm，腰部有抽绳。

⑧领：领子有两粒四合扣，帽子上有抽绳、气眼、领吊、卡头。

（3）内部工艺要求

①里料配色：

大身里：全棉色织格；

帽里：黑色里料；

过面牙：土黄色里料；

大身100g腈纶棉，袖里80g腈纶棉，无绗缝线。

②内袋：内袋14cm×1cm，四周缉明线。

③过面：过面牙宽0.3cm。

④领领吊用面料：夹绱于后领中缝T形钉法，净尺寸0.6cm×6cm。

6.12.3 面料特点及辅料需求（表6-12-1）

表6-12-1 面料特点及辅料需求 单位：cm

项目	品名	使用部位	数量	规格	颜色
面料	全毛人字纹面料A	过面、2个内袋牙及袋垫、领吊	225	门幅145	深灰色
	全棉色织磨毛面料B	大身里	90	门幅135	色织格
外部辅料	5#黑镍色金属开尾拉链配拉片	外门襟拉链	1条	69/70/71/72/73/74（S/M/L/XL/2XL/3XL）	黑镍色
	全涤平纹	袖里	60	门幅145	黑色
	全涤平纹	过面牙	5	门幅145	土黄色
	全涤斜纹	帽里	30	门幅140	黑色
	吊钟	帽子2个、中腰2个	4个	特殊定制	黑色
	卡头	帽子2个、中腰2个	4个	特殊定制	黑色
	抽绳	帽子120cm、中腰180cm	300	0.6	黑色
	四合扣	领头2套、门襟5套、腰袋4套、胸袋2套	13套	1.7	无呖哑深克呖
	气眼	帽子2个、中腰抽绳2个	4个	0.95	无呖哑深克呖
	黑色全涤加氨纶高弹2×2，12g	袖罗纹M#净尺寸：6×20	1付	高14×宽21.5/22/22.5/23/23.5/24×2（S/M/L/XL/2XL/3XL）	黑色哑光
	四眼扣	袖襻2粒、备扣1粒	3粒	2.5	深棕色
内部辅料	无纺衬盖、后袖窿	大身、过面、下摆、袖山、袖口、袋	150	门幅150	灰色
	袋布	内2袋、5个贴袋里	60	门幅150	黑色
	100g腈纶棉无纺缝线	大身里	100	门幅150	白色
	80g腈纶棉无纺缝线	袖子、帽子	60	门幅150	白色
	牵条	前后袖窿、前后肩缝	3.00	1.2	黑色

6.12.4 裁片图（图6-12-2）

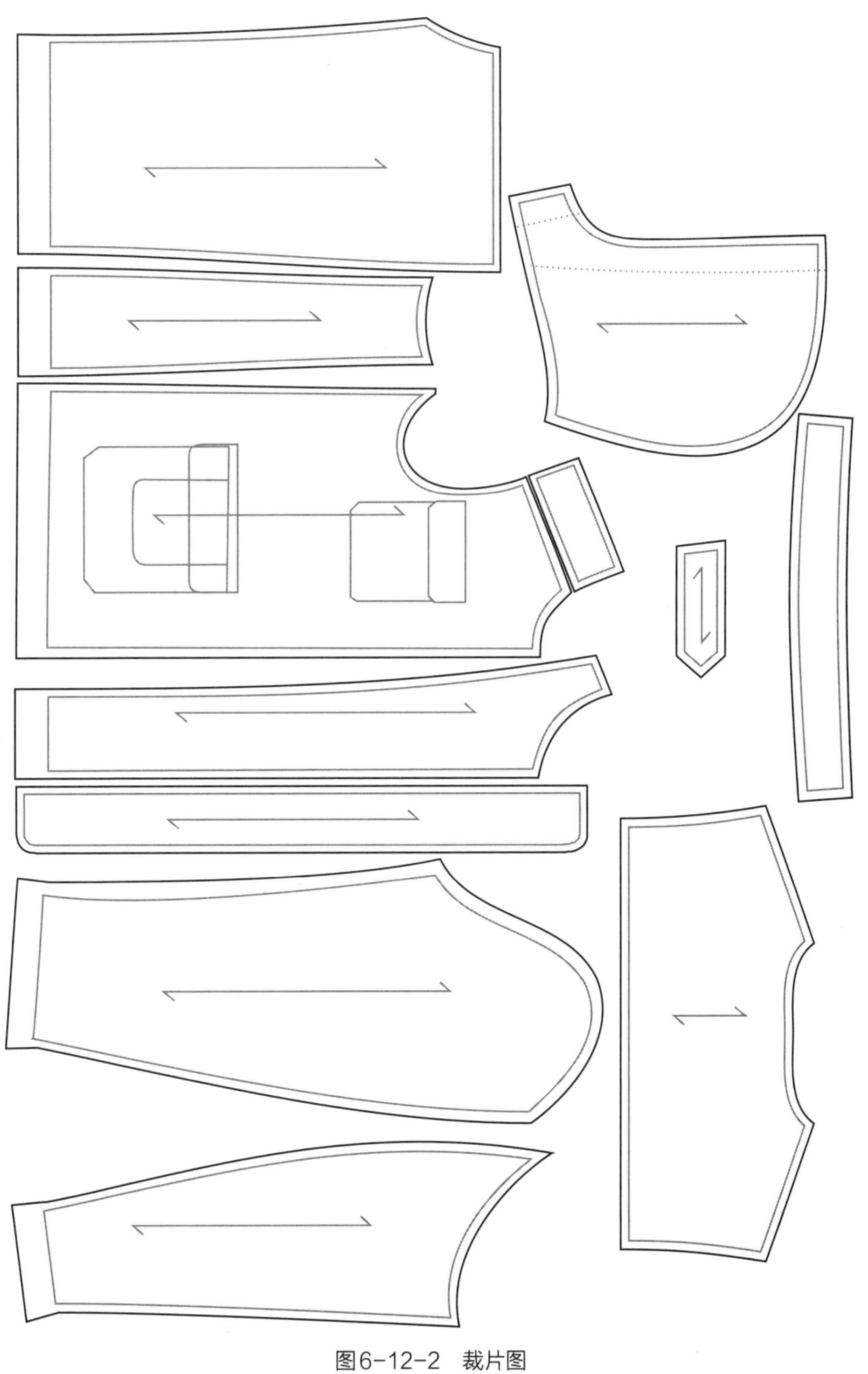

图6-12-2 裁片图

6.12.5 测量部位及号型放码比例（表6-12-2）

表6-12-2 测量部位及号型放码比例 单位：cm

测量部位 \ 号型	S	M	L	XL	2XL	3XL	档差	公差要求	
								−	+
适合胸围	38.0	40.0	42～44	46～48	50～52	54～56			
背缝长（背缝至下摆）	74.4	75.0	76.2	77.4	78.6	79.8	1.2	1.0	1.0
后身长（侧颈点至后下摆）	76.3	77.0	78.5	80.0	81.5	83.0	1.5	1.0	1.0
前身长（侧颈点至前下摆）	76.2	77.0	78.6	80.2	81.8	83.4	1.6	1.0	1.0
侧缝长	46.0	46.0	46.0	46.0	46.0	46.0	0	1.0	1.0
胸围（腋下2.5）	58.0	60.5	65.5	70.5	75.5	80.5	5.0	1.0	1.0
腰围（腋下18）	56.5	59.0	64.0	69.0	74.0	79.0	5.0	1.0	1.0
下摆尺寸	55.5	58.0	63.0	68.0	73.0	78.0	5.0	1.0	1.0
后肩宽	47.8	49.0	51.4	53.8	56.2	58.6	2.4	0.5	0.5
小肩	13.9	14.3	15.1	15.9	16.7	17.5	0.8	0.5	0.5
前胸宽（肩颈点下17）	42.8	44.0	46.4	48.8	51.2	53.6	2.4	0.5	0.5
后背宽（肩颈点下17）	45.8	47.0	49.4	51.8	54.2	56.6	2.4	0.5	0.5
外袖长（不含罗纹）	64.7	65.0	65.6	66.2	66.8	67.4	0.6	1.0	0.5
外袖长（含罗纹）	65.7	66.0	66.6	67.2	67.8	68.4	0.6	1.0	0.5
袖窿（直量）	24.3	25.0	26.5	28.0	29.5	31.0	1.5	0.5	0.5
前袖窿（弯量）	29.8	31.0	33.5	36.0	38.5	41.0	2.5	0.5	0.5
后袖窿（弯量）	28.8	30.0	32.5	35.0	37.5	40.0	2.5	0.5	0.5
袖肥（腋下2.5）	21.8	22.5	24.0	25.5	27.0	28.5	1.5	0.5	0.5
半袖（1/2内袖长）	18.0	18.5	19.5	20.5	21.5	22.5	1.0	0.5	0.5
袖口宽	13.7	14.0	14.6	15.2	15.8	16.4	0.6	0.3	0.3
后领宽（直量）	21.1	21.5	22.3	23.1	23.9	24.7	0.8	0.5	0.5
前领深	8.3	8.5	8.9	9.3	9.7	10.1	0.4	0	0
后领深	1.9	2.0	2.3	2.6	2.9	3.2	0.3	0	0
胸袋位距侧颈点	20.9	21.0	21.3	21.6	21.9	22.2	0.3	0	0
帽领台	5.5	5.5	5.5	5.5	5.5	5.5	0	0.3	0.3
帽高	38.3	38.5	38.9	39.3	39.7	40.1	0.4	0	0.5
帽宽	25.1	25.5	26.3	27.1	27.9	28.7	0.8	0	0.5

注 此数据适合中国普通人群。

6.12.6　成品效果展示（图6-12-3）

图6-12-3　成品效果展示

6.13 高蓬松腈纶棉服

6.13.1 款式设计（图6-13-1）

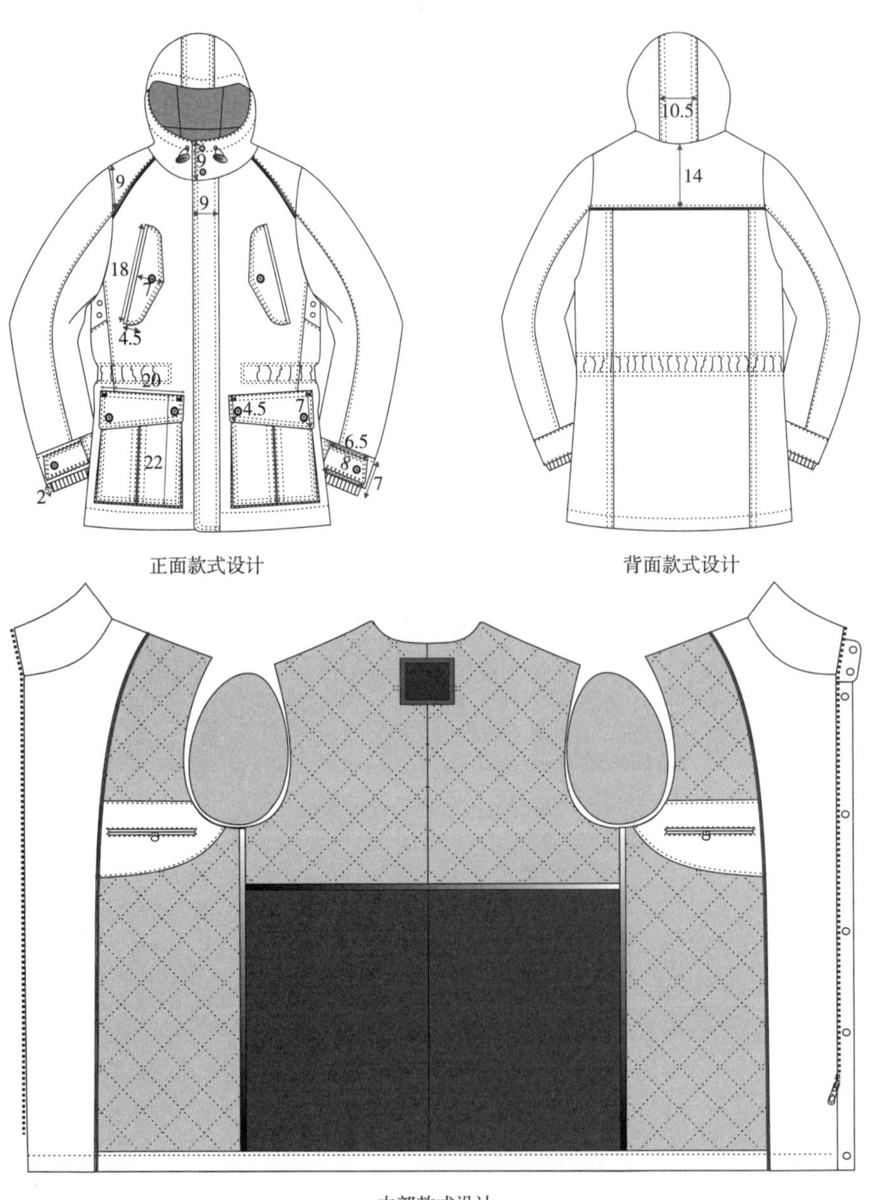

图6-13-1 款式设计

6.13.2　工艺结构设计及工艺要求

（1）缝纫针距

①明线150旦×6股粗丝线明线9～10针/3cm，暗线12～13针/3cm。

②缲边机缲缝每3cm不少于4针，手工缲缝每3cm不少于4～6针。

（2）外部工艺要求

①缉明线：前门襟、帽拼接缝、后侧缝、腰袋盖、胸袋盖、腰贴袋、袖襻双明线0.1～1.0cm。前后袖缝、袖克夫、前侧缝线、前后肩缝、后育克缉明线0.2cm。底摆、帽口缉明线2.5cm。

②肩缝：肩缝加牙子埋细绳。

③大身：门襟缝装拉链，4粒织带扣锁扣眼，门襟下摆处1粒暗四合扣，帽头2粒明四合扣。门襟宽9cm。

④腰袋：腰袋盖21cm×9cm×6.5cm，钉2粒明织带扣，侧面带16cm长竖袋。距前人中处及腰贴袋底做成风琴褶2cm。

⑤胸双牙袋带袋盖：胸袋盖18cm×7cm×4.5cm，钉2粒明织带扣。

⑥袖子：袖口双层，内有罗纹露出1cm。袖襻尺寸10cm×8.5cm。

⑦背缝：育克16cm。

⑧领子：半月形后领托。缉死帽子缉缝在。

⑨前腋下带贴布有2个气眼。帽头有1个气眼及抽绳。

（3）内部工艺要求

①面里料配色：

后身上拼里、前身里、袖里、帽里：黑色；

后身上下拼接处用织带，侧缝用织带；

上半身里背缝长40cm。

②大身内部：后衣片上半身、前身里均绗缝菱形线迹，后衣片下身、帽里、袖子没有绗缝线。

③内袋：双牙袋15cm×1cm，钉扣和扣襻，用紫色线钉扣。

④过面牙：0.3cm紫色牙子（内有细绳）。

⑤耳朵皮：上下缉0.1cm顺牙子色明线。

⑥领吊：仿皮领吊。

6.13.3 面料特点及辅料需求（表6-13-1）

表6-13-1 面料特点及辅料需求 单位：cm

项目	品名	使用部位	数量	规格	颜色
面料	光感涤纶面料A	大耳朵皮、2个内袋牙及袋垫及扣襻、前后肩缝牙子	250	门幅145	黑色或军绿色
	法兰绒面料B	后身下半部分	35	门幅145	灰色
外部辅料	全涤平纹做防透棉处理	后身上拼里、前身里、袖里、帽里、袖口罗纹拼接里	200	门幅145	黑色
	过面牙用布	过面牙	10	门幅145	紫色
	松紧绳	帽子用	250	1.3	黑色
	塑料吊珠	帽子用	2个		黑色
	黑色塑料卡头	帽子用	2个		黑色
	仿皮领吊	用在后领窝中缝	1个	7.0	黑色
	四眼扣	内袋2粒	2粒	1.5	黑色
	两眼织带扣	门襟4粒、胸袋2粒、腰袋4粒	10粒	3.0	黑色
	亚光四合扣	领头2套、门襟下摆1套、袖口2套	5套	1.5	黑色
	亚光气眼	腋下气眼4个、帽气眼2个	6个	0.95	黑色
	织带	用织带固定扣子	2.00	1	黑色
	子母带	用侧缝	1.50	0.9	黑色
	5#树脂开尾拉链	用在门襟处	1条	66/68/70/72/74/76（S/M/L/XL/2XL/3XL）	黑古铜色
	全涤双股纱加氨纶高弹2cm×2-12黑色袖口罗纹	袖口罗纹净尺寸	2付	高14×21/22/23/24/25/26（S/M/L/XL/2XL/3XL）	黑色
上衣内部	无纺衬	下摆、侧片腋下、后袖窿、过面、袖口、领条、袋牙	1.3	门幅100	黑色
	袋布	外4袋、内2袋	0.5	门幅150	黑色
	白色细绳	过面牙、前后肩缝牙子	3.0	0.2	白色
	牵条	止口、前后袖窿、前后肩缝	3.8	1.5	灰色
	180g高蓬松腈纶棉有绗缝线	后身上拼、前身	80	门幅150	白色
	180g高蓬松腈纶棉无绗缝线	帽子、后身下端、袖子	120	门幅150	白色

6.13.4　测量部位及号型放码比例（表6-13-2）

表6-13-2　测量部位及号型放码比例　　单位：cm

测量部位＼号型	S	M	L	XL	2XL	3XL	档差	公差要求	
								-	+
后身长	82.5	84.5	86.5	88.5	90.5	92.5	2.0	0.5	0.5
胸围（腋下2.5）	57.0	61.0	65.0	69.0	73.0	77.0	4.0	1.0	1.0
前宽（侧颈点下17）	41.4	44.0	46.6	49.2	51.8	54.4	2.6	0.5	0.5
后宽（侧颈点下17）	46.4	49.0	51.6	54.2	56.8	59.4	2.6	0.5	0.5
腰围（腋下18）	55.0	59.0	63.0	67.0	71.0	75.0	4.0	1.0	1.0
下摆尺寸	56.0	60.0	64.0	68.0	72.0	76.0	4.0	1.0	1.0
小肩（自然折点量）	14.7	15.5	16.3	17.1	17.9	18.7	0.8	0.3	0.3
袖长	63.5	64.0	64.5	65.0	65.5	66.0	0.5	0.3	0.3
袖窿（直量）	25.3	26.0	26.7	27.4	28.1	28.8	0.7	0.5	0.5
袖肥（腋下2.5）	22.3	23.0	23.8	24.5	25.3	26.0	0.8	0.5	0.5
半袖宽	19.5	20.0	20.5	21.0	21.5	22.0	0.5	0.3	0.3
外袖口宽	15.0	15.5	16.0	16.5	17.0	17.5	0.5	0.3	0.3
内罗纹袖口宽	9.5	10.0	10.0	10.5	10.5	11.0	0.5	0.3	0.3
后领宽	21.0	22.0	23.0	24.0	25.0	26.0	1.0	0.3	0.3
前领深	10.3	10.5	10.7	10.9	11.1	11.3	0.2	0.3	0.3
后领深	2.0	2.0	2.0	2.0	2.0	2.0	0	0.3	0.3
帽高	37.0	38.0	39.0	40.0	41.0	42.0	1.0	0.3	0.3
帽长（过头顶量）	50.0	51.0	52.0	53.0	54.0	55.0	1.0	0.3	0.3
帽口前中高度	9.0	9.0	9.0	9.0	9.0	9.0	0	0.3	0.3
帽宽（最宽处量）	27.5	28.0	28.0	28.5	28.5	29.0	0.5	0.3	0.3

注　此数据适合中国普通人群。

6.13.5 成品效果展示（图6-13-2）

图6-13-2 成品效果展示

6.14　休闲短大衣

6.14.1　款式设计（图6-14-1）

正面款式设计

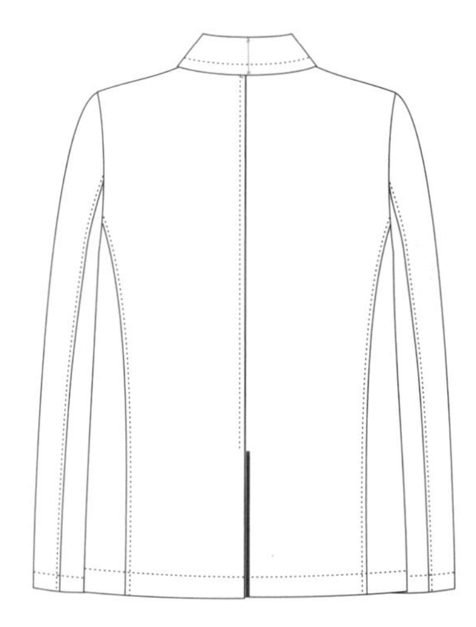

背面款式设计

内部款式设计

图6-14-1　款式设计

6.14.2 工艺结构设计及工艺要求

（1）缝纫针距

①明线11～13针/3cm，暗线12～13针/3cm。

②缲边机缲缝每3cm不少于4针，手工缲缝每3cm不少于4～6针。

（2）外部工艺要求

①缉明线：领子、驳头、止口缉明线1.6cm，背缝、后侧缝、后袖缝、腰袋缉明线0.6cm，下摆、袖口缉明线2.5cm。

②钉扣要求：二字钉法。四眼扣必须保证用8股线钉，每个扣眼穿过2次8股线，然后起柱绕线5圈，然后穿过面料第一次封结，出面料后第二次封结，最后缝针穿进面料后断线。

③前身：前门双排6粒扣，内有1粒吊襟扣。

④腰袋：左右各一个斜板袋17cm×4.5cm。

⑤背缝：背缝开衩18cm。

（3）内部工艺要求

①里料配色：

前身里、2个内袋三角：全棉色织格布；

后身里：黑色斜纹里布与腈纶棉进行绗缝，绗缝线迹菱形格7.5cm×7.5cm；

袖里：咖啡色平纹布。

②内双牙袋：内胸袋13.5cm×1cm四周缉明线，内袋三角8cm×4cm。

③过面：过面缝星星针0.3cm缝线颜色浅咖啡色。

④领吊：梯形钉法固定在后领窝中线处，净尺寸：0.6cm×6cm。

6.14.3 面料特点及辅料需求（表6-14-1）

表6-14-1　面料特点及辅料需求　　单位：cm

项目	品名	使用部位	数量	规格	颜色
面料	400g毛呢面料A	2个内袋牙及袋垫	210	门幅145	烟灰色
	全棉色织格布面料B	前身里、2个内袋三角	40	门幅145	色织格
外部辅料	全涤斜纹	后身里、侧片里	60	门幅145	黑色
	全涤平纹	袖里	60	门幅145	咖啡色
	缎面织带	领吊	10	1.0	黑色
	四眼大扣	门襟6粒、吊襟1粒	7粒	2.5	亚光黑色
	四眼小扣	内袋2粒	2粒	1.5	亚光浅咖色

续表

项目	品名	使用部位	数量	规格	颜色
内部辅料	上衣袋布	2个内袋、2个腰袋	40	门幅150	黑色
	有纺黏合衬	大身里、领面	60	门幅150	黑色
	无纺黏合衬	过面、腰袋、内袋牙	120	门幅100	灰色
	防透棉无纺衬	在后身里和腈纶棉之间加一层	60	门幅150	黑色
	垫肩	肩部	1付	15.5（2/3/4） 17.5（5/6）	灰色
	袖棉	袖山	10	门幅100	黑色
	加丝直牵条	止口、领子、前后袖窿、前后肩缝	3.80	1.2	黑色
	腈纶棉60g	有绗缝线后身	100	门幅150	白色
	腈纶棉60g	无绗缝线前身			
	腈纶棉40g	无绗缝线袖子	60	门幅150	白色

6.14.4　测量部位及号型放码比例（表6-14-2）

表6-14-2　测量部位及号型放码比例　　单位：cm

号型 部位	S/2	M/3	L/4	XL/5	2XL/6	档差	公差要求	
							−	+
后身长（SNP至下摆）	72.0	74.0	76.0	78.0	78.0	2.0	1.0	1.0
前身长（SNP至下摆）	73.0	75.0	77.0	79.0	79.0	2.0	1.0	1.0
胸围（腋下2.5）	50.0	53.0	56.0	59.0	62.0	3.0	1.0	1.0
腰围（后领中下45）	47.0	50.0	53.0	56.0	59.0	3.0	1.0	1.0
下摆尺寸	50.0	53.0	56.0	59.0	62.0	3.0	1.0	1.0
前胸宽（SNP下15）	38.5	40.0	41.5	43.0	44.5	1.5	0.5	0.5
背缝宽（SNP下15）	43.0	44.5	46.0	47.5	49.0	1.5	0.5	0.5
肩宽	44.5	46.0	47.5	49.0	50.5	1.5	0.5	0.5
小肩	13.0	13.5	14.0	14.5	15.0	0.5	0.6	0.6
袖长	64.5	66.0	67.5	69.0	69.0	1.5	1.0	1.0
袖窿深（直量）	24.0	25.0	26.0	27.0	27.0	1.0	0.5	0.5
袖肥	19.0	20.0	21.0	22.0	22.0	1.0	0.5	0.5
肘部（1/2外袖长）	17.5	18.0	18.5	19.0	19.0	0.5	0.5	0.5
袖口	14.0	14.5	15.0	15.5	15.5	0.5	0.5	0.5
后领宽（直量）	18.9	19.5	20.0	20.6	20.6	0.6	0.6	0.6

续表

部位 \ 号型	S/2	M/3	L/4	XL/5	2XL/6	档差	公差要求	
							-	+
后领深	2.3	2.3	2.3	2.3	2.3	0	0.7	0.7
领嘴（领点）	10.0	10.0	10.0	10.0	10.0	0	0	0
驳角（驳点）	10.0	10.0	10.0	10.0	10.0	0	0	0
驳头宽	13.0	13.0	13.0	13.0	13.0	0	0	0
翻驳线（破点）	31.5	32.0	32.5	33.0	33.0	0.5	0.5	0.5
翻领高（背缝线）	7.0	7.0	7.0	7.0	7.0	0	0	0
领座高（背缝线）	3.0	3.0	3.0	3.0	3.0	0	0	0

注 此数据适合中国偏瘦人群。

6.14.5 成品效果展示（图6-14-2）

图6-14-2 成品效果展示

6.15　轻薄休闲棉服

6.15.1　款式设计（图6-15-1）

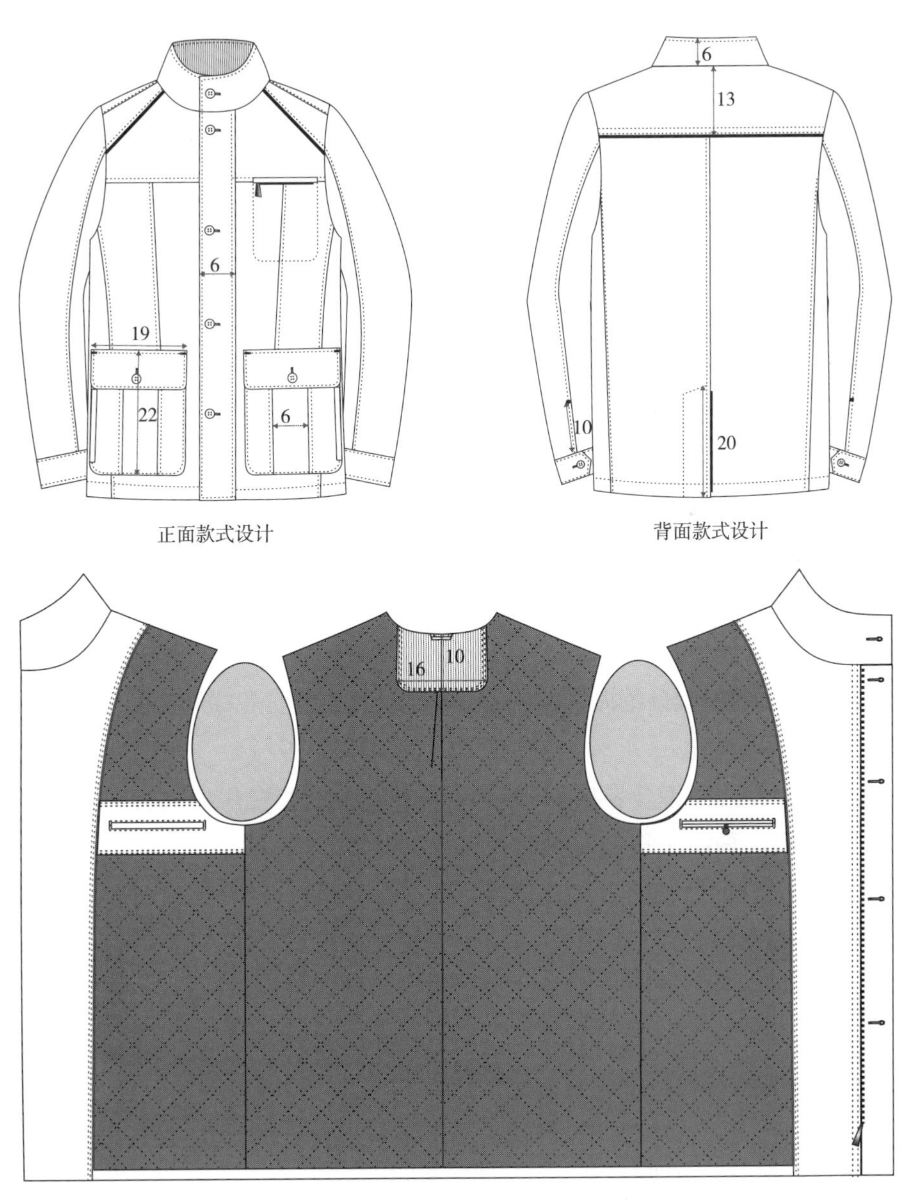

图6-15-1　款式设计

6.15.2 工艺结构设计及工艺要求

（1）缝纫针距

①150旦 ×6股丝线，明线9～10针/3cm，暗线12～13针/3cm。

②缲边机缲缝每3cm不少于4针，手工缲缝每3cm不少于4～6针。

（2）外部工艺要求

领面、袖面絮80g腈纶棉，领做缝为劈缝做法。

①缉明线：单明线0.6cm，双明线0.1cm～0.7cm，下摆边缉明线2.5cm。

②钉扣要求：十字钉法。

③大身：门襟宽6cm，钉4粒明扣和装拉链，最下面一粒扣距下摆边16cm，最上面一粒扣距领窝线2.5cm，其他均分。

④肩部：前后过肩处的牙子大身面料制作，内有细绳。

⑤腰袋：袋盖尺寸19cm×6cm是有袋盖的明贴袋，袋深20cm（含袋盖），中间加6cm的箱型褶，袋盖上带一粒明扣。贴袋侧面有侧开口为13.5cm，袋口打平结。

⑥胸袋：左侧有长13cm的板袋，带拉链，袋四周缉深明线。

⑦袖口：宝剑头袖克夫宽6cm，带一粒明扣，袖开衩长10cm处打平结。

⑧背缝：后育克13cm，背缝衩长20cm。

（3）内部工艺要求

①里料配色：

大身里、内袋扣襻：深红色；

袖里、过面牙：黑色。

②大身内部：大身絮腈纶棉100g并绗缝，绗缝线迹是菱形对角尺寸7.5cm×7.5cm，袖里絮80g腈纶棉不绗缝。

③内袋：左侧内袋为双牙袋14cm×1cm，带扣子和扣襻。袋右侧内袋为单牙袋14cm×1cm，四周缉明线，两端打平结。

④过面牙：过面牙0.3cm，内加细绳。过面及后领托、耳朵皮上下缉双明线间距0.6cm，缝线颜色同面料色。

⑤领吊：后领窝中线处用梯形钉法钉领吊，领吊尺寸0.6cm×6cm。

6.15.3 面料特点及辅料需求（表6-15-1）

表6-15-1 面料特点及辅料需求 单位：cm

项目	品名	使用部位	数量	规格	颜色
面料	全涤面料反面涂透明胶	领吊、2个内袋牙及袋垫、门襟及前后肩缝牙子、后领托	230	门幅145	黑色
外部辅料	5#树脂开尾拉链	门襟拉链	1条	60/62/64/66/68/70（S/M/L/XL/2XL/3XL）	黑色亚光
	3#树脂闭尾金属拉片拉链	外胸袋拉链	1条	13（S/M/L） 14（XL/2XL/3XL）	黑色亚光
	全涤斜纹提花防透棉处理	大身里、内袋扣襻	100	门幅135	深红色
	全涤平纹做防透棉处理	袖里、过面牙	70	门幅145	黑色
	四眼中扣	内胸袋1粒	1粒	1.5	黑色
	四眼大扣	门襟4粒、领头1粒、腰袋2粒、袖襻2粒	9粒	2.0	黑色
内部辅料	腈纶棉100g	大身	100	门幅150	黑色
	腈纶棉80g	袖子、领面、袖克夫	70	门幅150	黑色
	袋布	外1袋、内2袋、2个贴袋里	50	门幅150	黑色
	有纺衬	大身、领面	60	门幅150	黑色
	无纺衬	过面、领里、下摆、袖山、袖口、袋牙、袋盖、后袖窿	120	门幅100	灰色
	细绳	过面牙、前后肩缝、止口	4.00	0.2	白色
	牵条	止口、领子、前后袖窿、前后肩缝	5.00	1.2	黑色

6.15.4 测量部位及号型放码比例（表6-15-2）

表6-15-2 测量部位及号型放码比例 单位：cm

部位＼号型	S	M	L	XL	2XL	3XL	档差	公差要求	
								-	+
后身长	74.0	76.0	78.0	80.0	82.0	84.0	2.0	0.5	0.5
胸围（腋下2.5）	54.0	58.0	62.0	66.0	70.0	74.0	4.0	1.0	1.0
前胸宽（侧颈点下17）	40.4	43.0	45.6	48.2	50.8	53.4	2.6	0.5	0.5
背缝宽（侧颈点下17）	42.4	45.0	47.6	50.2	52.8	55.4	2.6	0.5	0.5
下摆尺寸	53.0	57.0	61.0	65.0	69.0	73.0	4.0	1.0	1.0
小肩	14.7	15.5	16.3	17.1	17.9	18.7	0.8	0.3	0.3
袖长	62.5	63.0	63.5	64.0	64.5	65.0	0.5	0.3	0.3

续表

部位 \ 号型	S	M	L	XL	2XL	3XL	档差	公差要求	
								−	+
袖窿（直量）	24.8	25.5	26.2	26.9	27.6	28.3	0.7	0.5	0.5
袖肥（腋下2.5）	21.3	22.0	22.8	23.5	24.3	25.0	0.8	0.5	0.5
半袖（1/2内袖长）	18.0	18.5	19.0	19.5	20.0	20.5	0.5	0.3	0.3
袖口	15.0	15.5	16.0	16.5	17.0	17.5	0.5	0.3	0.3
后领宽（直量）	19.0	20.0	21.0	22.0	23.0	24.0	1.0	0.3	0.3
前领深	9.8	10.0	10.2	10.4	10.6	10.8	0.2	0.3	0.3
后领深	2.3	2.3	2.3	2.3	2.3	2.3	0	0.3	0.3
领上端开口	22.9	24.0	25.1	26.2	27.3	28.4	1.1	0.3	0.3

注 此数据适合中国普通人群。

6.15.5 成品效果展示（图6-15-2）

图6-15-2 成品效果展示

第7章

时尚男装篇

7.1 古董韵味时尚男装

7.1.1 款式设计（图7-1-1）

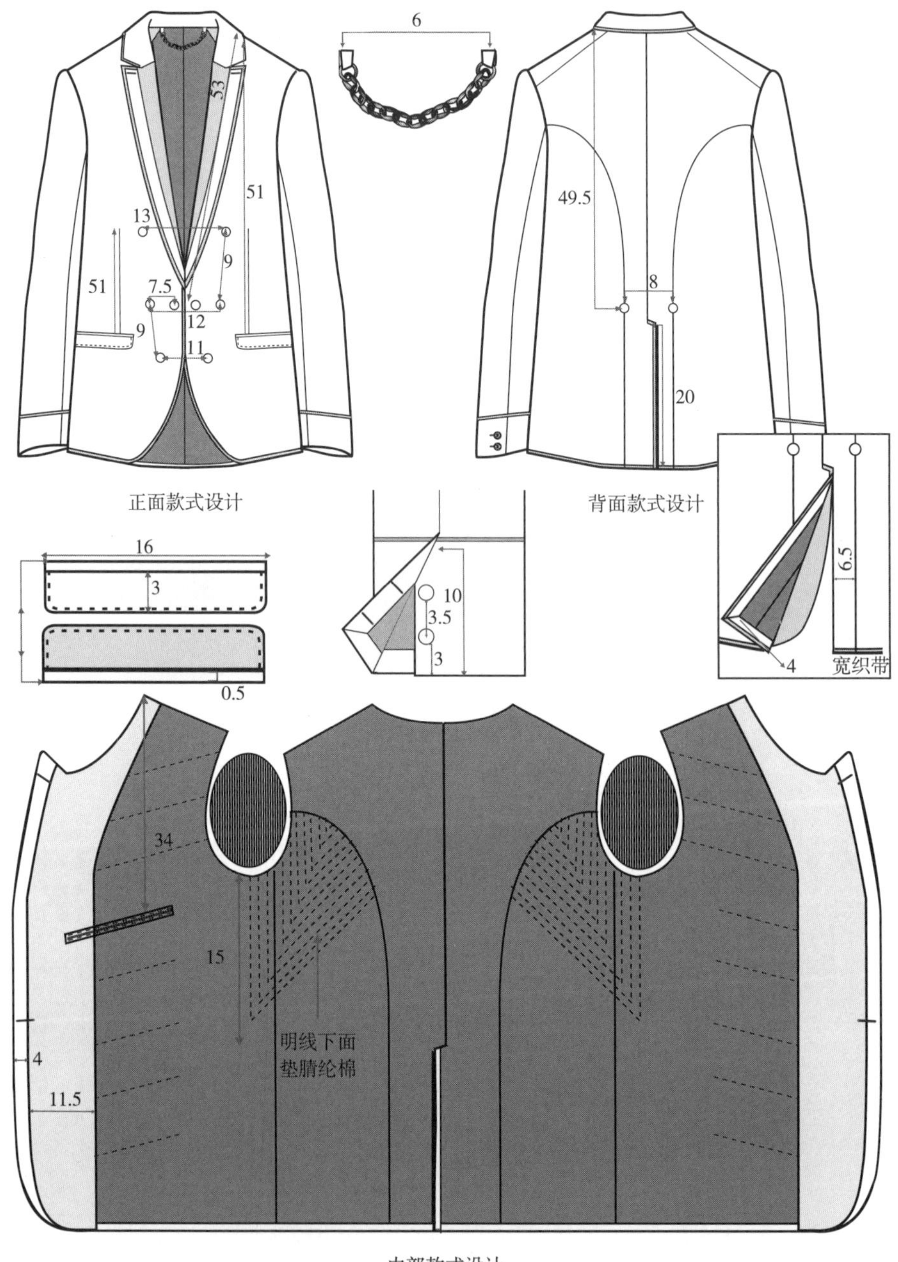

图7-1-1 款式设计

7.1.2 工艺结构设计及工艺要求

（1）缝纫针距

①明线12～13针/3cm，暗线12～13针/3cm。

②缲边机缲缝每3cm不少于4针，手工缲缝每3cm不少于4～6针。

（2）外部工艺要求

①缉明线：腰袋盖单明线0.3cm。

②钉扣要求：二字钉法。

③大身：双排2粒扣用线襻连接固定，有6个装饰扣，扣间距如图。门襟色钉拼条。

④肩部：自然。

⑤腰袋含袋牙：腰袋盖长16cm×3.5cm。腰袋距肩点51cm。腰袋盖里及袋垫用大身里料制作。

⑥袖子：2粒袖扣，真开衩8cm，可以开合，袖扣间距3.5cm，距袖口2.3cm。

⑦后身：背缝开衩20cm，后开衩反面为织带。

（3）内部工艺要求

①里料配色：

大身、外腰袋盖里及袋垫、内袋牙及袋垫：黑色；

袖里：黑白条。

②大身内部：袖窿处有贴布缉明线，贴布尺寸如图。大身袖窿底部和领底均絮腈纶棉40g，绗明线。

③内袋：右侧双牙袋15.5cm×1cm。

④领吊：金属领吊，领吊两边用大身面料固定。

7.1.3 面料特点及辅料需求（表7-1-1）

表7-1-1 面料特点及辅料需求 单位：cm

项目	品名	使用部位	数量	规格	颜色
面料	100%毛面料A	2个领吊环	200	门幅145	黑色
	色丁面料B	过面	20	门幅145	黑色
外部辅料	全涤平纹	袖里	65	门幅145	米底红黑条
	色丁里料	大身里、外腰袋盖里及袋垫、领里、内袋牙及袋垫	100	门幅145	黑色
	金属圆脚纽大扣	门襟8粒、后侧开衩处2粒	10粒	2.2	黑色
	金属圆脚纽中扣	袖口4粒	4粒	1.5	黑色

续表

项目	品名	使用部位	数量	规格	颜色
外部辅料	织带	背缝开衩处	0.30	4.0	红黄条
	铜磨链0.5cm×1.1cm的铜圈	后领窝处	1条	8.0	无呖枪色
内部辅料	有纺衬	大身、领子	70	门幅150	黑色
	袋布	外2袋、内1袋	40	门幅150	黑色
	垫肩	肩部	1.00	17.5	灰色
	无纺衬	过面、袋盖、下摆、袖口、肩襻、开衩	120	门幅100	黑色
	牵条	止口、领子、前后袖窿、前后肩缝	5.00	1.2	黑色
	胸衬	胸部	40	门幅100	本色
	40g腈纶棉	大身、领底	90	门幅150	白色
	本色袖棉条衬	袖山	10	门幅100	本色
	袖棉	袖山	10	门幅100	黑色

7.1.4 测量部位及号型放码比例（表7-1-2）

表7-1-2 测量部位及号型放码比例　单位：cm

号型 / 测量部位	S	M	L	XL	XXL	档差	公差要求	
							−	+
胸围（腋下围量一周）	49.0	52.0	55.0	58.0	61.0	3.0	1.2	1.2
腰围（肩点向下量41）	47.0	50.0	53.0	56.0	59.0	3.0	1.2	1.2
下摆（直量）	49.0	52.0	55.0	58.0	61.0	3.0	1.2	1.2
前胸宽（SNP下15）	38.0	40.0	42.0	44.0	46.0	2.0	0.8	0.8
背缝宽（SNP下15）	40.0	42.0	44.0	46.0	48.0	2.0	0.8	0.8
小肩	12.5	14.0	15.5	17.0	18.5	1.5	0.4	0.4
肩宽	42.0	44.0	46.0	48.0	50.0	2.0	0.8	0.8
后领宽（直量）	19.5	20.5	21.5	22.5	23.5	1.0	0.4	0.4
翻驳线（SNP至首粒扣）	43.5	44.0	44.5	45.0	45.5	0.5	0.2	0.2
后领深	2.3	2.3	2.3	2.3	2.3	0	0.2	0.2
前身长	69.5	71.0	72.5	74.0	75.5	1.5	1.0	1.0
后身长	70.5	72.0	73.5	75.0	76.5	1.5	1.0	1.0
袖长（直量）	63.0	64.0	65.0	66.0	67.0	1.0	0.5	0.5
袖窿（直量）	23.0	24.0	25.0	26.0	27.0	1.0	0.5	0.5
袖肥（腋下2）	17.5	18.5	19.5	20.5	21.5	1.0	0.5	0.5

续表

测量部位 \ 号型	S	M	L	XL	XXL	档差	公差要求	
							−	+
肘宽（半袖）	16.0	17.0	18.0	19.0	20.0	1.0	0.5	0.5
袖口宽	11.5	12.5	13.5	14.5	15.5	1.0	0.5	0.5
领座高	3.0	3.0	3.0	3.0	3.0	0	0.2	0.2
上领口	36.5	38.0	39.5	41.0	42.5	1.5	1.0	1.0
翻领高（背缝线）	4.5	4.5	4.5	4.5	4.5	0	0.2	0.2
领嘴（领点）	4.0	4.0	4.0	4.0	4.0	0	0.2	0.2
驳角（驳点）	5.5	5.5	5.5	5.5	5.5	0	0.2	0.2

注　此数据适合中国偏瘦人群。

7.1.5　成品效果展示（图7-1-2）

图7-1-2　成品效果展示

7.2 时尚双排扣男装

7.2.1 款式设计（图7-2-1）

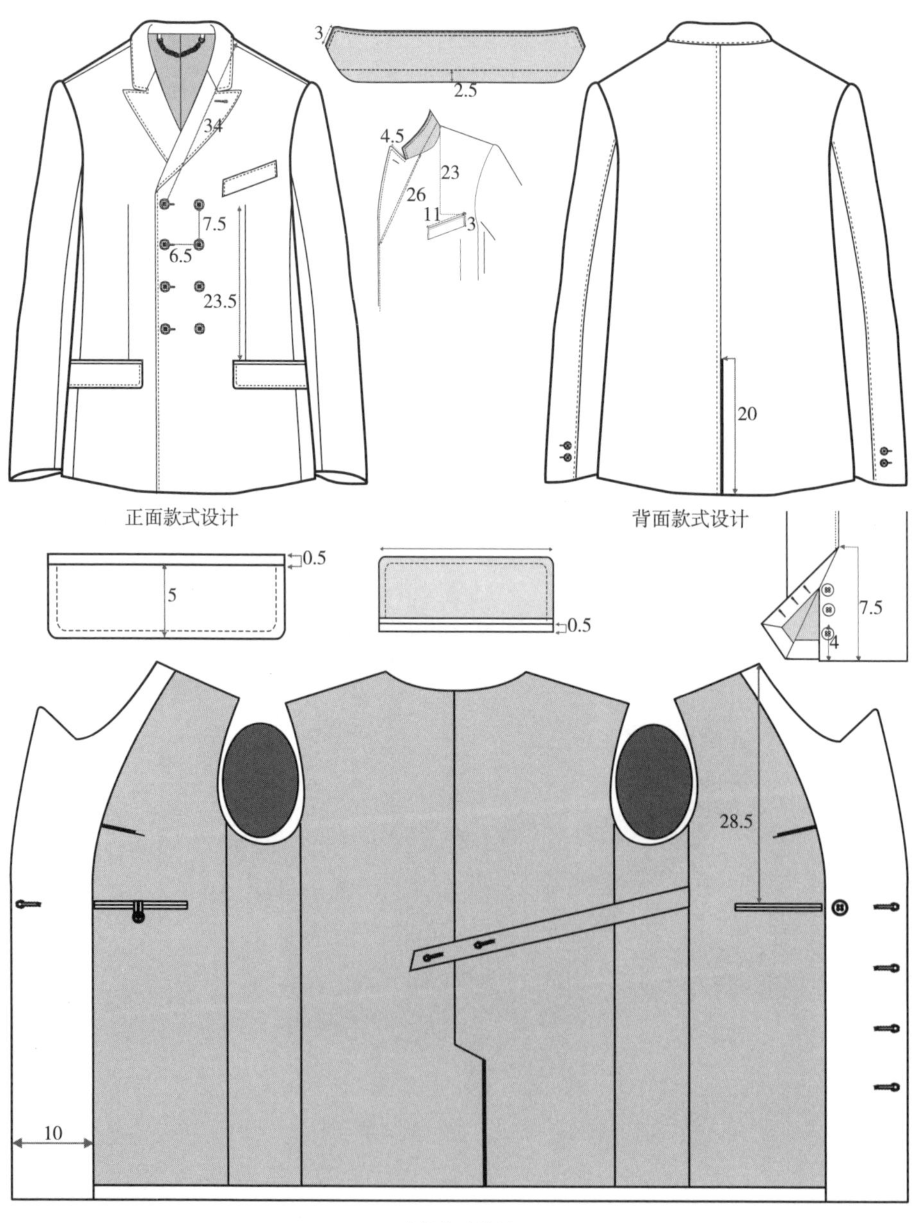

图7-2-1 款式设计

7.2.2 工艺结构设计及工艺要求

（1）缝纫针距

①明线11～13针/3cm，暗线12～13针/3cm。

②缲边机缲缝每3cm不少于4针，手工缲缝每3cm不少于4～6针。

（2）外部工艺要求

①缉明线：领子、止口、门襟、腰袋盖、背缝、后袖缝均缉单明线0.6cm。

②钉扣要求：二字钉法。

③前身：双排8粒扣，扣间距7.5cm，双排扣距6.5cm，驳头扣眼锁真扣眼。

④腰袋不含袋牙：直腰袋盖宽16cm×5.5cm，距肩点49.7cm，距前中线16cm。

⑤袖口：2粒袖扣平钉，袖扣距袖口4cm，真袖衩可以开合，袖开衩长7.5cm。袖开衩反面为织带。

⑥背缝：背缝衩19.5cm，后开衩反面为织带。

（3）内部工艺要求

①里料配色：

袖里：黑色里料。

②内袋：双牙袋13.5cm×1cm，右侧内袋带扣襻和明扣，四周缉明线。

内腰袋位于左内侧缝腋下2.5cm处，用白色粗棉布做，长度为33.5cm×2.5cm，上有两个扣眼，位置距止口2.5cm，两扣间距2cm。

③过面：有胸省8cm。

④领吊：金属领吊，领吊用大身里料固定。

7.2.3 面料特点及辅料需求（表7-2-1）

表7-2-1 面料特点及辅料需求 单位：cm

项目	品名	使用部位	数量	规格	颜色
面料	100%羊毛面料	2个领吊环、领底	190	门幅145	炭灰色
	白色粗棉布	大身里、外腰袋盖里及袋垫、内袋牙及袋垫、袋布、内腰襻	120	门幅140	本白色
外部辅料	全涤色织条	袖里	60	门幅150	黑色
	四眼大扣	门襟8粒、吊襟扣1粒	9粒	2.3	无沥深克沥色
	四眼中扣	袖口4粒、内袋扣1粒	5粒	1.8	无沥深克沥色
	彩色织带	背缝衩、袖开衩	0.8	4	黑色

续表

项目	品名	使用部位	数量	规格	颜色
外部辅料	金属领吊、铜磨链加0.15cm×1.1cm的铜圈	领窝处	1个	8	无呖枪色
内部辅料	有纺衬	大身、领子、领底衬	65	门幅150	黑色
	无纺衬	过面、袋盖、下摆、袖口、肩襻、开衩	120	门幅100	灰色
	胸衬	前胸处	30	门幅145	本色
	牵条	止口、领子、前后袖窿、前后肩缝	4.6	1	黑色
	上衣袋布	外3袋、内3袋	60	门幅150	黑色
	厚实偏软垫肩	肩部	1付	17.5	灰色
	袖棉	袖山处	10	门幅100	黑色
	袖棉条衬	袖山处	10	门幅100	本色

7.2.4 测量部位及号型放码比例（表7-2-2）

表7-2-2 测量部位及号型放码比例 单位：cm

部位 \ 号型	S	M	L	XL	2XL	档差	公差要求	
							-	+
胸围（腋下围量一周）	50.0	53.0	56.0	59.0	62.0	3.0	1.0	1.0
腰围（肩点向下41）	47.0	50.0	53.0	56.0	59.0	3.0	1.0	1.0
下摆（直量）	49.7	52.7	55.7	58.7	61.7	3.0	1.0	1.0
前胸宽（SNP下15）	35.0	37.0	39.0	41.0	43.0	2.0	0.5	0.5
背缝宽（SNP下15）	40.0	42.0	44.0	46.0	48.0	2.0	0.5	0.5
小肩（直量）	11.5	13.0	14.5	16.0	17.5	1.0	0.3	0.3
肩宽	41.0	43.0	45.0	47.0	49.0	2.0	1.0	1.0
后领宽（直量）	17.0	18.0	19.0	20.0	21.0	1.0	0.3	0.3
翻驳线（破点）（SNP至第一扣斜量）	32.5	33.0	33.5	34.0	34.5	0.5	0.5	0.5

续表

号型 部位	S	M	L	XL	2XL	档差	公差要求	
							-	+
后领深（直量）	2.3	2.3	2.3	2.3	2.3	0	0	0
前身长	71.9	73.4	74.9	76.4	77.9	1.5	1.0	1.0
后身长	71.7	73.2	74.7	76.2	77.7	1.5	1.0	1.0
袖长（直量）	64.0	65.0	66.0	67.0	68.0	1.0	0.5	0.5
袖窿（直量）	23.0	24.0	25.0	26.0	27.0	1.0	0.5	0.5
袖肥（腋下2）	18.5	19.5	20.5	21.5	22.5	1.0	0.5	0.5
肘宽（1/2内袖长）	16.0	17.0	18.0	19.0	20.0	1.0	0.5	0.5
袖口	12.4	13.4	14.4	15.4	16.4	0.6	0.3	0.3
领座高	1.7	1.7	1.7	1.7	1.7	0	0	0
领外口	42.0	45.0	48.0	51.0	54.0	3.0	0.5	0.5
领嘴（领点）	3.0	3.0	3.0	3.0	3.0	0	0	0
驳角（驳点）	4.0	4.0	4.0	4.0	4.0	0	0	0
腰袋盖	16.0	16.0	16.0	16.0	16.0	0	0	0
大身袋盖深	5.5	5.5	5.5	5.5	5.5	0	0	0
大身袋位置（SNP）	49.2	49.7	50.2	50.7	51.2	0.7	0	0
胸袋上沿尺寸	11.5	11.5	11.5	11.5	11.5	0	0	0
胸袋深	2.5	2.5	2.5	2.5	2.5	0	0	0
胸袋位置（SNP）	23.0	23.0	23.5	23.5	24.0	0.5	0.3	0.3
后开衩长	19.0	19.5	20.0	20.5	21.0	0.5	0	0
扣距	7.5	7.5	7.5	7.5	7.5	0	0	0
最后一粒扣距下摆	19.5	19.5	19.5	19.5	19.5	0	0	0
内部腰带长	31.5	33.5	35.5	37.5	39.5	2.0	0.5	0.5

注　此数据适合中国偏瘦人群。

7.2.5 裁片图（图7-2-2）

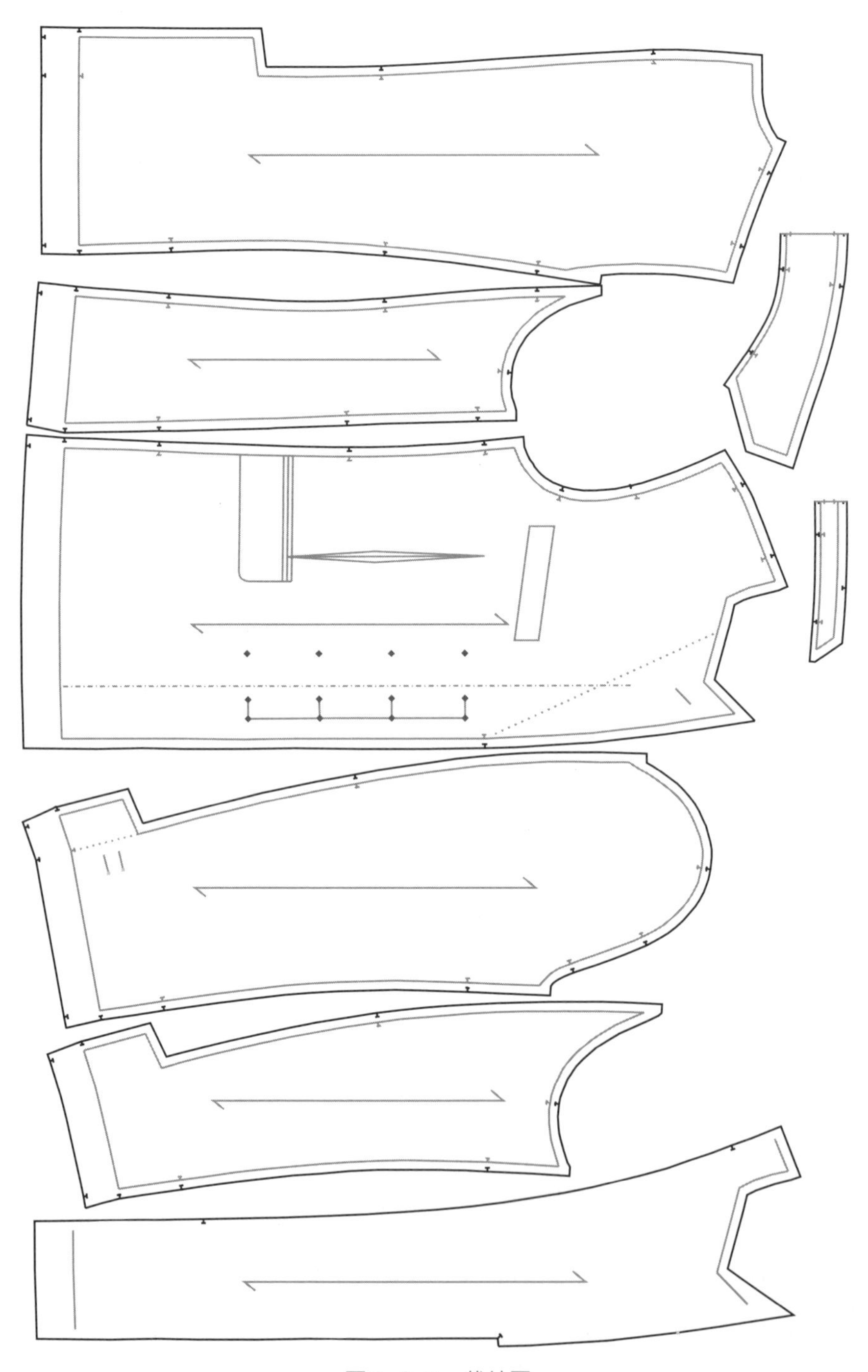

图7-2-2 裁片图

7.2.6　成品效果展示（图7-2-3）

图7-2-3　成品效果展示

7.3 针织机织面料搭配男装

7.3.1 款式设计（图7-3-1）

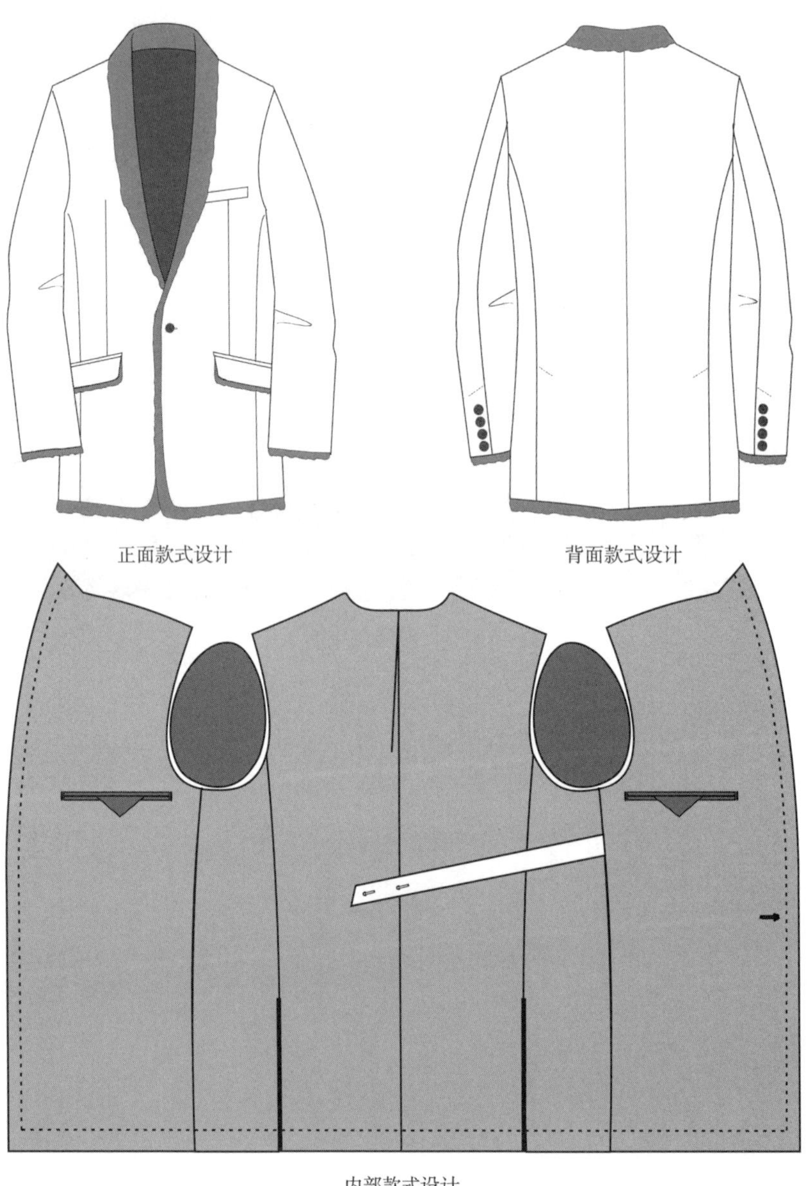

图7-3-1 款式设计

7.3.2　工艺结构设计及工艺要求

（1）缝纫针距

①明线10～12针/3cm，暗线12～13针/3cm。

②缲边机缲缝每3cm不少于4针，手工缲缝每3cm不少于4～6针。

（2）外部工艺要求

①缉明线：双层面料直接缉缝。

②钉扣要求：十字钉法。

③前门：青果领，门襟扣反面加1粒垫扣。

④肩部：挺实。

⑤腰双牙斜袋：袋盖尺寸（不含袋牙）17.5cm×2.5cm。

⑥手巾袋：10cm×2cm，两端Z字缝，手巾袋只封6针。

⑦袖口：袖口4粒扣真开衩可以开合，锁真眼，袖衩处白色2cm十字码衩。

⑧背缝：侧开衩20cm白色十字码衩。

（3）内部工艺要求

①里料配色：

大身里：黑色棉人纹；

袖里：黑色。

②内袋：内双牙袋14cm×1cm有三角及扣襻。

③领吊：钉在后领座上，钉两头，领吊尺寸6cm×0.6cm。

④腰带：位于左内侧缝腋下5cm处，32cm×2.5cm锁两个扣眼，位置如图。

7.3.3　面料特点及辅料需求（表7-3-1）

表7-3-1　面料特点及辅料需求　　单位：cm

项目	品名	使用部位	数量	规格	颜色
面料	机织面料	内部大耳朵皮、内腰带襻	180	门幅145	黑色
	100g针织面料	大身里布、外2个袋盖里、袖口露出部分	95	门幅145	黑色
外部辅料	全棉人字纹	袖里、里袋牙、袋垫、三角、外袋袋垫	65	门幅150	黑色
	四眼大扣	门襟1粒	1粒	2.2	黑色
	四眼中扣	袖口8粒	8粒	1.8	黑色
	四眼小扣	内胸袋扣	2粒	1.5	黑色
	二眼垫扣	门襟	1粒	0.8	黑色

续表

项目	品名	使用部位	数量	规格	颜色
内部辅料	有纺衬	大身	65	门幅150	黑色
	无纺衬	过面、领面、领底、前后袖窿、下摆、袖口、袋板	120	门幅100	灰色
	牵条	前后肩缝、前后袖窿	3.6	1	黑色
	上衣袋布	外3袋、内3袋	60	门幅150	黑色
	厚实偏软垫肩	肩部	1付	17.5	灰色
	袖棉	袖山处	10	门幅100	黑色
	袖棉条衬	袖山处	10	门幅100	本色

7.3.4 测量部位及号型放码比例（表7-3-2）

表7-3-2 测量部位及号型放码比例 单位：cm

号型 测量部位	36	38	40	42	44	档差	公差要求	
							－	＋
身长（SNP至下摆）	73.0	74.0	75.0	76.0	77.0	1.0	1.0	1.0
背缝长（后领窝中线到下摆）	69.0	70.0	71.0	72.0	73.0	1.0	1.0	1.0
肩宽	42.3	43.5	44.7	45.9	47.1	1.2	0.5	0.5
小肩宽	12.7	13.0	13.3	13.6	13.9	0.3	0.25	0.25
前胸宽（SNP至15处）	33.3	34.5	35.7	36.9	38.1	1.2	0.5	0.5
背缝宽（SNP至15处）	41.3	42.5	43.7	44.9	46.1	1.2	0.5	0.5
胸围	49.0	51.5	54.0	56.5	59.0	2.5	1.0	1.0
腰围	44.5	47.0	49.5	52.0	54.5	2.5	1.0	1.0
下摆尺寸	49.0	51.5	54.0	56.5	59.0	2.5	1.0	1.0
后领宽（直量）	17.9	18.5	19.1	19.7	20.3	0.6	0.25	0.25
袖长	63.0	64.0	65.0	66.0	67.0	1.0	0.5	0.5
袖窿（弯量）	30.0	31.0	32.0	33.0	34.0	1.0	0.25	0.25
袖肥	18.3	19.3	20.3	21.3	22.3	1.0	0.25	0.25
肘宽（1/2袖长）	15.75	16.5	17.25	18.0	18.75	0.75	0.25	0.25
袖口	12.7	13.2	13.7	14.2	14.7	0.5	0.25	0.25
胸袋宽（上口袋）	9.7	10.0	10.3	10.6	10.9	0.3	0.25	0.25

续表

测量部位＼号型	36	38	40	42	44	档差	公差要求	
							−	+
胸袋高（中间）	2.1	2.1	2.1	2.1	2.1	0	0.25	0.25
腰袋宽	15.7	16.0	16.3	16.6	16.9	0.3	0.5	0.5
腰袋盖高（不含袋牙）	2.5	2.5	2.5	2.5	2.5	0	0.5	0.5
翻领高（不含领座）	4.0	4.0	4.0	4.0	4.0	0	0.25	0.25
翻驳线（破点）	37.7	38.0	38.3	38.6	38.9	0.3	0.3	0.3
驳头宽	3.0	3.0	3.0	3.0	3.0	0	0	0
内袋宽	14.0	14.0	14.0	14.0	14.0	0	0	0
内袋牙高	1.0	1.0	1.0	1.0	1.0	0	0	0

注　此数据适合中国偏瘦人群。

7.3.5　成品效果展示（图7-3-2）

图7-3-2　成品效果展示

7.4 羊皮育克毛呢男装

7.4.1 款式设计（图7-4-1）

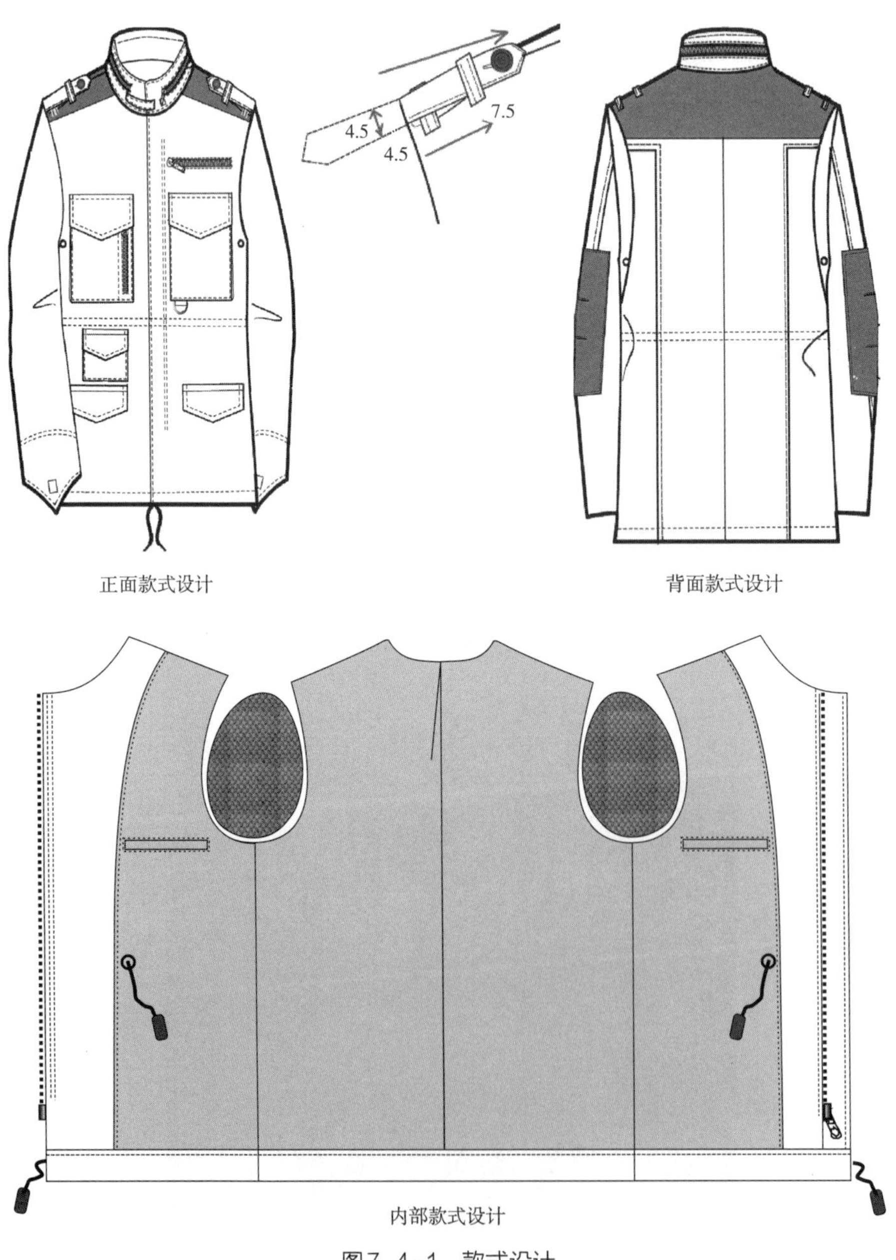

图7-4-1 款式设计

7.4.2 工艺结构设计及工艺要求

（1）缝纫针距

①150旦 ×6股线，明线9～10针/3cm，暗线12～13针/3cm。

②繰边机繰缝每3cm不少于4针，手工繰缝每3cm不少于4～6针。

（2）外部工艺要求

①缉明线：普通粗明线0.6cm。

②钉扣要求：十字钉法。

③前身：领中拉链露齿，前门襟缝装拉链，领头用魔术贴固定。腰部和下摆有抽绳和吊钟。腋下左右各2个气眼。

④肩部：活肩襻尺寸24cm×4.5cm，肩襻上锁眼钉扣并有2个串带，串带分别距肩缝1.5cm和7.5cm。前后育克使用羊皮。

⑤腰袋：左右各一个带盖插袋，钉暗四合扣。右侧腰袋上方一个10cm×8cm带盖贴袋，袋盖高3cm，钉暗四合扣。

⑥胸袋：左右各1个带盖并设风琴褶的胸袋，靠前中线一侧的褶固定，胸袋盖内有暗扣，左侧胸袋下带半圆环，右侧胸袋上做小胸袋并装12cm拉链，左侧胸袋上方设一个小胸袋并装14cm拉链。

⑦袖口：肘部装饰羊皮补丁，中间有省。袖口魔术贴固定。

⑧背缝：背缝破缝5cm宽，距侧领点15cm。

（3）内部工艺要求

①里料配色：

袖里：醋酸里料（白底黑条）；

大身里、2个领吊环、口袋布：纯棉人字纹。

②大身内部：内胸单牙袋14cm×1cm。

③领吊：金属领吊用2个领吊环固定在后领窝中缝处。

7.4.3 面料特点及辅料需求（表7-4-1）

表7-4-1 面料特点及辅料需求 单位：cm

项目	品名	使用部位	数量	规格	颜色
面料	毛呢面料	毛呢面料	210	门幅145	黑色
外部辅料	纯棉人字纹	大身里、2个领吊环	90	门幅145	黑色
	醋酸里料	袖里	65	门幅145	黑白条

续表

项目	品名	使用部位	数量	规格	颜色
外部辅料	金属领吊	后领中缝	1个	6	灰沥色
	真软羊皮	肘部真皮补丁、前后育克	40	门幅145	黑色
	四眼大扣	领头1粒、肩襻2粒	3粒	2.2	黑色
	气眼	前后腋下	4个	0.6	灰沥色
	半圆环	左胸袋下	1个	3	灰沥色
	抽绳	腰绳、下摆绳	2.8	直径0.5	黑色
	魔术贴	领头1对：2.5×2	1对	2	黑色
	魔术贴	袖口2对：10×2	2对	2	黑色
	四合扣	胸袋2套、腰袋盖2套	4套	1.5	灰沥色
	8#金属开尾拉链	门襟拉链	1条	50	灰沥色
	10#金属开尾拉链	领拉链	1条	38	灰沥色
	10#金属开尾拉链	左胸挖袋拉链	1条	14	灰沥色
	10#金属开尾拉链	右胸贴袋拉链	1条	12	灰沥色
	有纺衬	大身、领子	0.75	1.45	黑色
	无纺衬	大身、过面、领子、袋盖、袖口、下摆	1.6	100	黑色
	牵条	前后袖窿、前后肩缝	2.0	1.2	黑色
	口袋布	2外袋、1内袋	0.3	1.45	黑色

7.4.4 测量部位及号型放码比例（表7-4-2）

表7-4-2 测量部位及号型放码比例 单位：cm

部位＼号型	36	38	40	42	44	46	档差	公差要求	
								−	+
身长（侧颈点至下摆）	74.5	75.5	76.5	77.5	78.5	79.5	1.0	1.0	1.0
前长（前领中缝至下摆）	63.5	64.5	65.5	66.5	67.5	68.5	1.0	1.0	1.0
后中长	73.0	74.0	75.0	76.0	77.0	78.0	1.0	1.0	1.0
前领深（肩顶至前中拼缝）	9.4	10.0	10.6	11.2	11.8	12.4	0.6	0.5	0.5
前胸宽（肩端点向下15处）	38.8	40.0	41.2	42.4	43.6	44.8	1.2	0.5	0.5
胸围（腋下）	53.0	55.5	58.0	60.5	63.0	65.5	2.5	1.0	1.0

续表

部位 \ 号型	36	38	40	42	44	46	档差	公差要求	
								-	+
腰位（自肩端点向下）	40.5	41.0	41.5	42.0	42.5	43.0	0.5	N/A	N/A
腰围	47.0	49.5	52.0	54.5	57.0	59.5	2.5	1.0	1.0
坐围位置（自肩端点向下）	50.5	51.0	51.5	52.0	52.5	53.0	0.5	N/A	N/A
坐围	47.0	49.5	52.0	54.5	57.0	59.5	2.5	1.0	1.0
下摆尺寸	52.0	54.5	57.0	59.5	62.0	64.5	2.5	1.0	1.0
下摆高	2.6	2.6	2.6	2.6	2.6	2.6	0	0.25	0.25
肩宽	46.8	48.0	49.2	50.4	51.6	52.8	1.2	0.5	0.5
小肩	13.2	13.5	13.8	14.1	14.4	14.7	0.3	0.25	0.25
后领宽（直量）	18.4	19.0	19.6	20.2	20.8	21.4	0.6	0.25	0.25
后领深	0.6	0.6	0.6	0.6	0.6	0.6	0	0.2	0.2
背缝宽（肩端点向下15处）	43.3	44.5	45.7	46.9	48.1	49.3	1.2	0.5	0.5
袖长（肩至袖口尖点）	67.0	68.0	69.0	70.0	71.0	72.0	1	0.5	0.5
袖窿（直量）	24.0	25.0	26.0	27.0	28.0	29.0	1	0.25	0.25
袖肥	16.5	17.5	18.5	19.5	20.5	21.5	1	0.25	0.25
肘宽（1/2袖长）	14.45	15.2	15.95	16.7	17.45	18.2	0.75	0.25	0.25
袖口	13.5	14.0	14.5	15.0	15.5	16.0	0.5	0.25	0.25
袖口高	5.5	5.5	5.5	5.5	5.5	5.5	0	0.25	0.25
胸袋宽（上袋口边）	12.0	12.5	13.0	13.5	14.0	14.5	0.5	0.25	0.25
胸袋深（中间）	14.5	15.0	15.5	16.0	16.5	17.0	0.5	0.25	0.25
胸袋盖宽	12.0	12.5	13.0	13.5	14.0	14.5	0.5	0.5	0.5
胸袋盖高	8.0	8.0	8.0	8.0	8.0	8.0	0	0.5	0.5
腰袋盖宽	14.5	15.0	15.5	16.0	16.5	17.0	0.5	0.5	0.5
腰袋盖高	6.5	6.5	6.5	6.5	6.5	6.5	0	0.5	0.5
领长（沿缝）	54.8	56.0	57.2	58.4	59.6	60.8	1.2	0.5	0.5
领边长（沿顶边）	50.8	52.0	53.2	54.4	55.6	56.8	1.2	0.5	0.5
领高（不含领座）	6.3	6.3	6.3	6.3	6.3	6.3	0	0.25	0.25
领点高	6.0	6.0	6.0	6.0	6.0	6.0	0	0.25	0.25
内袋宽	13.0	13.5	14.0	14.5	15.0	15.5	0.5	0.25	0.25
内袋高	1.3	1.3	1.3	1.3	1.3	1.3	0	0.25	0.25

注 此数据适合中国偏瘦人群。

7.4.5 成品效果展示（图7-4-2）

图7-4-2 成品效果展示

7.5 时尚男装

7.5.1 款式设计（图7-5-1）

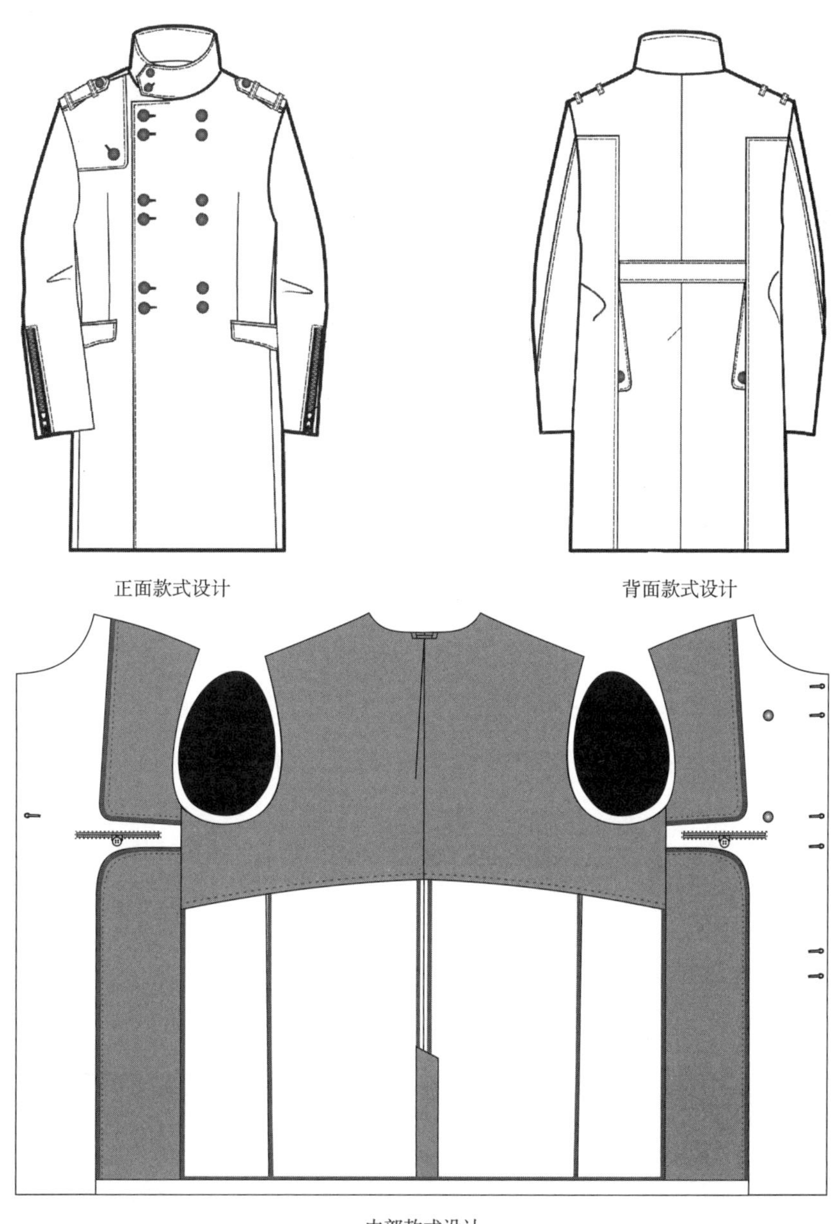

图7-5-1 款式设计

7.5.2 工艺结构设计及工艺要求

（1）缝纫针距

①明线9～10针/3cm，暗线12～13针/3cm。

②缲边机缲缝每3cm不少于4针，手工缲缝每3cm不少于4～6针。

（2）外部工艺要求

①缉明线：所有明线0.6cm.

②钉扣要求：十字钉法。

③前身：前门襟双排12粒扣。领襻有1.5cm突出宝剑头，上有2粒扣，扣眼为相对斜向。右前胸装饰锁眼钉扣的活育克，育克尺寸10.5cm×23cm。腋下左右各2气个眼，距袖窿下2cm，距侧缝2cm。

④肩部：肩部装饰锁眼钉扣的活肩襻，长度24cm×4.5cm，肩襻上2个串带，串带分别距肩缝1.5cm和7.5cm。

⑤腰袋：腰袋盖尺寸17cm×4cm中线高4.5cm。腰袋盖距前中线9cm，袋牙距侧领点53cm。

⑥袖口：袖口装22cm长拉链，袖口拉链要求露齿，不露出拉链织带。

⑦背缝：背缝开衩。同时还有侧开衩，带扣和扣襻。

（3）内部工艺要求

①里料配色：大身里、内袋牙：黑色；

过面牙、滚边：红色；

袖里：黑色。

②大身内部：背缝半里。

③内袋：14cm×2cm双牙内袋，外缉一圈明线。

④过面牙、滚边：过面牙缝星星针0.3cm缝线颜色同牙子面料色。背缝、侧缝、下摆滚边0.6cm。

⑤领吊：位于后领窝处，用梯形钉法。

7.5.3 面料特点及辅料需求（表7-5-1）

表7-5-1 面料特点及辅料需求 单位：cm

项目	品名	使用部位	数量	规格	颜色
面料	毛呢	右侧活育克面、后腰装饰襻	265	门幅145	深灰色
外部辅料	缎纹织带	领吊	10	宽1	黑色

续表

项目	品名	使用部位	数量	规格	颜色
外部辅料	PV大斜纹	大身、2个腰袋盖里、右侧活育克里	115	门幅145	黑色
	宾霸	袖里	65	门幅135	黑色
	TC布里料	过面滚边、背缝、侧缝、下摆滚边	25	门幅145	大红色
	气眼	前后腋下	4粒	0.5	灰沥色
	四眼大扣	门襟12粒、吊襟1粒、育克1粒、侧开衩处调节襻扣2粒	16粒	3	黑色
	四眼中扣	领头2粒、肩襻2粒	4粒	2.5	黑色
	金属闭尾黑色底布拉链	袖口拉链	2条	22	灰沥色
内部辅料	有纺衬	大身、领子	90	门幅150	黑色
	袋布	外2袋、内2袋	40	门幅145	黑色
	无纺衬	过面、袋盖、下摆、袖口、肩襻、开衩	120	门幅90	灰色
	牵条	止口、领子、前后袖窿、前后肩缝	5	1.2	黑色
	袖棉	袖山处	10	门幅110	黑色

7.5.4 测量部位及尺寸放码比例（表7-5-2）

表7-5-2 测量部位及尺寸放码比例 单位：cm

部位 \ 尺寸	36	38	40	42	44	46	48	档差	公差要求	
									−	+
背缝长（背缝至下摆）	94.8	95.4	96.0	96.6	97.2	97.8	98.4	0.6	1.0	1.0
后身长（侧颈点至后下摆）	96.6	97.3	98.0	98.7	99.4	100.1	100.8	0.7	1.0	1.0
前身长（前领中至下摆）	96.3	96.9	97.5	98.1	98.7	99.3	99.9	0.6	1.0	1.0
前身长（侧颈点至前下摆）	95.2	96.1	97.0	97.9	98.8	99.7	100.6	0.9	1.0	1.0
胸围（腋下2.5）	46.0	48.5	51.0	53.5	56.0	58.5	61.0	2.5	1.0	1.0
腰围（腋下18）	41.0	43.5	46.0	48.5	51.0	53.5	56.0	2.5	1.0	1.0
下摆尺寸	49.0	51.5	54.0	56.5	59.0	61.5	64.0	2.5	1.0	1.0
肩宽	43.6	44.8	46.0	47.2	48.4	49.6	50.8	1.2	0.5	0.5
小肩	13.7	14.1	14.5	14.9	15.3	15.7	16.1	0.4	0.5	0.5
前胸宽	34.6	35.8	37.0	38.2	39.4	40.6	41.8	1.2	0.5	0.5
背缝宽	39.6	40.8	42.0	43.2	44.4	45.6	46.8	1.2	0.5	0.5
袖长	62.4	62.7	63.0	63.3	63.6	63.9	64.2	0.3	1.0	0.5

续表

部位 \ 尺寸	36	38	40	42	44	46	48	档差	公差要求	
									-	+
袖窿（直量）	22.0	22.8	23.5	24.3	25.0	25.8	26.5	0.8	0.5	0.5
袖肥（腋下2.5）	17.0	17.8	18.5	19.3	20.0	20.8	21.5	0.8	0.5	0.5
半袖（1/2内袖长）	15.0	15.5	16.0	16.5	17.0	17.5	18.0	0.5	0.5	0.5
袖口	12.4	12.7	13.0	13.3	13.6	13.9	14.2	0.3	0.3	0.3
后领宽（直量）	18.2	18.6	19.0	19.4	19.8	20.2	20.6	0.4	0.5	0.5
前领深	9.1	9.3	9.5	9.7	9.9	10.1	10.3	0.2	0	0
后领深	1.8	1.9	2.0	2.1	2.2	2.3	2.4	0.1	0	0
1/2领上口	21.0	22.0	23.0	24.0	25.0	26.0	27.0	1.0	0.3	0.3
领高（背缝线）	8.0	8.0	8.0	8.0	8.0	8.0	8.0	0	0.3	0.3
背缝高	8.5	8.5	8.5	8.5	8.5	8.5	8.5	0	0.3	0.3

注 此数据适合中国偏瘦人群。

7.5.5 成品效果展示（图7-5-2）

图7-5-2 成品效果展示

7.6　针织面料搭配拉链牙男装

7.6.1　款式设计（图7-6-1）

图7-6-1　款式设计

7.6.2 工艺结构设计及工艺要求

（1）缝纫针距

①明线10～12针/3cm，暗线12～13针/3cm。

②缲边机缲缝每3cm不少于4针，手工缲缝每3cm不少于4～6针。

（2）外部工艺要求

①缉明线：领子、止口、腰袋边缘缝拉链布牙。

②钉扣要求：二字钉扣。

③前身：前门襟9粒扣，领襻尺寸为：48cm×2cm。

④肩部：柔软。

⑤胸板袋：10cm×2cm，手巾袋口封0.1cm明线。

⑥腰袋（不含袋牙及拉链牙）：为斜袋16cm×3cm，斜度3cm。

⑦袖口：真袖衩可以开合，平钉4粒扣。

⑧背缝：背缝方形破缝距袖窿7cm，背缝衩封结明线3.5cm缝线颜色同面料颜色。

（3）内部工艺要求

①里料配色：大身里、1个内袋牙及袋垫：国旗图案里料；

袖里、2个领吊环：黑底白条；

领吊：金属领吊。

②内袋双开线：13cm×1cm，两端打平结。

③腰带：内腰襻用织带32cm×2.5cm，距离头端1cm和5cm各有一个扣眼。

7.6.3 面料特点及辅料需求（表7-6-1）

表7-6-1 面料特点及辅料需求

单位：cm

项目	品名	使用部位	数量	规格	颜色
面料	针织面料	过面	200	门幅145	灰色
外部辅料	全涤平纹	袖里	65	门幅140	黑底白条
	全棉织带	内腰襻，净尺寸32	0.75	2.5	黑色
	国旗图案里料	大身里、1个内袋牙及袋垫	90	门幅145	国旗图案
	金属领吊	后领窝中线	1个	0.8	灰沥色
	四眼中扣	门襟9粒、袖口8粒	17粒	1.8	黑古铜
	划子	领襻	1个	3×1.75	黑古铜
	拉链布牙黑色底布	止口	1条拆两边用	90	灰沥色
	拉链布牙黑色底布	领子	1条拆两边用	60	灰沥色

续表

项目	品名	使用部位	数量	规格	颜色
外部辅料	拉链布牙黑色底布	袋盖	1条拆两边用	40	灰沥色
内部辅料	有纺衬	大身、领子	55	门幅145	黑色
	无纺衬	过面、袋盖、袖口、下摆、背缝衩	60	门幅100	灰色
	牵条	止口、领子、前后袖窿、前后肩缝	5.00	1.2	黑色
	口袋布	3外袋、1内袋	40	门幅150	黑色
	柔软垫肩	肩部	1付	17.5	灰色
	袖棉	袖山处	10	门幅100	黑色

7.6.4　测量部位及尺寸放码比例（表7-6-2）

表7-6-2　测量部位及尺寸放码比例　　单位：cm

部位＼尺寸	36	38	40	42	44	档差	公差要求	
							－	+
身长（肩端点至下摆）	75.0	76.0	77.0	78.0	79.0	1.0	1.0	1.0
前长（前领中缝至下摆）	67.0	68.0	69.0	70.0	71.0	1.0	1.0	1.0
背缝长（后领中缝至下摆）	66.5	67.5	68.5	69.5	70.5	1.0	1.0	1.0
前领深	7.4	8.0	8.6	9.2	9.8	0.5	0.5	0.5
前阔（SNP下15处）	33.8	35.0	36.2	37.4	38.6	0.5	0.5	0.5
胸围	51.5	54.0	56.5	59.0	61.5	1.0	1.0	1.0
腰位（SNP向下）	40.5	41.0	41.5	42.0	42.5	0.5	0.5	0.5
腰围	46.7	49.2	51.7	54.2	56.7	1.0	1.0	1.0
坐围位置（SNP向下）	50.5	51.0	51.5	52.0	52.5	0.5	0.5	0.5
臀围	47.2	49.7	52.2	54.7	57.2	1.0	1.0	1.0
下摆尺寸	51.0	53.5	56.0	58.5	61.0	1.0	1.0	1.0
肩宽	42.8	44.0	45.2	46.4	47.6	0.5	0.5	0.5
小肩宽	12.7	13.0	13.3	13.6	13.9	0.25	0.3	0.3
后领宽	15.4	16.0	16.6	17.2	17.8	0.25	0.3	0.3
后领深	0.75	0.75	0.75	0.75	0.75	0.2	0.2	0.2
后阔（肩顶下15处）	42.8	44.0	45.2	46.4	47.6	0.5	0.5	0.5
袖长	63.0	64.0	65.0	66.0	67.0	0.5	0.5	0.5
袖窿（直量）	22.5	23.5	24.5	25.5	26.5	0.25	0.3	0.3
袖肥（袖子最宽处）	16.0	17.0	18.0	19.0	20.0	0.25	0.3	0.3
肘宽（半袖处）	13.75	14.50	15.25	16.00	16.75	0.25	0.3	0.3

续表

部位＼尺寸	36	38	40	42	44	档差	公差要求	
							-	+
袖口	12.5	13.0	13.5	14.0	14.5	0.25	0.3	0.3
胸袋宽	9.5	10.0	10.5	11.0	11.5	0.25	0.3	0.3
胸袋牙高	2.1	2.1	2.1	2.1	2.1	0.5	0.5	0.5
腰袋宽	15.5	16.0	16.5	17.0	17.5	0.5	0.5	0.5
腰袋盖宽	16.0	16.5	17.0	17.5	18.0	0.5	0.5	0.5
腰袋盖高（中间）	35.0	4.0	4.0	4.0	4.0	0.5	0.5	0.5
领长（沿缝）	25.8	27.0	28.2	29.4	30.6	0.5	0.5	0.5
领边长（沿顶边）	36.8	38.0	39.2	40.4	41.6	0.5	0.5	0.5
领高（不含领座）	4.5	4.5	4.5	4.5	4.5	0.25	0.3	0.3
内袋牙宽	2.0	12.5	13.0	13.5	14.0	0.25	0.3	0.3
内袋牙高	1.0	1.0	1.0	1.0	1.0	0.25	0.3	0.3
领襻高	2.0	2.0	2.0	2.0	2.0	0.25	0.3	0.3
前领高（前中）	4.0	4.0	4.0	4.0	4.0	0.25	0.3	0.3

注 此数据适合中国偏瘦人群。

7.6.5 成品效果展示（图7-6-2）

图7-6-2 成品效果展示

第 8 章

时尚裤篇

8.1 古董裤

8.1.1 款式设计（图8-1-1）

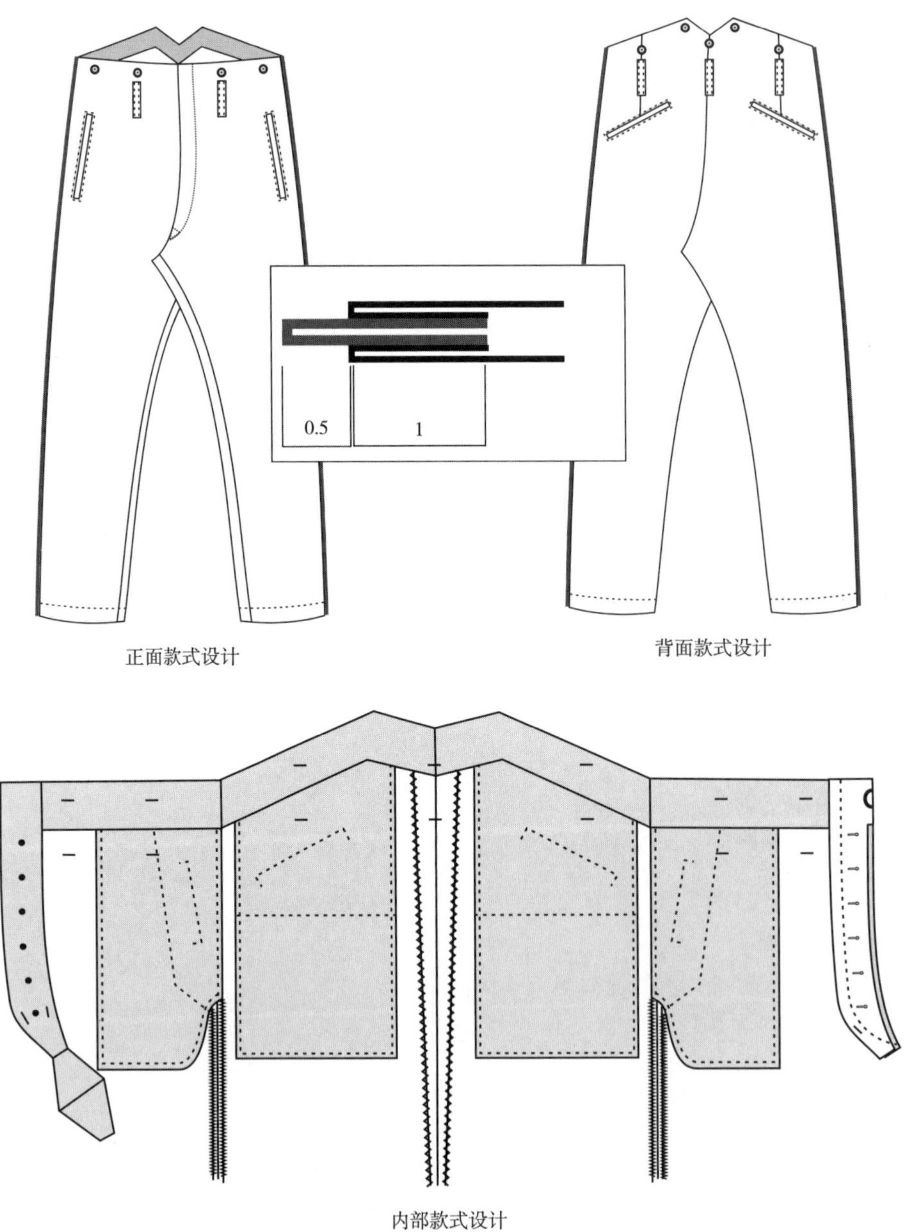

图8-1-1 款式设计

8.1.2　工艺结构设计及工艺要求

（1）缝纫针距

①粗明线150旦 ×3股线10~11针/3cm，暗线12~13针/3cm。

②缲边机缲缝每3cm不少于4针，手工缲缝每3cm不少于4~6针。

（2）工艺要求

①缉明线：前袋口、后袋口四周缉明线0.15cm，裤口缉明线2.5cm，门襟明线宽3.5cm，腰头明线宽4.0cm。

②腰带：裤串带襻做成里面带衬不带明线，上下打结子。串带襻净尺寸：1.5cm×5cm。背缝线一个串带襻，距前中线7cm处左右各有1个串带襻，其余串带均分。

③长裤：门襟6个扣，锁圆头扣眼，带裤钩。侧缝加0.5cm牙子。前侧袋口15cm，距腰头5cm距侧缝线3cm，袋口两端打平结。

④后袋：左右单牙斜袋，尺寸14cm×1cm，袋口两端打平结。

⑤裤口：裤口向内双折缉2.5cm明线。有膝绸。

⑥内部：门襟、底襟、后裆弧线滚边做法，袋布口袋布滚边。

8.1.3　面料特点及辅料需求（表8-1-1）

表8-1-1　面料特点及辅料需求　　单位：cm

项目	品名	使用部位	数量	规格	颜色
面料	全棉360g针织面料	4个袋牙及串带	150	门幅145	黑色
	红色机织面料	侧缝牙子	20	门幅145	红色
外部辅料	袋布	前2个侧袋、2个后袋、腰里、门襟里、底襟里、袋布滚边	80	门幅145	米白色
	四眼扣	门襟扣6粒、后袋2粒、备扣1粒	9粒	1.5	黑色
	单针工字扣	工字扣：腰扣9粒	10粒	1.5	克古铜
	裤钩	裤腰头	1付	2.0	银色
	膝绸	裤膝部	70	门幅145	黑色
内部辅料	无纺衬	腰里、门襟、底襟、袋牙、腰里	0.8	1.2	灰色
	串带衬	串带襻	0.9	1.5	黑色

8.1.4 测量部位及尺寸放码比例（表8-1-2）

表8-1-2 测量部位及尺寸放码比例 单位：cm

测量部位＼尺寸	26	28	30	32	34	36	38	档差	公差要求	
									−	+
腰围（直量）	34.5	37.0	39.5	42.0	44.5	47.0	49.5	2.5	1.0	1.0
腰高	4.0	4.0	4.0	4.0	4.0	4.0	4.0	0	0.5	0.5
前裆（腰口到横裆）	42.7	43.3	43.9	44.5	45.1	45.7	46.3	0.6	1.0	1.0
后裆（腰口到横裆）	52.7	53.3	53.9	54.5	55.1	55.7	56.3	0.6	0.2	0.2
上臀围（腰下，10 三点V型测量）	42.0	44.5	47.0	49.5	52.0	54.5	57.0	2.5	1.0	1.0
下臀围（腰下，20 三点V型测量）	45.5	48.0	50.5	53.0	55.5	58.0	60.5	2.5	1.0	1.0
横裆	29.3	30.5	31.8	33.0	34.3	35.5	36.8	1.25	1.0	1.0
膝围	17.7	18.3	18.9	19.5	20.1	20.7	21.3	0.6	0.25	0.25
脚口宽	15.2	15.8	16.4	17.0	17.6	18.2	18.8	0.6	0.5	0.5
脚口高	2.5	2.5	2.5	2.5	2.5	2.5	2.5	0	0.25	0.25
串带襻长	5.0	5.0	5.0	5.0	5.0	5.0	5.0	0	0.5	0.5
串带襻宽	1.5	1.5	1.5	1.5	1.5	1.5	1.5	0	0.5	0.5
内长	65.0	65.0	65.0	65.0	65.0	65.0	65.0	0	0.25	0.25
后袋牙宽	12.7	13.2	13.7	14.2	14.7	15.2	15.7	0.5	0.25	0.25
后袋牙高	1.0	1.0	1.0	1.0	1.0	1.0	1.0	0	0.25	0.25
后袋位置距顶点	12.5	12.5	12.5	12.5	12.5	12.5	12.5	0	0.25	0.25
后袋位置距顶点	11.8	11.8	11.8	11.8	11.8	11.8	11.8	0	0.25	0.25

注 此数据适合中国偏瘦人群。

8.2　借缝时尚针织面料裤

8.2.1　款式设计（图8-2-1）

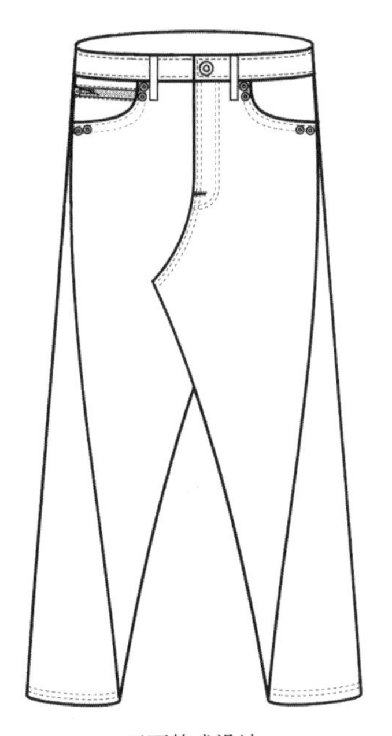

正面款式设计

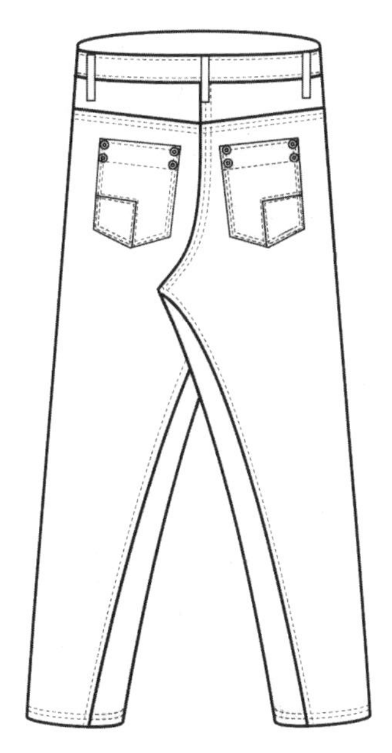

背面款式设计

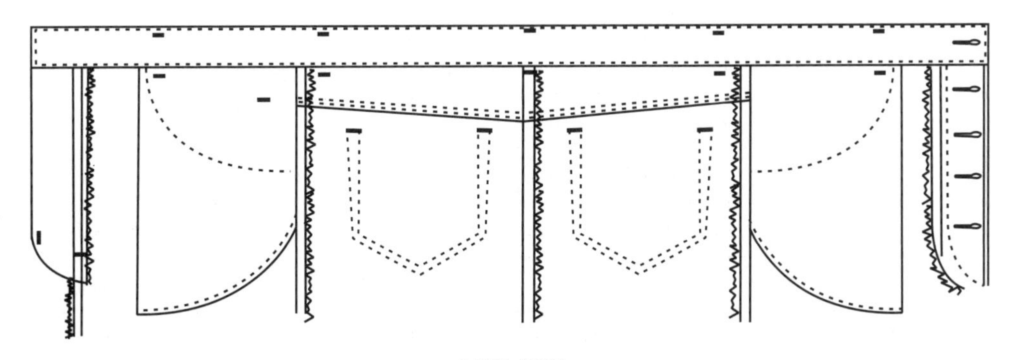

内部款式设计

图8-2-1　款式设计

8.2.2 工艺结构设计及工艺要求

（1）缝纫针距

①明线12～13针/3cm，暗线12～13针/3cm。

②缲边机缲缝每3cm不少于4针，手工缲缝每3cm不少于4～6针。

（2）款式特点

此款男裤打破了以往的裁剪固定模式，后裤片向前裤片借了很大一部分，加上用高克重针织面料或悬垂感比较好的面料，一款时尚、前卫、流行的裤子就完成了。

（3）工艺要求

①缉明线：贴袋及贴袋拼接、后育克拼接、后裆弧线、前裆弧线、前门襟缉双明线0.1～0.7cm。腰袋口，内裤缝缉单明线0.1cm。后贴袋距袋口1.5cm缉明线，腰四周明线0.2cm。

②腰部：裤串带襻两边缉0.15cm明线，上端打明结，下端打暗结。背缝线一个串带襻，前腰头处串带襻距腰袋口2cm处左右各1个，其余串带襻均分。串带襻成品尺寸：6cm×0.8cm。

③前身：袋口尺寸13.5cm×9cm，袋口两端打平结并加2个铆钉。零钱拉链袋尺寸：12cm×1cm。后侧缝上缉20cm长0.1cm明线。

④后袋：后育克拼接中线长8.5cm，育克侧缝拼接处长6cm。左右明贴袋（14.5cm×15cm×18.5cm），袋口两端打平结，加2个铆钉。

⑤裤口：裤口向内双折缉间隔1.5cm两道明线。

⑥内部：门襟、底襟、后裆进行包缝。

⑦腰里：腰里用面料。

8.2.3 面料特点及辅料需求（表8-2-1）

表8-2-1 面料特点及辅料需求　　单位：cm

项目	品名	使用部位	数量	规格	颜色
面料	300g针织全棉面料	后贴袋、零钱袋里及面	140	门幅145	浅灰色或黑色
外部辅料	铆钉	前袋8粒、后袋8粒	16粒	门幅90	灰沥色
	金属四眼扣	门襟4粒、腰头1粒	5粒	2	灰沥色
	10#金属拉链	右袋、零钱袋	1条	12	灰沥色
	袋布	3个前袋	30	门幅145	灰色
内部辅料	无纺衬	腰里、袋口	30	门幅100	灰色

8.2.4　测量部位及尺寸放码比例（表8-2-2）

表8-2-2　测量部位及尺寸放码比例　　单位：cm

尺寸 测量部位	28	30	32	34	36	档差	公差要求	
							-	+
腰头高	4.0	4.0	4.0	4.0	4.0	0	0	0
腰围	39.0	41.5	44.0	46.5	49.0	2.5	1.0	1.0
臀围	50.0	52.5	55.0	57.5	60.0	2.5	1.0	1.0
裤口	11.5	12.25	13.0	13.75	14.5	0.75	0.5	0.5
内长（量前裤缝）	70.0	70.0	70.0	70.0	70.0	0	1.0	1.0
前裆不含腰	35.0	36.0	37.0	38.0	39.0	1.0	0.5	0.5
后裆不含腰	45.0	46.0	47.0	48.0	49.0	1.0	0.5	0.5
大腿围	31.0	32.25	33.5	34.75	36.0	1.25	0.5	0.5
膝围（裤口上48）	21.0	22.0	23.0	24.0	25.0	1.0	0.5	0.5
膝围（裤口上40）	18.0	19.0	20.0	21.0	22.0	1.0	0.5	0.5
膝围（裤口上24）	13.5	14.5	15.5	16.5	17.5	1.0	0.5	0.5
门襟长	14.4	14.7	15.0	15.3	15.6	0.3	0	0
门襟宽	3.5	3.5	3.5	3.5	3.5	0	0	0

注　此数据适合中国偏瘦人群。

8.2.5　裁片图（图8-2-2）

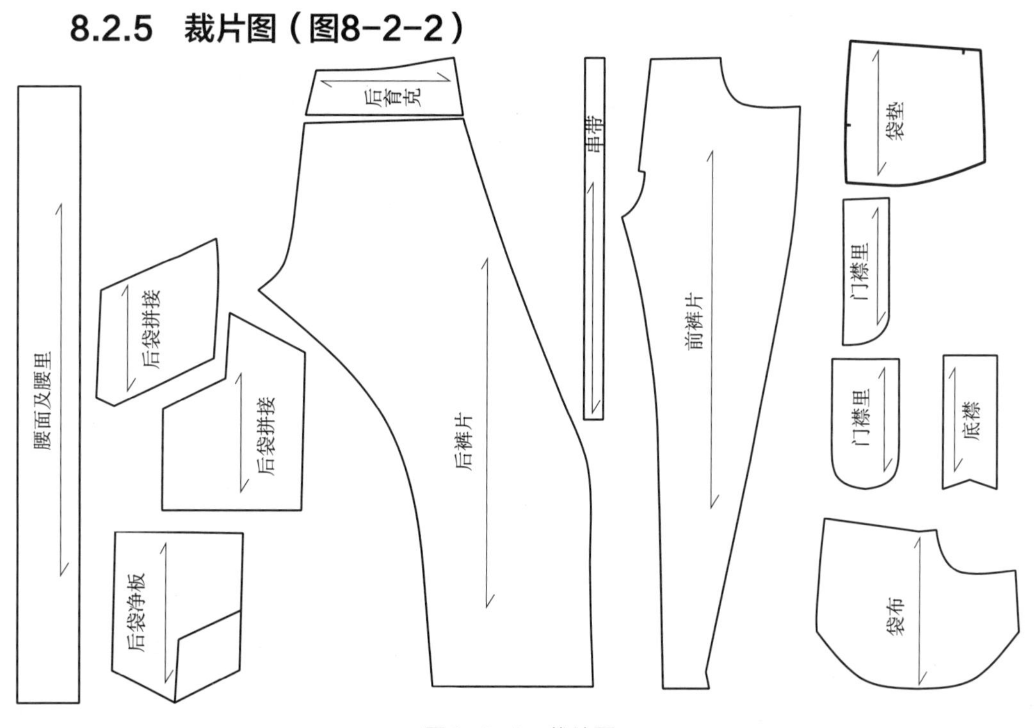

图8-2-2　裁片图

8.2.6 成品效果展示（图8-2-3）

图8-2-3 成品效果展示

8.3 时尚男裤

8.3.1 款式设计（图8-3-1）

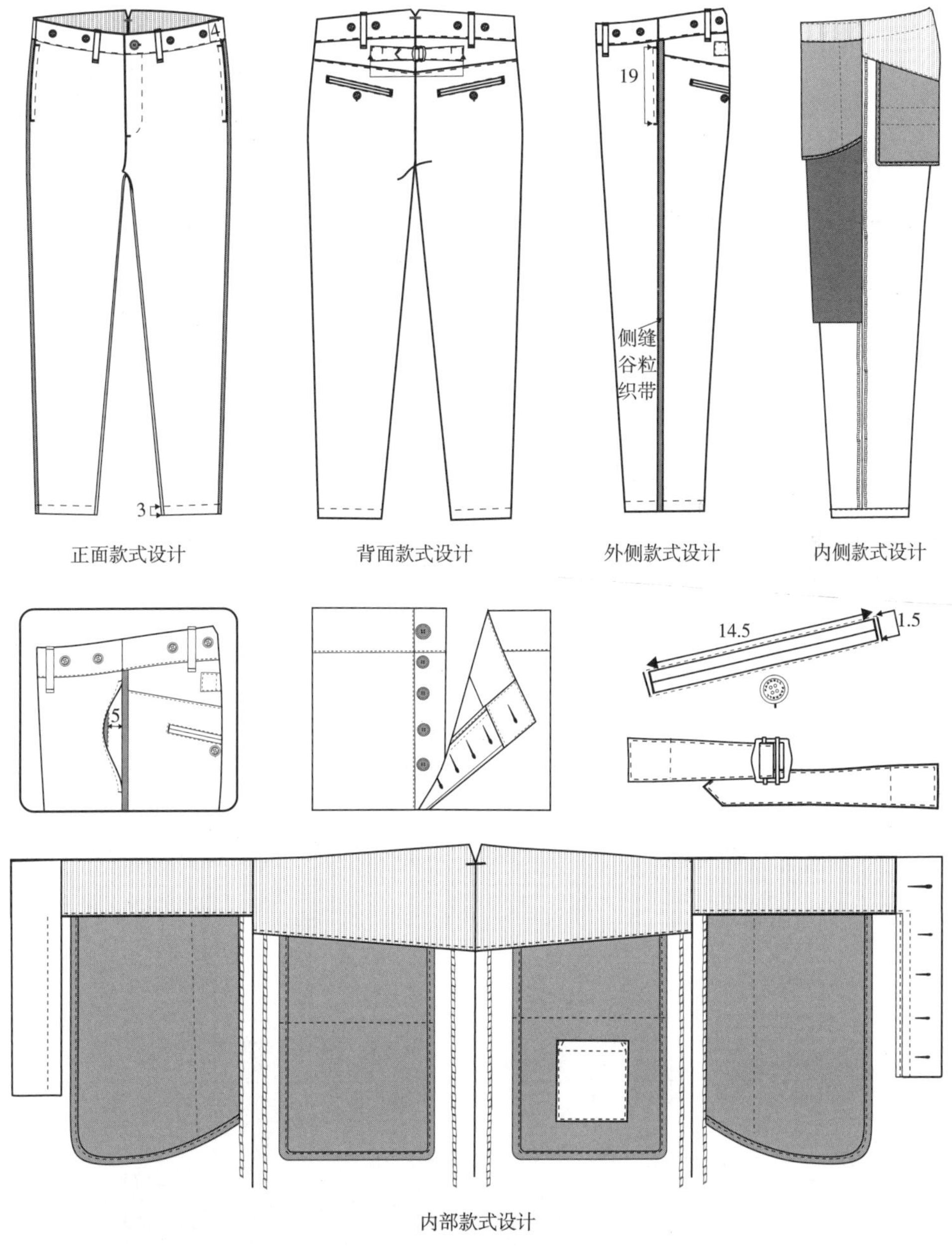

图8-3-1 款式设计

8.3.2 工艺结构设计及工艺要求

（1）缝纫针距

① 明线12～13针/3cm，暗线12～13针/3cm。

②缲边机缲缝每3cm不少于4针，手工缲缝每3cm不少于4～6针。

（2）工艺要求

①门襟：方形腰头，带1个裤扣。前门襟带4粒扣子。后裤中缝处装调节襻及调节扣，前腰头上有扣子4粒，后腰头上左右各有扣子2粒，间距8cm。背缝V形处打1cm平结。

②腰部：腰头宽4cm，串带襻4个，尺寸为5cm×1cm，所有串带襻共计均带明线，串带襻折叠后和腰头下沿固定，上端打结。

③前袋：侧袋16cm，袋口缉明线0.6cm，袋口两端打结。

④后片：后片带育克，缉明线0.2cm。后育克上装调节襻（金属划子、襻）。后片腰里是可以掀起的。侧缝上缉1.5cm谷粒织带。

⑤后袋：双牙斜袋两端打平结，后袋尺寸为14.5cm×1cm，钉1个扣锁眼，袋口缉一圈明线0.2cm。左侧内袋上有7cm×9cm明贴袋，在袋布上。

⑥裤口：脚口向里折3cm缉明线。前片有膝绸。

⑦钉扣：十字钉法。

⑧明线：腰头、后育克拼接、背缝腰襻、后袋口四周、串带襻缉明线0.2cm。

8.3.3 面料特点及辅料需求（表8-3-1）

表8-3-1 面料特点及辅料需求 单位：cm

项目	品名	使用部位	数量	规格	颜色
面料	全毛斜纹面料	异型腰结构	135	门幅150	藏蓝色
外部辅料	袋布	4个袋、门襟及底襟里滚边、4个袋布滚边	70	门幅150	黑色
	100%涤平纹	腰里、后育克里	20	门幅135	白底红黑条
	谷粒织带	侧缝处	280	1.6	黑色
	半膝绸	裤膝部	40	门幅145	黑色
	腰襻划子	后腰襻处	1个	2.5	灰沥色
	四眼扣	腰头1粒	1粒	1.8	黑色
	四眼扣	腰上8粒、门襟4粒、后袋2粒	14粒	1.5	黑色
内部辅料	腰面衬	异型腰	10	门幅150	白色
	腰里衬	腰头	18	门幅120	白色
	无纺衬	灰色无纺衬	20	门幅150	灰色
	串带衬	串带襻	0.95	1	黑色

8.3.4　测量部位及尺寸放码比例（表8-3-2）

表8-3-2　测量部位及尺寸放码比例　　单位：cm

测量部位＼尺寸	30	32	34	36	38	40	档差	公差要求	
								-	+
腰围	41.0	43.0	45.0	47.0	49.0	51.0	2.0	1.0	1.0
腰头高	4.0	4.0	4.0	4.0	4.0	4.0	0	0.2	0.2
上臀围（腰头下8）	51.0	53.0	55.0	57.0	59.0	61.0	2.0	1.0	1.0
下臀围（腰头下16）	54.0	56.0	58.0	60.0	62.0	64.0	2.0	1.0	1.0
横裆	32.5	33.5	34.5	35.5	36.5	37.5	1.0	1.0	1.0
膝围	22.5	23.0	23.5	24.0	24.5	25.0	0.5	0.5	0.5
裤脚口	17.5	18.0	18.5	19.0	19.5	20.0	0.5	0.5	0.5
裤脚口折边尺寸	3.0	3.0	3.0	3.0	3.0	3.0	0	0	0
前裆到腰头	33.0	34.0	35.0	36.0	37.0	38.0	1.0	0.5	0.5
后裆到腰头	45.0	46.0	47.0	48.0	49.0	50.0	1.0	0.5	0.5
内裤长	70.0	70.0	70.0	70.0	70.0	70.0	0	1.0	1.0
门襟长	18.0	18.0	19.0	19.0	20.0	21.0	1.0	0.5	0.5
门襟宽	3.5	3.5	3.5	3.5	3.5	3.5	0	0	0
后袋距离后育克线	2.5	2.5	2.5	2.5	2.5	2.5	0	0.5	0.5
后袋宽	14.0	14.0	14.5	14.5	15.0	15.5	0.5	0.5	0.5
后袋深	1.0	1.0	1.0	1.0	1.0	1.0	0	0	0
后袋距离后裆	6.0	6.0	6.5	6.5	7.0	7.5	0.5	0	0
腰头长	5.0	5.0	5.0	5.0	5.0	5.0	0.	0.5	0.5
腰头宽	1.0	1.0	1.0	1.0	1.0	1.0	0	0	0
侧袋距离腰头	3.0	3.0	3.0	3.5	3.5	3.5	0.5	0.5	0.5
侧袋长	15.0	15.5	16.0	16.25	16.5	17.0	0.5	0.5	0.5
侧袋袋布尺寸	18×27	18×27	18×27	19×28	19×28	19×28	0.5	0.5	0.5
后育克高	6.9	7.2	7.5	7.5	7.5	7.5	0.3	0.5	0.5
后育克在侧缝处的高度	4.0	4.0	4.0	4.0	4.0	4.0	0	0.3	0.3
后腰调节襻右侧长度	16.0	16.0	17.0	17.0	17.0	17.0	1.0	0	0
后腰调节襻左侧长度	9.5	9.5	10.5	10.5	10.5	10.5	1.0	0	0
后腰调节襻宽边尺寸	4.0	4.0	4.0	4.0	4.0	4.0	0	0	0
后腰调节襻窄边尺寸	2.5	2.5	2.5	2.5	2.5	2.5	0	0	0

注　此数据适合中国偏瘦人群。

8.3.5 成品效果展示（图8-3-2）

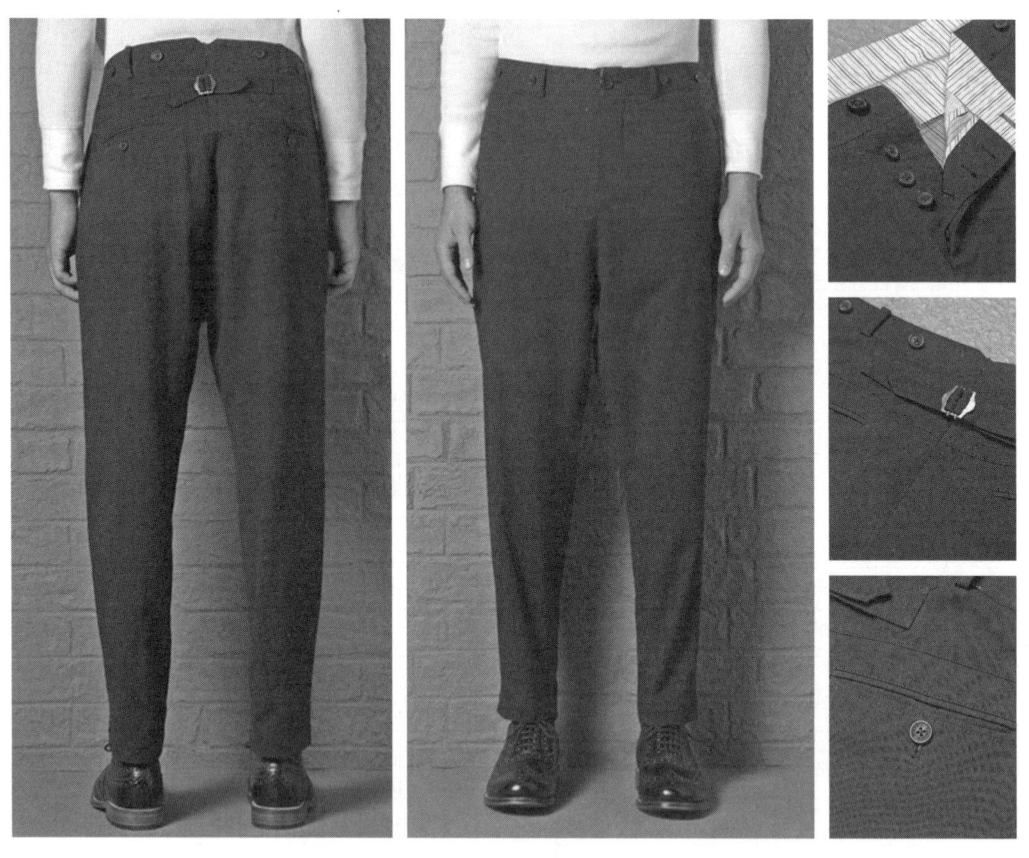

图8-3-2 成品效果展示

8.4　水洗裤

8.4.1　款式设计（图8-4-1）

正面款式

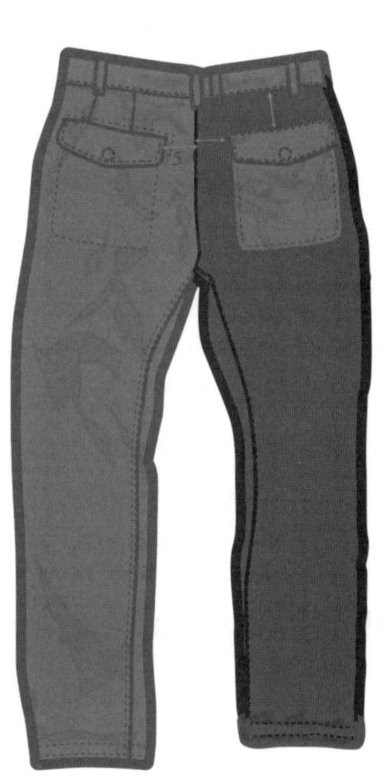

背面款式

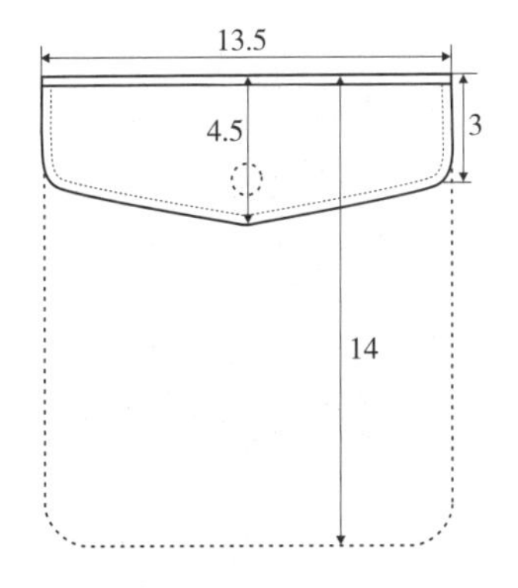

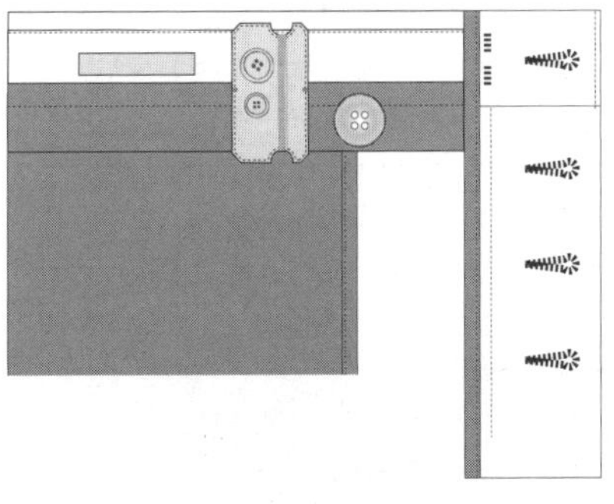

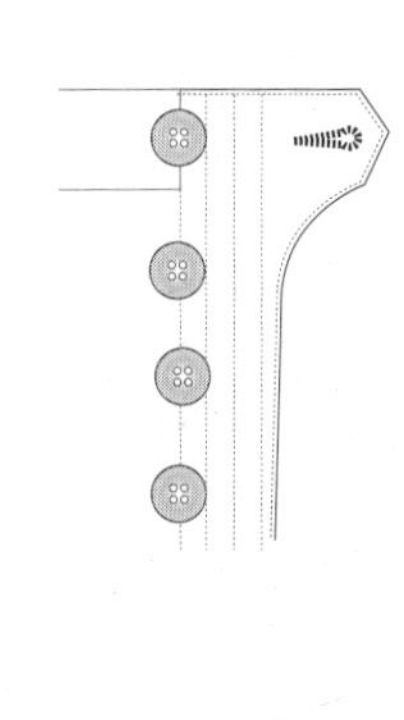

图8-4-1　款式设计

8.4.2 工艺结构设计及工艺要求

（1）缝纫针距

①明线9～11针/3cm，暗线12～13针/3cm。

②缲边机缲缝每3cm不少于4针，手工缲缝每3cm不少于4～5针。

（2）工艺要求

成衣酵素水洗。

①门襟：方形腰头，门襟用扣子，4粒扣。

②腰：腰头宽4cm，腰里袋布。腰部钉5个串带襻，尺寸5cm×1.5cm。内裤缝缉间距0.3cm双明线。

③前袋：袋口距腰缝3cm，袋口缉明线0.6cm，两端打结，袋口长15cm。右侧腰部有带5.5cm×2.5cm袋盖的小票袋，袋盖缉明线0.3cm，袋盖底端打结。

④后片：后片双腰省。

⑤后袋：带13.5cm×4.5cm袋盖，缉0.3cm明线，袋盖外带15cm×2.5cm外轮廓线。后袋距腰头6.5cm，距背缝线6.5cm。明贴袋13cm×14cm，缉明线。

⑥裤口：脚口3cm外翻折边。

⑦钉扣：所有扣子十字钉法。

8.4.3 面料特点及辅料需求（表8-4-1）

表8-4-1　面料特点及辅料需求　　单位：cm

项目	品名	使用部位	数量	规格	颜色
面料	全棉斜纹面料	2个后贴袋及袋盖、腰里	145	门幅145	灰色
外部辅料	TC65/35袋布	2个侧袋、腰里、门襟滚边、袋布滚边	60	门幅150	米白色
	四眼大扣	腰头门襟1粒	1粒	1.8	棕色
	四眼中扣	门襟4粒	4粒	1.5	棕色
	四合扣	后袋2套	2套	1.3	灰沥色
内部辅料	有胶衬	腰面衬、腰里衬	20	门幅145	白色
	无纺衬	袋口、袋牙、门襟、底襟	20	门幅145	白色

8.4.4　测量部位及尺寸放码比例（表8-4-2）

表8-4-2　测量部位及号型放码比例　　单位：cm

测量部位＼尺寸	30	32	34	36	38	40	档差	公差要求	
								−	+
腰围	40.5	43.0	45.5	48.0	50.5	53.0	2.5	1.0	1.0
腰头尺寸	3.0	3.0	3.0	3.0	3.0	3.0	0	0.3	0.3
裤口深	4.0	4.0	4.0	4.0	4.0	4.0	0	0	0
内长S	75.0	75.0	75.0	75.0	75.0	75.0	0	0	0
内长R	80.0	80.0	80.0	80.0	80.0	80.0	0	0	0
内长L	85.0	85.0	85.0	85.0	85.0	85.0	0	0	0
臀围（腰下10）	47.5	50.0	52.5	55.0	57.5	60.0	2.5	1.0	1.0
坐围（腰下16）	50.5	53.0	55.5	58.0	60.5	63.0	2.5	1.0	1.0
腿围（横裆下2.5）	30.8	32.0	33.2	34.4	35.6	36.8	1.2	0.5	0.5
膝围（距横裆38）	20.8	21.5	22.2	22.9	23.6	24.3	0.7	0.5	0.5
裤口	20.0	20.5	21.0	21.5	22.0	22.5	0.5	0.5	0.5
前裆（包括腰）	22.0	23.0	24.0	25.0	26.0	27.0	1.0	0.5	0.5
后裆（包括腰）	38.0	39.0	40.0	41.0	42.0	43.0	1.0	0.5	0.5
前门襟长（量至明线下端）	13.0	13.5	14.0	14.5	15.0	15.5	0.5	0	0
前门襟宽（到明线处）	4.0	4.0	4.0	4.0	4.0	4.0	0	0	0
拉链长	12.5	13.0	13.5	14.0	14.5	15.0	0.5	0	0
前袋宽	1.5	2.0	2.0	2.5	2.5	3.0	0.5	0.3	0.3
前袋开口长	17.0	17.0	17.0	17.0	17.0	17.0	0	0.3	0.3
串带襻长	4.5	4.5	4.5	4.5	4.5	4.5	0	0.3	0.3
串带襻宽	1.0	1.0	1.0	1.0	1.0	1.0	0	0.3	0.3

注　此数据适合中国偏瘦人群。

8.4.5　特殊工艺指导

裤腰调节拉链襻特殊工艺指导：

对腰拉链调节襻设计图示的原理进行分析后，可以了解裤腰调节拉链襻的特殊工艺（图8-4-2）。

①为做好的腰调节拉链襻成品展示。

②为搬开调节襻处的拉链头。

③拽着拉链头使劲拉拉链，就可以调整腰围的

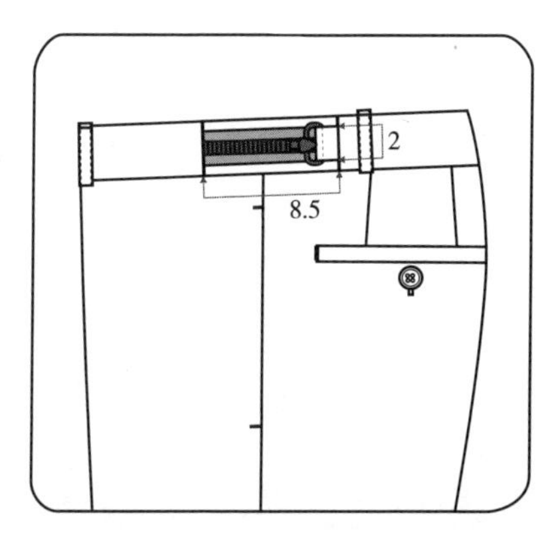

图8-4-2　腰拉链调节襻设计图示

尺寸了。

④最后扣紧拉链头到腰调节襻划子上，整个腰围的调节尺寸完成（图8-4-3）。

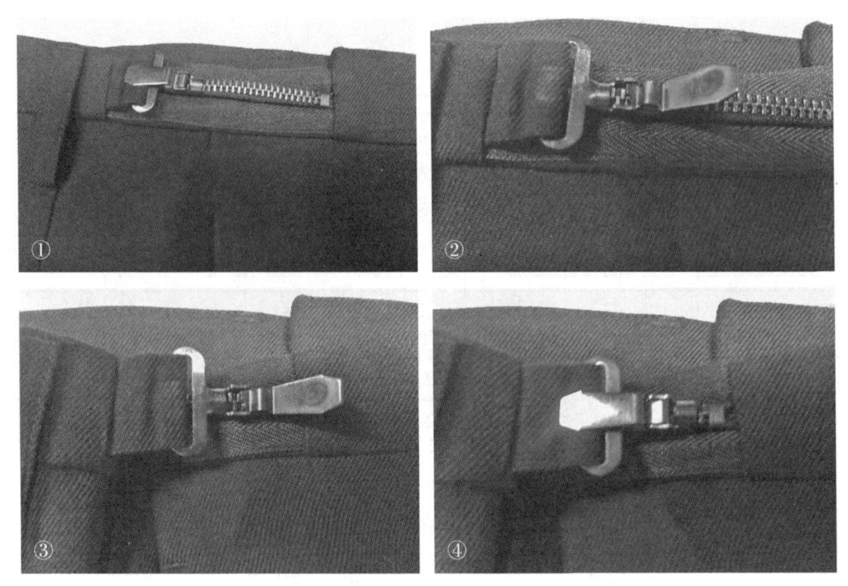

图8-4-3　成品效果图示

8.4.6　成品效果展示（图8-4-4）

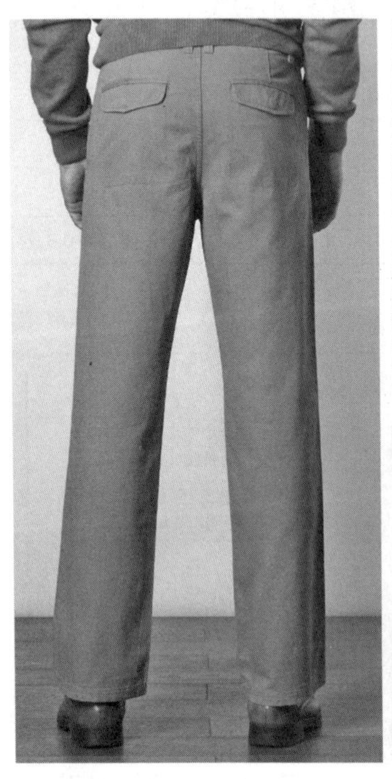

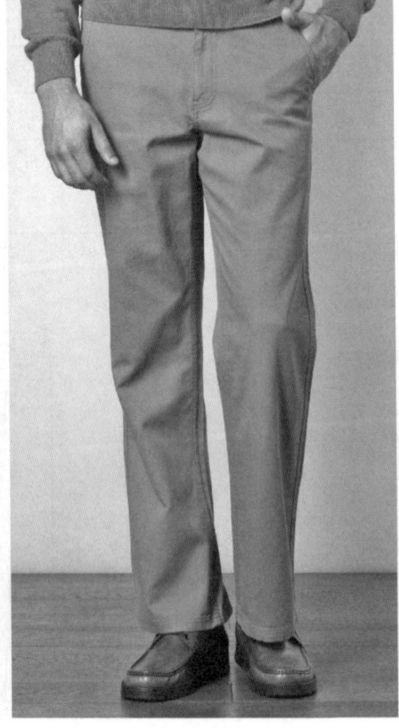

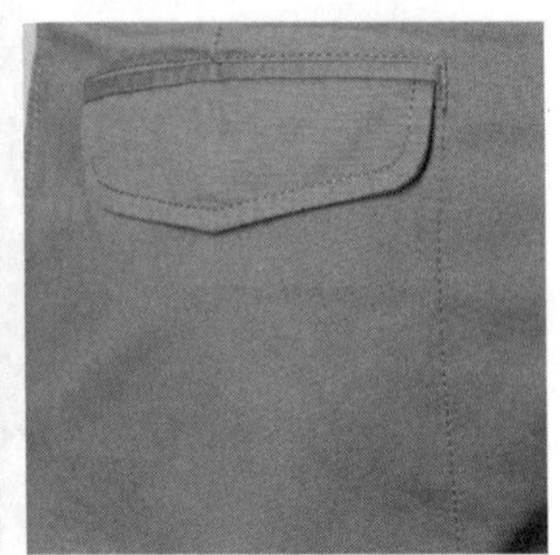

图8-4-4　成品效果展示